AF375986

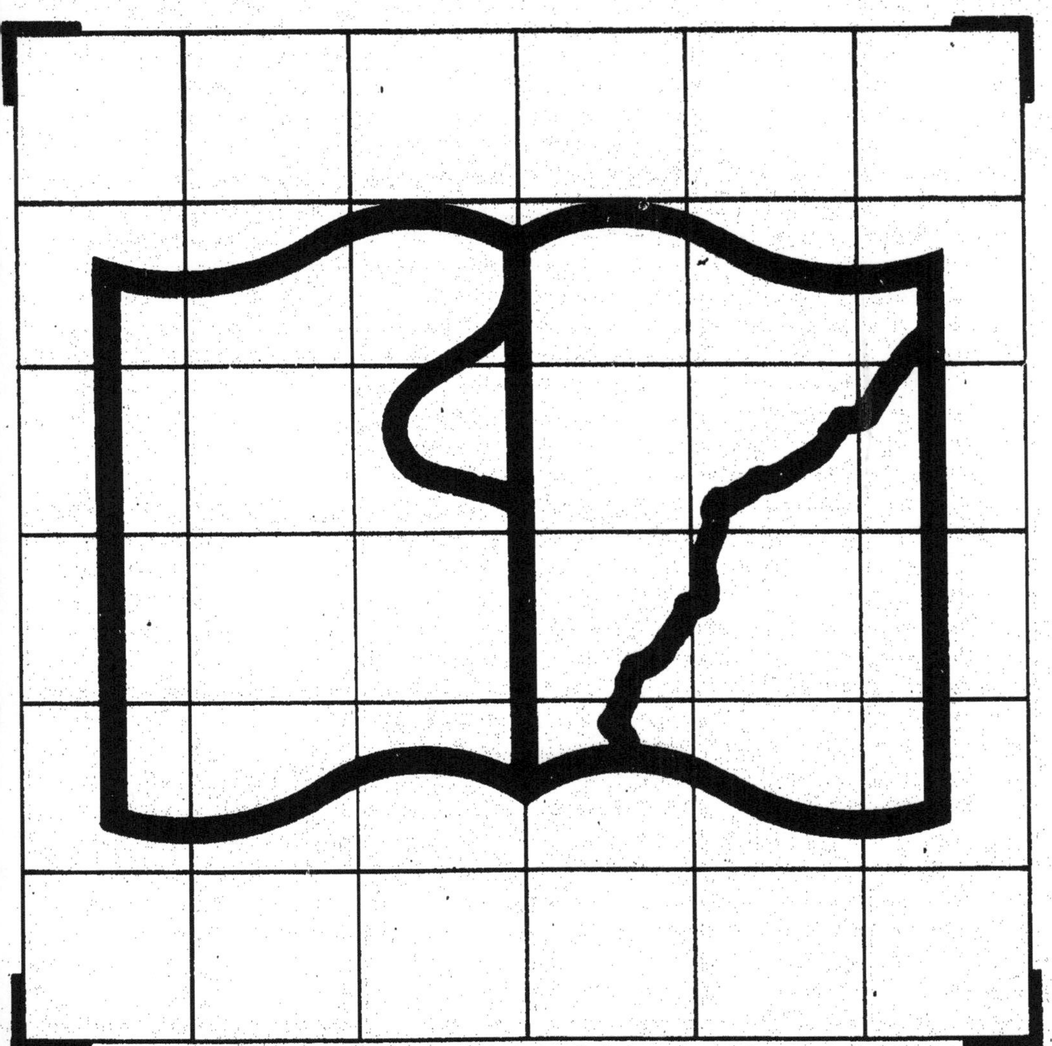

NOTIONS ÉLÉMENTAIRES
DE SCIENCES

AVEC LEURS APPLICATIONS

A L'AGRICULTURE ET A L'HYGIÈNE

A L'USAGE

DES ÉCOLES PRIMAIRES DE GARÇONS ET DE FILLES

Ouvrage orné de 100 figures insérées dans le texte

Par O. PAVETTE

INSPECTEUR PRIMAIRE, OFFICIER D'ACADÉMIE, CHEVALIER DU MÉRITE AGRICOLE
ANCIEN INSTITUTEUR, LAURÉAT DU MINISTÈRE DE L'AGRICULTURE
DE L'EXPOSITION UNIVERSELLE DE 1889, DE LA SOCIÉTÉ D'ENCOURAGEMENT AU BIEN
DES CONCOURS RÉGIONAUX AGRICOLES, ETC,

AVEC UNE INTRODUCTION

de M. G. COMPAYRÉ

RECTEUR DE L'ACADÉMIE DE POITIERS

COURS MOYEN ET SUPÉRIEUR
NOUVEAU PROGRAMME DU CERTIFICAT D'ÉTUDES PRIMAIRES

PARIS

LIBRAIRIE CLASSIQUE EUGÈNE BELIN
BELIN FRÈRES

RUE DE VAUGIRARD, 52

—

1892

SAINT-CLOUD. — IMPRIMERIE BELIN FRÈRES.

INTRODUCTION

MON CHER INSPECTEUR PRIMAIRE,

Je suis heureux que vous m'ayez fourni l'occasion, en me demandant quelques lignes d'introduction pour vos *Notions élémentaires de sciences*, de dire publiquement le bien que je pense de votre petit livre.

Vous avez déjà beaucoup fait, soit par vos écrits sur la matière, soit par votre propagande active de chaque jour, pour développer dans nos écoles l'enseignement agricole élémentaire.

Aujourd'hui, remontant des applications aux principes, vous abordez directement l'étude de ces éléments des sciences physiques et naturelles que, sous l'influence de l'esprit nouveau, les organisateurs de l'enseignement ont récemment inscrits au programme de l'instruction primaire. Nulle étude n'est mieux appropriée aux besoins de nos élèves, et n'est plus apte à leur ouvrir l'esprit en même temps qu'à les munir de connaissances vraiment utiles.

C'est ce qu'avaient déjà compris, aux temps héroïques de la Révolution française, les premiers promoteurs de l'éducation populaire. Condorcet, pour ne citer que celui-là, insistait vivement dans son projet sur l'organisation générale de l'instruction publique pour qu'une place fût accordée aux sciences de la nature. « Chaque école, disait-il, aura un petit cabinet où l'on placera quelques instruments météorologiques ou quelques objets d'histoire naturelle. » Et il faisait valoir, à sa manière, les effets heureux qu'il attendait soit de l'enseignement de la physique, soit d'une étude pratique de l'histoire naturelle. « Des notions élémentaires de physique sont nécessaires, ne fût-ce que pour préserver des sorciers... Personne ne niera d'un autre côté la facilité et l'utilité d'enseigner à connaître les plantes communes les plus utiles ou les plus nuisibles, les animaux du pays, les terres, les pierres qu'il renferme ; enfin de donner quelques principes simples d'agriculture et de jardinage. »

Ces études que Condorcet jugeait à la fois faciles et nécessaires, on a mis près de cent ans à les introduire réellement dans les écoles primaires. La loi de 1850 comprenait bien, dans son plan d'études, « des notions de sciences physiques et d'histoire naturelle, » mais simplement à titre facultatif ; et l'on sait ce que cela veut dire : « facultatif » étant presque synonyme de « superflu ».

Elles sont maintenant obligatoires, et de récentes mesures tendent même à leur assigner une place d'honneur. C'est ainsi que l'arrêté du 29 décembre 1891, modifiant l'épreuve de rédaction du certificat d'études primaires élémentaires, les compte parmi les sujets sur lesquels doivent porter les compositions françaises exigées des candidats.

Le livre que vous publiez aujourd'hui, mon cher inspecteur, a donc, outre ses autres mérites, la bonne fortune de venir à son heure. Il rendra les plus réels services aux maîtres et aux élèves : en donnant aux uns l'exemple des bonnes méthodes dans un enseignement qui n'est pas sans difficultés, quoi qu'en pensât Condorcet ; en excitant chez les autres le goût d'un effort intellectuel qui, au premier abord, peut sembler dépasser la portée de leur âge et de leurs aptitudes.

Il ne s'agit pas en effet de faire de nos petits primaires des savants, des naturalistes ou des physiciens. Nous ne songeons pas à faire peser sur ces petits cerveaux de neuf ou de dix ans le poids des lourdes théories scientifiques. Non, mais il convient de leur donner l'habitude de l'observation, de l'expérience ; il est nécessaire aussi de leur faire connaître la nature de ce monde extérieur où ils sont appelés à vivre ; de leur révéler ces forces naturelles avec lesquelles ils auront à compter, soit pour maintenir et développer leur santé, soit pour exercer les différentes industries qui occuperont leur vie.

C'est le but que vous vous êtes efforcé d'atteindre, et pour y parvenir vous avez cherché à être simple le plus possible, écartant les vaines curiosités de la science pour vous en tenir au strict nécessaire; éliminant de parti pris, quand ils sont inutiles, les grands mots scientifiques; expliquant avec soin les termes techniques quand vous ne pouvez vous dispenser de les employer; indiquant à l'occasion de petites expériences qui parlent aux yeux de l'enfant et qui l'aident à supporter ce qu'il y a nécessairement d'un peu abstrait dans les vérités générales de la science; enfin vous préoccupant toujours des applications pratiques, notamment en ce qui concerne l'hygiène et l'agriculture.

C'est bien dans cet esprit que doivent être composés les livres élémentaires de nos écoles, non avec la prétention de faire parade d'une science pédantesque, mais avec le désir d'être compris, d'exciter l'intérêt, et par conséquent d'être utile. Vous n'avez pas d'autre ambition, mon cher inspecteur, mais cette ambition sera satisfaite, et je souhaite que mes encouragements contribuent à assurer à votre travail le succès dont il est digne.

Gabriel COMPAYRÉ.

AVERTISSEMENT

L'arrêté ministériel du 29 décembre 1891 a une grande importance au point de vue de la direction à donner à notre enseignement primaire, parce qu'il met l'examen du certificat d'études primaires plus complètement en harmonie avec les programmes officiels.

Il est ainsi conçu :

« Les épreuves écrites comprennent :

1° . . . .

2° . . . .

3° Une rédaction d'un genre simple portant, suivant un choix à faire par l'inspecteur d'académie, sur l'un des trois ordres de sujets ci-dessous : 1° l'instruction morale ou civique ; 2° l'histoire et la géographie ; 3° *des notions élémentaires de sciences avec leurs applications à l'agriculture et à l'hygiène.* »

Cet arrêté détermine nettement ce que doit être l'enseignement scientifique : ce sont des *notions élémentaires de sciences avec leurs applications à l'agriculture et à l'hygiène,* c'est-à-dire un enseignement véritablement pratique et utilitaire. Tous les hommes compétents s'accordent à reconnaître que c'est, en effet, ce caractère qu'il convient de donner à l'enseignement primaire en général, et qu'un bon enseignement agricole, une orientation pratique des diverses branches du programme (principalement des sciences) vers ce but, rendront de grands services surtout dans les écoles rurales, où c'est indispensable.

La botanique a été mise à la fin pour qu'elle puisse être étudiée dans la saison des fleurs.

Je me suis efforcé de condenser en un petit nombre de pages les notions scientifiques véritablement utiles et pratiques, exposées en un langage simple et à la portée des enfants qui, grâce à ces notions précises, seront bien préparés à la rédaction du certificat d'études. Il est évident que pour cela il est nécessaire qu'ils aient un livre entre les mains ; on en est revenu de l'enseignement exclusivement oral : outre qu'il est extrêmement fatigant pour le maître, il produit peu de résultats, étant donnée la diversité des matières du programme. Qui donc voudrait enseigner l'histoire sans livre, la géographie sans atlas ? Il faut de même à l'élève un ouvrage d'instruction morale et civique, ainsi qu'un livre de sciences avec leurs applications à l'agriculture et à l'hygiène ; ce livre ne supprime pas l'enseignement oral, mais il en est le meilleur auxiliaire parce qu'il en évite la répétition tout en permettant à l'enfant de retrouver la parole du maître pour la fixer dans son esprit par un effort salutaire.

Cet ouvrage a, de plus, l'avantage (grâce aux quatre-vingts sujets de rédaction pour le certificat d'études qu'il renferme) de faciliter aux élèves l'étude de la composition française, qui est si difficile pour eux ; car pourquoi leurs rédactions sont-elles trop souvent informes ou obscures ? C'est qu'ils manquent d'idées, c'est-à-dire de notions, de connaissances sur les choses et, par suite, de mots pour les exprimer. Les leçons de ce livre, portant sur des sujets usuels, auront précisément pour résultat de leur donner des idées et d'enrichir leur vocabulaire en les obligeant à observer, à comparer, en un mot à juger : ils seront ainsi amenés à émettre leurs idées, à énoncer leurs jugements, à exprimer ce qu'ils auront compris, le tout dans un langage simple, naturel et correct.

Je me suis appliqué à donner à cet ouvrage un caractère tout à fait *élémentaire*, ce qui est plus difficile qu'on ne se le figure. Un pédagogue autorisé disait, en parlant de l'enseignement *élémentaire* des sciences à l'école primaire : « Depuis la promulgation des programmes de 1882, la mesure a été dépassée. Par qui ? Surtout par les livres. Les hommes d'enseignement secondaire qui se sont donné mission de nous en fournir (et ils n'y manquent pas !) croient nous faire des ouvrages *élémentaires* et le plus souvent ils ne nous font que des *abrégés* où abondent les noms grecs et latins, les nomenclatures, les classifications, les divisions et subdivisions, qui, en fin de compte, ne sont guère que les sommaires développés des gros volumes qu'ils ont écrits pour un enseignement d'un autre ordre. Voilà ce qui nous a égarés et ce qui peut nous égarer encore. » Ce qui manque, en effet, pour cet enseignement scientifique, ce sont des livres *élémentaires* et pratiques, écrits par des gens du métier, comme on dit, et connaissant bien les besoins de nos écoles primaires.

Cet ouvrage convient également aux écoles de filles et à celles de garçons, aussi bien aux écoles urbaines qu'aux écoles rurales, car tous les candidats auront à traiter les mêmes sujets. Il renferme, en outre, quelques notions d'économie domestique pour les filles ; de plus j'indique, chaque fois que l'importance du sujet le comporte, les principales applications des sciences dans l'industrie.

Jusqu'à ce jour, on avait pu se demander s'il était utile de donner quelques notions d'agriculture aux petits citadins, quoique l'affirmative ne soit pas douteuse. L'arrêté du 29 décembre 1891 tranche la question d'une manière rationnelle et logique. On signale, avec raison, comme un danger national le courant qui entraîne vers les villes les habitants de la campagne : n'est-il pas permis d'espérer que l'extension qui sera donnée partout à l'enseignement scientifique et agricole pourra l'enrayer et même établir un contre-courant des villes vers les campagnes ? De plus, il est certain que les questions si brûlantes et si délicates relatives à la protection et au libre échange seraient mieux comprises et diviseraient moins les esprits, si l'on connaissait bien toutes les difficultés de la production agricole.

Puisse ce modeste ouvrage contribuer quelque peu à ces résultats et rendre aux instituteurs ainsi qu'à leurs élèves les services en vue desquels il a été écrit ! C'est ma seule ambition, et ce serait ma plus grande récompense.

O. Pavette.

Août 1892.

MÉTHODE A SUIVRE

La méthode à suivre est bien simple. L'instituteur explique la leçon en s'appuyant, toutes les fois que c'est possible, sur les petites expériences qui sont indiquées et sur toutes celles que l'on peut faire facilement dans les écoles. Ensuite il écrit au tableau le sommaire numéroté (ou il l'inscrit avant la leçon s'il le trouve préférable), et fait résumer ce qu'il vient de dire par plusieurs élèves, qui sont guidés par ce sommaire placé au tableau.

Les enfants apprennent chez eux cette leçon, sur laquelle ils sont interrogés au commencement de la leçon suivante. Lorsque le chapitre a été étudié, le maître donne à faire, comme exercices d'application, les devoirs ou rédactions qui sont indiqués. Il sera bon, pour guider les élèves, surtout au commencement et lorsque le sujet est un peu difficile, d'écrire au tableau un sommaire numéroté dont on trouvera la matière dans les sommaires du livre.

Comme il ne serait pas possible de donner à faire sous forme de rédactions proprement dites tous les exercices qui se trouvent à la fin de chaque chapitre, on peut se contenter d'un par semaine ; les autres exercices seront faits sous forme de résumés, pour lesquels l'enfant pourra, de temps à autre, s'aider de son livre (à la condition de n'en pas abuser en cherchant à reproduire textuellement ce qui s'y trouve) : il faut qu'il s'habitue à faire un travail intelligent, et non une copie servile.

Chaque chapitre comprend trois parties bien distinctes, dont chacune fait l'objet d'une ou plusieurs leçons : 1° les *notions élémentaires*, plus ou moins étendues suivant l'importance du sujet ; 2° *leurs applications à l'agriculture* ; 3° *leurs applications à l'hygiène*.

Je ne saurais trop conseiller aux instituteurs de faire participer les élèves de la deuxième division aux leçons de sciences faites à la première division, et même, très souvent, ceux de la troisième division, surtout quand il y a une expérience à faire. D'ailleurs, il est possible d'adapter la plupart de ces leçons aux trois cours, de façon que chacun d'eux y trouve quelque profit. Un résumé écrit au tableau sera copié par les élèves de la deuxième division pendant qu'on terminera la leçon à la première division. Il en résultera que ces élèves, ayant été initiés de bonne heure à l'enseignement scientifique, seront parfaitement préparés, en arrivant dans la première division, pour acquérir facilement des notions un peu plus étendues et plus complètes : ce sera du temps de gagné, et pour le maître, et pour eux.

Cet ouvrage, étant écrit en un style très simple et facile à comprendre, peut servir avantageusement de livre de lecture courante.

NOTIONS ÉLÉMENTAIRES
DE SCIENCES
AVEC LEURS APPLICATIONS
A L'AGRICULTURE ET A L'HYGIÈNE

SCIENCES PHYSIQUES

PREMIÈRE PARTIE

I. — L'AIR

SOMMAIRE. — 1. Ce que c'est que l'air. — 2. L'air est partout. Ce que c'est que l'*atmosphère*. Sa hauteur. Sa couleur. — 3. L'air n'est pas un corps simple. Sa composition : 1/5 d'*oxygène* et 4/5 d'*azote*. Expérience qui le prouve. Importance de l'oxygène. — 4. Avantages de l'air *pur* et de la vie à la campagne. Proverbe. — 5. Comment on peut constater la présence de l'air. Le *vent*; ce qui le produit. Ses inconvénients et ses avantages.

1. L'air est un gaz invisible qui nous entoure de toutes parts et qui nous est absolument nécessaire pour vivre : privé d'air, l'homme ne tarderait pas à mourir au bout de quelques instants.

Ce gaz est également indispensable aux animaux ainsi qu'aux végétaux.

2. L'air est partout; il forme, tout autour de la surface de la terre, une couche d'une épaisseur de 60 à 80 kilomètres qu'on appelle l'*atmosphère*. Mais à mesure que l'on s'élève dans l'atmosphère, en ballon par exemple, l'air devient de plus en plus rare, parce qu'il se dilate[1];

---

1. *Se dilater* veut dire s'étendre, occuper plus de place.

à une certaine hauteur, 8 kilomètres environ, il n'y en a plus assez pour entretenir la vie et l'on y meurt asphyxié, c'est-à-dire faute d'air.

Le ciel nous paraît bleu parce que la couche d'air est vue sous une grande épaisseur.

3. L'air n'est pas, comme on pourrait le croire, un corps simple, c'est-à-dire formé simplement d'une seule substance; non, c'est un mélange de deux gaz : l'*oxygène* et l'*azote*[1]. Il renferme, en outre, une très petite quantité d'un autre gaz qu'on appelle *acide carbonique*[2] et un peu de vapeur d'eau.

Il contient quatre fois plus d'azote que d'oxygène; en d'autres termes il y a, dans 5 litres d'air, près de 4 litres d'azote et seulement 1 litre d'oxygène, soit *quatre cinquièmes d'azote et un cinquième d'oxygène*. On peut s'en rendre compte par l'expérience suivante, qui est très facile à faire. On allume un bout de bougie de 0^m,03 ou 0^m,04 de longueur, que l'on fixe dans une assiette au

Fig. 1.

moyen de quelques gouttes de suif fondu; on verse dans l'assiette une couche d'eau d'un centimètre d'épaisseur, colorée avec un peu de vin ou une couleur quelconque pour rendre l'expérience plus sensible, et l'on recouvre la bougie avec un verre à boire ou une cloche, comme l'indique la figure. La bougie continue à brûler pendant quelques instants

---

1. *Oxygène, azote.* L'oxygène est un gaz qui a la propriété d'activer la combustion, c'est-à-dire qu'il fait brûler plus rapidement les corps déjà enflammés et rallume ceux qui sont presque éteints. L'azote est un gaz qui n'entretient pas la combustion : une bougie allumée plongée dans l'azote s'éteint immédiatement. (Voy. pages 107 et 108.)

2. *Acide carbonique.* C'est un gaz asphyxiant, c'est-à-dire qui fait mourir quand on le respire; il est formé par la combinaison de l'oxygène et du carbone ou charbon : c'est l'un des produits de la respiration ainsi que de la combustion du bois ou du charbon, de la fermentation du raisin dans les cuves, etc.

puis elle pâlit et s'éteint; aussitôt l'eau monte dans le verre à peu près jusqu'au *cinquième* de la hauteur. Le volume de cette eau est évidemment égal à celui du gaz qui a entretenu la combustion de la bougie et qui a disparu. Ce gaz est l'*oxygène*. Celui qui reste dans le verre, dont il occupe les *quatre cinquièmes*, et qui a empêché l'eau de monter jusqu'au sommet, est l'*azote*. Quoique en moins grande quantité, l'oxygène est beaucoup plus important que l'azote : c'est lui qui produit les effets attribués à l'air en ce qui concerne la respiration, l'entretien de la vie, etc. Mais, s'il était seul, il exercerait sur nos organes une action trop vive : l'azote vient modérer son énergie.

4. L'air, à la campagne, est *pur;* mais dans les villes il est vicié par l'acide carbonique et certaines substances nuisibles à la santé : il contient des quantités innombrables d'êtres microscopiques[1] qu'on appelle les *infiniment petits*[2], dont il faut plus d'un milliard pour peser un gramme. Les admirables travaux d'un grand savant français, M. Pasteur, ont montré que les microbes[3] qui se trouvent dans un air vicié sont probablement la cause d'un grand nombre de maladies contagieuses. C'est pourquoi la vie de la campagne, comme celle du cultivateur, est bien meilleure et plus saine que celle de l'ouvrier des villes.

On dit que *l'air de la campagne nourrit les villageois;* il y a quelque chose de vrai dans ce proverbe : il est certain que l'air pur et vivifiant, sans cesse renouvelé, qu'on respire à la campagne, entretient la santé et contribue à donner au cultivateur cette force et cette vigueur qui le caractérisent, ainsi que la bonne santé dont il jouit. La

---

1. *Êtres microscopiques.* Ce sont des animaux et des végétaux tellement petits qu'ils sont invisibles à l'œil nu et qu'on ne peut les voir qu'à l'aide du *microscope.*

2. *Les infiniment petits.* Ce sont les êtres les plus petits, qu'on ne voit qu'avec les plus forts microscopes.

3. *Microbes.* Les microbes sont des espèces de végétaux microscopiques qui se multiplient avec une rapidité effrayante.

preuve, c'est que, toutes les fois qu'on le peut, on envoie les malades des villes en convalescence à la campagne, où ils se rétablissent bien plus vite, grâce à la pureté de l'air qu'ils respirent.

5. Le vent. — Quoique l'air soit invisible, on peut néanmoins facilement constater sa présence partout où l'on se trouve. Quand nous disons d'une chambre qui ne contient aucun meuble qu'elle est vide, qu'il n'y a rien dedans, nous nous trompons : elle est pleine d'air. Si nous passons rapidement et plusieurs fois de suite un livre ou un journal devant notre figure, nous éprouvons une sensation de fraîcheur causée par l'air que nous avons déplacé : cet air que nous avons mis en mouvement n'est autre chose que ce qu'on appelle le *vent*. Le vent, — qui souffle parfois avec une si grande violence qu'il déracine les arbres et, dans certains pays, produit ces ouragans terribles qui renversent les maisons et détruisent des villes entières, — est produit par l'agitation d'une masse d'air plus ou moins considérable.

Mais si le vent présente des inconvénients, il a aussi son utilité : c'est lui qui entraîne la vapeur d'eau produite par la mer et qui la transporte, sous forme de nuages, au-dessus des continents où elle tombe en pluie ; de plus, il sert à renouveler l'air que nous respirons, à faire marcher les vaisseaux à voiles, les moulins à vent, etc.

Il est encore facile de constater la présence de l'air au moyen d'une expérience très simple. On enfonce verticalement dans l'eau un verre renversé, et l'on constate que l'eau n'y pénètre qu'en petite quantité parce qu'elle en est empêchée par l'air que le verre contient. Si l'on penche un peu celui-ci, sans le retirer de l'eau, l'air s'en échappe en bulles visibles et est remplacé par l'eau, qui remplira le verre lorsque l'air sera entièrement sorti.

Ses applications à l'agriculture.

6. Les végétaux, pas plus que les animaux, ne pourraient vivre et se développer s'ils étaient privés d'air. Ainsi les graines enfouies trop profondément dans le sol ne germent pas, parce que l'air ne pénètre pas jusqu'à elles. De même, si l'on plaçait sous une cloche en verre, quelque grande qu'elle soit, un pot ou une caisse contenant soit une fleur, soit une plante quelconque, celle-ci ne tarderait pas à périr, parce que l'air ne serait pas renouvelé ; tandis qu'une plante semblable, se trouvant dans les mêmes conditions de chaleur et de lumière, mais placée à l'air libre, à côté de la première, continuerait à végéter et à se développer.

C'est l'air qui fournit aux végétaux l'acide carbonique que leurs feuilles décomposent, sous l'influence de la lumière du soleil, en carbone qu'ils absorbent pour se nourrir, et en oxygène qui reste dans l'atmosphère. Il est facile de s'en rendre compte en faisant germer un haricot dans un vase contenant de la brique pilée et exposé à la lumière. La plante pousse en respirant comme les animaux, c'est-à-dire qu'elle absorbe l'oxygène de l'air et rejette l'acide carbonique qui s'est formé par la combinaison de cet oxygène avec le carbone contenu dans les cotylédons ; mais lorsque ceux-ci ont disparu, où la plante prend-elle le carbone qui lui est nécessaire ? Dans l'acide carbonique de l'air, que sa tige verte ainsi que ses feuilles décomposent en carbone qu'elle garde, et en oxygène qu'elle rejette dans l'atmosphère. La préparation de l'oxygène au moyen des plantes vertes (voy. chapitre VIII, n° 2, *fig.* 20) montre bien que c'est ainsi que les choses se passent.

D'ailleurs si l'on pesait la plante après l'avoir desséchée, on verrait qu'elle pèse beaucoup plus qu'un haricot desséché; la lumière l'a donc fait augmenter de poids. D'où provient cette augmentation? Du carbone que la plante a pris à l'acide carbonique contenu dans l'air.

7. Il faut, pour que les récoltes soient belles, que l'air circule librement et en assez grande quantité autour des plantes : c'est pour cela que les semis en lignes sont, pour la plupart des récoltes, bien préférables aux semis à la volée, et que, dans les lignes, on place certains végétaux à une distance plus ou moins grande les uns des autres.

Dans les semis à la volée, les plantes se gênent mutuellement et finissent par s'étouffer, pour la plupart, faute d'air. Plus les végétaux prennent de développement, plus ils doivent être espacés : les arbres, par exemple, veulent être très éloignés les uns des autres.

8. L'air est aussi nécessaire aux racines qu'aux tiges, car les racines respirent, comme les feuilles : c'est pourquoi au printemps, la surface de la terre étant durcie par les vents secs du mois de mars et formant comme une croûte imperméable, il faut herser les céréales afin de briser cette croûte et de permettre ainsi à l'air de pénétrer jusqu'aux racines. Sans cette opération les blés ne talleraient presque pas et la récolte serait beaucoup moins abondante. C'est pour la même raison qu'on bine les autres plantes, telles que la pomme de terre, les racines fourragères, ainsi que les légumes, chaque fois que le sol est durci par les vents ou la sécheresse, ou bien qu'il est battu par des pluies trop abondantes.

L'air, par sa présence dans le sol, a une grande importance au point de vue de la culture, parce qu'il contribue à la formation de l'acide carbonique, qui a la propriété de dissoudre plusieurs des principes fécondants contenus dans les engrais : de là l'utilité des labours profonds, qui ont pour résultat de faire entrer l'air dans la terre en grande quantité. (Pour plus de développements, consulter mon petit livre d'agriculture[1] à l'article *Labour*, page 36.)

9. L'air est également indispensable aux animaux, quels qu'ils soient ; c'est une vérité trop souvent méconnue en agriculture : aussi en résulte-t-il parfois des pertes assez considérables. On néglige de ménager, dans les écuries comme dans les étables et dans les bergeries, des ouvertures suffisantes pour assurer l'aération et la ventilation nécessaires, et l'on est tout étonné que, malgré les soins dont on les entoure et la bonne nourriture qu'on leur donne, les animaux domestiques dépérissent et, au moment où l'on ne s'y attend pas, tombent malades et meurent. Les maladies n'ont souvent pas d'autre cause que cette négligence apportée à l'aération des bâtiments. Et c'est facile à comprendre : l'air, n'étant pas renouvelé, se trouve promptement vicié par tous ces animaux qui respirent, pendant un temps plus ou moins long, un air corrompu qui prédispose aux maladies les sujets même les plus robustes.

10. Les ouvertures doivent être placées dans la partie supérieure des murs, de manière que les courants d'air passent au-dessus des animaux qui, sans cette précaution, se trouveraient exposés, lorsqu'ils ont chaud, à un refroidissement qui pourrait occasionner des maladies et même la mort.

Il faut, en outre, que les étables et les écuries soient propres ; pour cela, il est bon que le sol soit cimenté et ait une pente suffisante pour assurer l'écoulement des urines dans la fosse à purin.

---

1. *Notions élémentaires et méthodiques d'agriculture, d'horticulture et d'arboriculture.* Cours moyen et supérieur. Librairie Belin frères ; prix : 1 franc. Septième édition. Ouvrage couronné par la Société nationale d'encouragement au bien et honoré d'une médaille de bronze à l'Exposition universelle de 1880, etc. (Cet ouvrage et le présent livre se complètent l'un l'autre.)

Ses applications à l'hygiène.

Sommaire. — 11. Transformation, par la respiration, de l'oxygène de l'air en acide carbonique. Ventilation. — 12. Comment on remplace l'air vicié des appartements par de l'air pur. Aération du lit. — 13. Ventilation de la chambre des malades. Précautions à prendre. — 14. Causes qui rendent l'air malsain. Rôle bienfaisant des plantes. — 15. Importance de l'air pur, surtout pour les enfants. — 16. Danger des fleurs dans une chambre à coucher : asphyxie. — 17. Où l'on doit placer les tas de fumier. — 18. Ventilation en hiver : sa nécessité et sa difficulté. — 19. Poussières de l'air. Balayage. Il faut essuyer, mais pas épousseter. Mesure de prudence. — 20. Rôle de l'air dans la *combustion* et dans le *tirage* des cheminées. — 21. Conséquence : moyen d'éteindre facilement un feu de cheminée. — 22. Asphyxie causée par les réchauds. Pendaison. Soins à donner.

11. C'est l'oxygène que l'air contient qui est indispensable à la vie; or, par la respiration nous transformons cet oxygène en acide carbonique, qui est irrespirable : de là, la nécessité de renouveler l'air afin que nous ayons toujours la provision d'oxygène dont nous avons besoin. C'est pour cela que dans une pièce habitée par un certain nombre de personnes, dans une salle de classe, par exemple, la ventilation doit être établie de façon que l'air du dehors vienne remplacer celui de la salle en fournissant à chaque élève une quantité d'oxygène à peu près équivalente à celle qu'il absorbe.

12. Pour que nous ayons la quantité d'oxygène qui nous est nécessaire, nous devons donc renouveler le plus souvent possible l'air que nous respirons dans nos appartements. C'est pourquoi, dès le matin, il faut ouvrir les portes et les fenêtres de sa chambre à coucher (en évitant, bien entendu, de se placer dans les courants d'air) pour remplacer par un air frais et vivifiant celui qui a été vicié pendant la nuit par la respiration ; cette précaution est encore plus nécessaire quand il n'existe pas de cheminée, car, lorsqu'il y en a une, il se produit un courant d'air qui contribue à l'aération partielle de l'appartement si l'on a soin de ne jamais fermer cette cheminée avec un éoran. Et ce n'est pas seulement la chambre qu'on doit aérer, mais le lit et tout ce qui le compose : draps, couvertures, matelas, etc., que l'on déplace afin de les exposer le plus possible à l'air.

13. Il est facile de comprendre que, si l'aération et la ventilation[1] de la chambre à coucher sont utiles pour les personnes bien portantes, elles le sont encore davantage pour un malade, car les émanations qui sortent de son corps sont beaucoup plus malsaines et dangereuses à respirer aussi bien pour lui-même que pour ceux qui le soignent. Et cependant il règne, surtout dans les campagnes, cette croyance erronée qu'il ne faut pas renouveler l'air dans l'appartement d'un malade, dans la crainte que celui-ci ait froid. Évidemment on doit éviter un refroidissement, qui pourrait être funeste ; mais c'est une question de précaution : il suffit que les rideaux du lit soient fermés pendant tout le temps que les fenêtres restent ouvertes et que les courants d'air passent à une certaine distance du malade.

14. L'air des autres pièces a également besoin d'être renouvelé, d'autant plus souvent qu'elles sont moins grandes ou que le nombre des personnes qui s'y réunissent est plus considérable. C'est pour cette raison qu'il est très malsain d'aller s'enfermer dans une salle de café ou de cabaret, car l'air y est promptement vicié par la fumée du tabac et par la respiration des nombreuses personnes qui s'y trouvent.

Ce n'est pas seulement l'acide carbonique produit par la respiration qui vicie l'air, c'est encore et surtout la vapeur d'eau qui se dégage non seulement des poumons par la respiration mais de toutes les parties du corps par la transpiration. Cette vapeur d'eau renferme une grande

---

1. *Aération, ventilation.* L'*aération*, c'est le balayage complet de l'air de la chambre par un violent courant d'air que l'on obtient en ouvrant toutes grandes les portes et les fenêtres. La *ventilation* a pour but d'entretenir la pureté de l'air en le renouvelant peu à peu, surtout à la partie supérieure de la salle.

de classe; cela n'empêche pas d'ouvrir les fenêtres pendant les récréations afin d'aérer complètement. Au lieu d'une vitre mobile, il est préférable d'installer, quand on le peut, un *vasistas*. C'est une espèce de trappe mobile (*fig.* 2) que l'on place au haut d'une fenêtre ou dans l'imposte d'une porte, et que l'on ouvre ou que l'on ferme à volonté; il a l'avantage de faire entrer l'air de bas en haut et en quantité plus ou moins grande suivant qu'on l'ouvre plus ou moins.

19. L'air contient des poussières qui se déposent dans les appartements et qui peuvent être nuisibles par les germes malsains qu'elles renferment : c'est pourquoi il faut, au moins une fois par jour, balayer les planchers, puis essuyer les meubles, mais avec un vieux linge humide qui retient la poussière, et non avec un plumeau qui ne fait que la déplacer, c'est-à-dire qu'on doit essuyer doucement, et non épousseter.

Il est prudent de jeter les balayures (ainsi que les poussières que l'on a enlevées en essuyant) soit sur le fumier, soit dans un trou, et de les recouvrir de temps à autre avec un peu de terre, ou des débris de légumes, etc.

20. L'air joue un rôle important dans la *combustion* [1] et dans le *tirage* des cheminées. Voici en quelques mots ce qui se passe.

Quand le feu est allumé, l'air, ou plutôt l'oxygène de l'air, entretient et active la combustion : sans air le feu s'éteindrait, de même que l'homme mourrait. Lorsque l'air de la cheminée a été échauffé, il se dilate; il devient alors plus léger que l'air froid qui l'entoure et s'élève dans le tuyau : aussitôt celui de la chambre, qui est plus ou moins vicié par la respiration, se précipite dans la cheminée et est lui-même remplacé par de l'air pur venant du dehors par les fissures [2] des portes et des fenêtres, qu'il ne faut pas boucher complètement par des bourrelets : c'est ce

---

1. *Combustion* veut dire ici action de brûler.
2. *Fissure*, petite fente, intervalle que laissent les portes et les fenêtres qui ne ferment pas juste.

qui fait que la cheminée est le mode de chauffage le plus hygiénique parce que c'est un excellent *appareil de ventilation*. Il s'établit ainsi un courant d'air qui entretient la combustion et en même temps renouvelle l'air de l'appartement : c'est ce qu'on appelle le *tirage* de la cheminée, parce que l'air de la chambre est continuellement *attiré* dans le tuyau, d'où il passe au dehors.

21. Cela nous indique le moyen d'éteindre facilement un incendie dans une cheminée, ce qu'on appelle un *feu de cheminée* : c'est de supprimer le courant d'air. Pour cela on ferme hermétiquement[1] les portes et les fenêtres, puis on étend promptement devant la cheminée un drap (mouillé s'il est possible), de manière que l'air ne puisse passer : peu d'instants après, l'incendie s'éteint. On peut aussi jeter sur le feu quelques poignées de soufre en poudre, parce qu'en brûlant ce corps forme de l'acide sulfureux, gaz qui a la propriété d'arrêter la combustion.

L'essentiel, en cette circonstance, c'est de ne pas perdre la tête et de ne pas s'effrayer des flammes qui sortent par le haut de la cheminée, mais d'employer rapidement les moyens pratiques qui viennent d'être indiqués.

22. Asphyxie[2]. — Il y a surtout une chose qu'il ne faut jamais faire sous peine de s'exposer à une mort certaine : c'est de placer, dans la chambre où l'on couche, un réchaud ou un vase quelconque contenant du charbon allumé ; voici pourquoi. L'air de la pièce ne pouvant se renouveler, les produits délétères[3] de la combustion (oxyde de carbone[4] et autres) se dégagent dans la chambre et asphyxient les personnes qui ont eu l'imprudence d'y coucher. Il ne se passe guère d'hiver sans qu'il

---

1. *Hermétiquement*, complètement, de façon que l'air n'entre pas.
2. *Asphyxie*, suspension ou arrêt de la respiration, qui cause la mort.
3. *Délétères*, irrespirables, qui peuvent faire mourir.
4. *Oxyde de carbone*, gaz formé, comme l'acide carbonique, par la combinaison de l'oxygène avec le carbone, mais qui contient moins d'oxygène que l'acide carbonique. C'est un poison violent, qui est d'autant plus dangereux qu'il n'a pas d'odeur et qu'on ne peut par conséquent s'apercevoir de sa présence.

y ait des accidents de ce genre causés par l'ignorance.

Pour rappeler à la vie une personne asphyxiée par le charbon, il faut l'exposer au grand air, lui asperger le visage avec de l'eau fraîche, lui faire respirer du vinaigre ou de l'éther et ranimer les mouvements respiratoires en employant les moyens indiqués pour l'asphyxie *par submersion*, page 55.

Il en est de même pour l'asphyxie *par strangulation* [1] ou *pendaison;* la première chose à faire, c'est de couper la corde et de l'ôter du cou, sans s'occuper du préjugé [2] qui règne encore parmi les personnes ignorantes et d'après lequel on ne devrait pas couper la corde avant l'arrivée des gendarmes ou du maire. Il est évident que, si le malheureux pendu n'est pas mort (et on ne peut pas savoir s'il l'est), il mourra certainement si l'on ne s'empresse de le délivrer immédiatement.

EXERCICES DE RÉDACTION

PRÉPARATOIRES A L'EXAMEN DU CERTIFICAT D'ÉTUDES

I. — L'air.

Dites ce que vous savez sur l'air, son utilité et sa composition; sur le vent : ses avantages et ses inconvénients.

EXEMPLE DU SOMMAIRE QUE L'ON PEUT METTRE AU TABLEAU :

1. Ce que c'est que l'air. — 2. L'air est partout. L'atmosphère. — 3. Sa composition : 1/5 d'oxygène et 4/5 d'azote. Expérience. — 4. Avantages de l'air pur. — 5. Le vent; ce qui le produit. Ses avantages et ses inconvénients.

---

1. *Strangulation*, étranglement causé par la pression exercée sur le cou au moyen des mains ou d'une corde.
2. *Préjugé*, croyance erronée et absurde causée par l'ignorance, et d'après laquelle certaines choses insignifiantes portent malheur, comme, par exemple, de placer des couteaux en croix, de renverser une salière, de se trouver treize à table, etc., etc.

II. — Restons à la campagne.

Votre cousin (pour les filles votre cousine), qui habite la ville, vous a engagé à y venir, en vous énumérant tous les avantages qu'on y trouve.

Vous lui écrivez que vous êtes décidé à rester à la campagne et vous lui expliquez pourquoi, en insistant sur les avantages qu'elle présente, particulièrement au point de vue de la santé, de l'air pur qu'on y respire, etc., etc.

III. — Applications de l'air à l'agriculture.

Vous voulez être cultivateur; exposez comment vous utiliserez les connaissances que vous avez acquises sur l'air en ce qui concerne le sol, la culture, les végétaux et les animaux.

IV. — Danger des fleurs laissées la nuit dans les appartements.

Une de vos amies (pour les garçons un de vos amis) vous a écrit qu'elle a souvent des maux de tête ou des étourdissements, surtout le matin, et qu'elle ne sait à quelle cause les attribuer. Elle ajoute que depuis que son père a un jardin elle s'occupe beaucoup de la culture des fleurs et qu'elle en a toujours dans sa chambre plusieurs bouquets, qu'elle renouvelle de temps à autre.

Vous lui répondez que ses maux de tête sont probablement occasionnés par les fleurs qu'elle laisse, la nuit, dans sa chambre et vous lui expliquez pourquoi; vous lui conseillez de cesser d'en mettre, en lui faisant connaître qu'elle s'expose à être asphyxiée. Vous terminerez votre lettre en lui disant qu'on peut aussi être asphyxié quand on met un réchaud allumé dans sa chambre à coucher.

V. — Une leçon pratique d'hygiène (pour les filles).

Une de vos amies vous a écrit qu'étant allée un matin avec sa mère prendre des nouvelles de Mme X..., qui était malade, elle a été étonnée de ce qu'elle a vu : les portes et les fenêtres étaient ouvertes partout; les matelas, les couvertures et les draps de lit étaient étendus sur des chaises et sur les fenêtres; dans la chambre même de Mme X.. la fenêtre était ouverte, quoiqu'il fît froid; enfin, elle a vu la fille de cette dame essuyer doucement les meubles au lieu de les épousseter.

Vous lui répondez en lui expliquant pourquoi on doit agir ainsi et en lui exposant, d'une façon très simple, tout ce que vous savez sur les soins du ménage, aération des chambres, nettoyage, balayage.

VI. — Incendie dans une cheminée.

Jeudi dernier le feu a pris dans la cheminée de votre voisin, qui était absent. Sa femme se mit à crier par la fenêtre : « Au feu! au feu! » Sa fille sortit pour aller chercher du secours et laissa la porte ouverte. On voyait les flammes s'élancer au-dessus de la cheminée. Vous êtes accouru bien vite et vous avez fait ce que l'on vous a dit à l'école de faire en cette circonstance : dix minutes après, l'incendie était éteint. Votre voisine vous remercia chaleureusement et vous revîntes chez vous heureux du service que vous aviez rendu à vos voisins, dont les maisons auraient pu être incendiées complètement.

Dans une lettre à l'un de vos camarades, vous racontez cet incendie et ce que vous avez fait pour l'éteindre, en expliquant pourquoi vous avez agi ainsi. Vous ajouterez ce que vous savez sur le rôle de l'air dans la combustion et le tirage des cheminées.

VII. — Asphyxie par les réchauds.

Un grand malheur est arrivé en janvier 1891 chez le boulanger de la petite commune de C... Son père et son frère étaient venus passer avec lui la journée du dimanche et devaient repartir le lendemain. Comme il faisait très froid et qu'il n'y avait pas de cheminée dans la chambre à coucher, il eut l'imprudence d'emplir un chaudron avec la braise allumée qu'il avait retirée de son four, et de le placer auprès de leur lit pour qu'ils n'eussent pas froid... .

Le lendemain matin il entra dans leur chambre pour les éveiller; hélas! ils étaient morts asphyxiés. Son désespoir en pensant qu'il avait causé involontairement la mort de son père et de son frère. Tous les soins qu'on leur donna pour les rappeler à la vie furent inutiles.

Vous écrivez à l'un de vos camarades pour lui raconter ce triste événement; vous lui expliquez ce qui a amené la mort de ces deux personnes, en lui exposant ce que vous savez des propriétés de l'acide carbonique et de l'oxyde de carbone. Vous terminerez en indiquant les soins qu'il faut donner, dans ce cas, aux asphyxiés pour essayer de les rappeler à la vie.

II. — **L'AIR** (*suite*)

La pression de l'air ou pression atmosphérique.

SOMMAIRE. — 1. L'air est pesant : un litre d'air pèse 1gr,30. Ce que c'est que la *pression atmosphérique*. — 2. Son poids : pression de 15000 kilogrammes exercée sur le corps de l'homme. Équilibre des pressions. — 3. Expériences qui prouvent la pression atmosphérique.

1. L'air est pesant : un litre d'air pèse 1gr,30. Un litre d'eau pesant 1000 grammes, l'air est sept cent soixante-dix fois moins lourd que l'eau (1000 grammes : 1gr,3 = 770). En s'échauffant l'air se dilate, ses molécules s'écartent les unes des autres, il devient plus léger.

Quoique l'air soit beaucoup moins lourd que l'eau, il n'en est pas moins vrai que la masse d'air qui constitue l'atmosphère a un poids énorme ; les couches supérieures *pressent* sur les couches inférieures, et celles-ci sur la surface de la terre ainsi que sur tous les objets qui s'y trouvent : c'est ce qu'on appelle la *pression atmosphérique*.

2. On a calculé, d'après une expérience très simple (qui sera indiquée pour la construction du baromètre), que sur une surface de 1 centimètre carré la pression atmosphérique, c'est-à-dire le poids de l'atmosphère, est de 1033 grammes. Le corps de l'homme ayant une surface de 1 mètre carré et demi, soit 15000 centimètres carrés, supporte par conséquent une pression de 1kg,033 × 15000 = 15000 kilogrammes environ, c'est-à-dire 15 tonnes ! Comment se fait-il que non seulement nous ne sommes pas écrasés par cette pression énorme, mais que nous n'en sommes pas même incommodés ? C'est parce qu'elle s'exerce également dans tous les sens, aussi bien à l'intérieur qu'à l'extérieur de notre corps dans lequel se trouvent des fluides [1] qui supportent cette pression et lui

---

1. *Fluide* se dit, par opposition à *solide*, des corps liquides ou gazeux.

font équilibre. Et même, ce qui est curieux, c'est que, lorsque cette pression diminue (ce qui a lieu quand le baromètre baisse), nous éprouvons un certain malaise et de la fatigue à remuer nos membres, qui nous paraissent plus pesants, et, par une singulière erreur, nous disons que l'air est *lourd*, alors qu'il est précisément plus léger qu'à l'ordinaire.

8. Il est facile, au moyen de deux expériences très simples, de démontrer la pression atmosphérique :

1° On met dans une carafe des morceaux de papier

Fig. 3.

allumés; l'air intérieur étant échauffé se dilate et une partie sort de la carafe, de sorte que ce qui reste est moins lourd. Si l'on ferme le goulot de la carafe avec un

Fig. 4.

œuf dur dont on a enlevé la coquille, l'air renfermé, en se refroidissant, se condense, c'est-à-dire occupe moins de place et ne fait plus équilibre à la pression atmosphérique qui, pressant sur l'œuf de haut en bas, le fait entrer dans la carafe, dans laquelle il tombe, quelquefois même sans se briser;

2° On remplit d'eau un verre cylindrique et on le recouvre d'une feuille de papier que l'on maintient avec la main ; on retourne vivement le verre et l'on retire la main (*fig.* 4) : le papier reste collé au verre et l'eau ne tombe pas. Pourquoi ? Parce que la feuille de papier est poussée de bas en haut par la pression atmosphérique, qui maintient le liquide avec une force supérieure au poids de l'eau.

Ses applications à l'agriculture.

BAROMÈTRE. POMPE

Sommaire. — 4. Ce que c'est que le baromètre. Sa construction. La pression atmosphérique équivaut à une colonne de mercure de 0ᵐ,76 de hauteur ou à une colonne d'eau de 10ᵐ,33. — 5. Forme du baromètre. — 6. Son utilité en agriculture. — 7. Autres applications de la pression atmosphérique : *pompe*. Expérience qui montre ce qui se passe dans la pompe. — 8. Description de la pompe aspirante. — 9. Son fonctionnement. — 10. Utilité de la pompe en agriculture. Pompe à purin.

4. Baromètre. — Le *baromètre*[1] est un instrument avec lequel on peut mesurer la pression atmosphérique. Grâce aux expériences qui viennent d'être indiquées, on comprendra mieux celle qui a servi de base à la construction du baromètre.

On prend un tube de verre d'un mètre de long fermé à l'une de ses extrémités, et on le remplit de mercure[2] sec ; on le ferme avec le doigt, puis on le renverse dans un vase contenant du mercure, A (*fig.* 5). Quand on retire le

---

1. *Baromètre.* Ce mot est composé de deux parties : *baro*, qui désigne la pesanteur de l'air, c'est-à-dire la pression atmosphérique, et *mètre*, qui signifie *mesure* ; de sorte que baromètre veut dire : qui mesure la pression atmosphérique.

2. *Mercure* ou *vif-argent.* C'est un métal liquide qui est 13 fois 1/2 plus lourd que l'eau, c'est-à-dire qu'un litre de mercure pèse 13ᴷᵍ,1/2 environ, exactement 13ᴷᵍ,6.

doigt, le mercure baisse un peu dans le tube et s'arrête au point B. La colonne de mercure BE, qui reste dans le tube, a une hauteur de 0^m,76 environ ; l'espace laissé au-dessus du mercure est vide : il n'y a pas d'air.

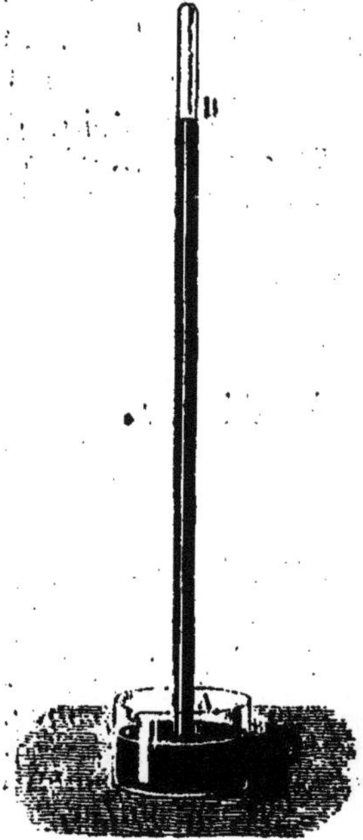

Fig. 5.

Pourquoi cette colonne de mercure ne tombe-t-elle pas dans le vase ? Parce que la pression atmosphérique qui s'exerce de haut en bas sur la surface du mercure qui se trouve dans ce vase s'exerce aussi, mais de bas en haut, sur la colonne de mercure, qu'elle repousse en quelque sorte et qu'elle empêche de tomber, de même que dans l'expérience précédente elle poussait de bas en haut la feuille de papier qu'elle maintenait collée au verre et empêchait l'eau de tomber.

La densité [1] du mercure étant 13,6, il faudra une colonne d'eau treize fois et six dixièmes de fois plus haute que celle de mercure pour faire équilibre à la pression atmosphérique, soit 0^m,76 × 13,6 = 10^m,33. Une colonne d'eau de 10^m,33 de hauteur et de 1 centimètre carré de base contiendra 0^{mq},0001 × 10^m,33 = 1^{dmc},033^{cmc} ou 1 033 centimètres cubes qui pèsent 1 033 grammes. La pression atmosphérique sur une surface de 1 centimètre carré est donc bien, comme il a été dit en commençant, de 1 033 grammes.

5. Dans le baromètre, la cuvette à mercure est toute petite, et l'instrument est fixé sur une planchette qui

---

1. *Densité.* C'est le nombre indiquant le poids (en kilogrammes pour les liquides et les solides) d'un litre ou d'un décimètre cube d'un corps. Ainsi, quand on dit que la densité du mercure est 13,6, cela signifie qu'un litre de mercure pèse 13^{kg},6.

porte quelquefois un thermomètre, comme on le voit dans la figure 6, où il est placé au milieu et à droite. Ou bien, il est muni d'un cadran sur lequel se meut une aiguille, soit à droite, soit à gauche ; quand elle tourne à droite, le baromètre monte et c'est généralement signe de beau temps ; lorsqu'elle tourne à gauche, il baisse et c'est souvent signe de pluie.

6. Le baromètre est très utile en agriculture, quoique ses indications ne soient pas toujours exactes. Mais on a remarqué qu'en France les pluies sont habituellement apportées par les vents du sud et du sud-ouest, qui viennent de la mer, et qu'ils sont annoncés par une baisse du baromètre, comme celui du nord-est amène le beau temps et concorde avec la hausse du baromètre ; le vent chaud du sud-ouest, qui a traversé l'océan Atlantique, nous amène la pluie neuf fois sur dix. De même quand le baromètre subit un abaissement considérable et rapide, cela indique une forte bourrasque [1] ou un orage. Généralement lorsque le temps veut se mettre au beau,

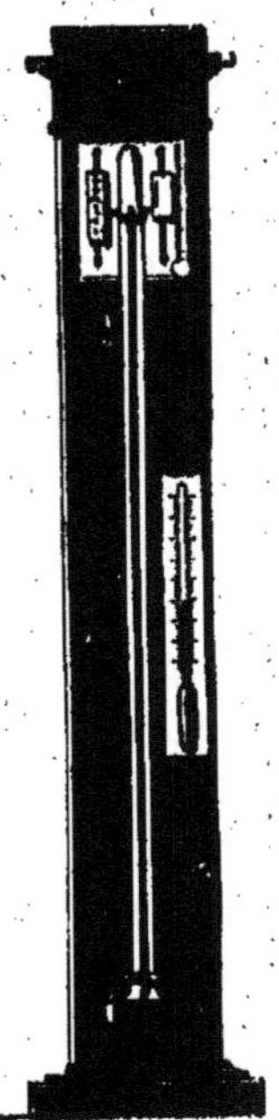

Fig. 6.

c'est-à-dire quand l'air devient plus lourd parce qu'il est moins humide, le baromètre monte lentement ; quand il se met à la pluie, c'est-à-dire quand l'air devient plus léger en prenant de l'humidité, le baromètre baisse peu à peu. Le cultivateur, en tenant compte de ces indications, se hâtera de rentrer ses récoltes, ou de terminer certains travaux qui exigent le beau temps pour être exécutés, et s'évitera ainsi des pertes qui auraient pu être assez considérables.

7. Parmi les autres applications de la pression atmosphérique, l'une des plus importantes est la *pompe*, qui sert à tirer l'eau d'un puits.

---

1. *Bourrasque* veut dire vent très violent, mais de peu de durée.

L'expérience suivante, qui est très simple et facile à exécuter, fera parfaitement comprendre le fonctionnement de la pompe. On prend un vase, de préférence en verre (un pot à confiture par exemple), et on l'emplit presque en entier avec de l'eau que l'on colore au moyen d'un peu de vin ou d'une couleur quelconque pour rendre l'expérience plus visible. On y plonge presque à demi, mais bien verticalement, un verre cylindrique comme celui de la figure 1 et l'on constate qu'il n'entre dedans que très peu d'eau. Ensuite, on l'incline légèrement, sans le sortir de l'eau, pour laisser échapper la plus grande partie de l'air qu'il contient; en le redressant verticalement, on s'aperçoit que l'eau a monté dedans et le remplit presque complètement. Pourquoi? Parce qu'une partie de l'air s'étant échappée, la quantité qui reste ne fait plus équilibre à la pression atmosphérique qui, pressant sur l'eau du vase, fait monter celle-ci dans le verre jusqu'à une certaine hauteur.

On pourrait aussi faire cette expérience avec une bouteille en verre blanc bien transparent d'un demi-litre ou bien d'un quart de litre.

8. Pompe. — La pompe aspirante, qui est la plus usitée, se compose d'un tuyau d'aspiration b, dont l'extrémité inférieure plonge dans l'eau du puits ou du réservoir V, et dont l'extrémité supérieure débouche dans le corps de pompe avec lequel elle communique par la soupape d'admission s, qui s'ouvre de bas en haut. Dans le corps de pompe se meut, au moyen d'une tige verticale à laquelle il est fixé, un piston p, percé d'une ouverture fermée par une soupape de sortie c, qui s'ouvre aussi de bas en haut. Enfin, à la partie supérieure du corps de pompe se trouve un tuyau latéral e, par lequel l'eau s'écoule.

9. Voici ce qui se passe. Quand on soulève le balancier d, le piston descend au fond du corps de pompe : alors la soupape s se ferme et l'air qui se trouvait au-dessous du piston, étant pressé par celui-ci, soulève la soupape c et s'échappe. Si l'on abaisse le balancier, le

piston remonte, la soupape *c* se ferme par l'effet de la
pression atmosphérique, et le vide se produit au-dessous
du piston : il en résulte que l'air du tuyau d'aspiration
passe dans le corps de pompe en soulevant la soupape *s* et que l'eau du puits sur laquelle s'exerce la pression atmosphérique monte un peu dans le tuyau d'aspiration. Au bout d'un certain nombre de coups de piston, l'eau arrive dans le corps de pompe et, pressée par le piston quand celui-ci descend, elle soulève la soupape *c*, qui se referme ensuite ; lorsque le piston

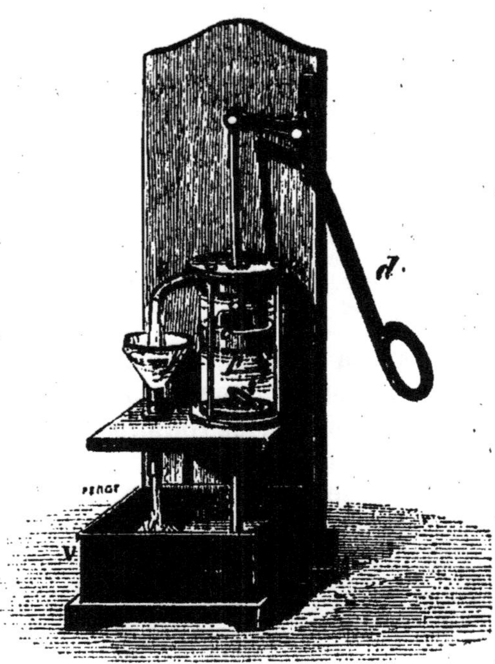

Fig. 7. — Petit modèle de pompe à eau.

remonte, il entraîne avec lui l'eau qui le recouvre et qui
s'écoule par le tuyau de déversement *e*.

Ce qui se produit quand on boit avec un brin de paille
ou chalumeau permet aussi de se rendre compte du fonctionnement de la pompe. En aspirant avec la bouche l'air
du chalumeau, on y fait le vide : alors la pression atmosphérique fait monter l'eau dans le tube, de même qu'elle
la fait monter dans le tuyau d'aspiration, puis dans le
corps de pompe.

10. La pompe est très utile en agriculture, parce qu'il
faut une grande quantité d'eau pour les besoins de la
maison, pour les animaux; pour l'arrosage du jardin, etc.,
et il serait très pénible et très long de la puiser avec un seau.

Dans certains domaines importants on se sert aussi d'une petite pompe pour arroser le fumier avec le purin que l'on a recueilli dans une fosse étanche[1].

Ses applications à l'hygiène.

VENTOUSE

SOMMAIRE. — 11. Expérience du verre renversé dans l'eau. — 12. Explication de ce qui s'est passé. — 13. Ce que c'est qu'une ventouse. — 14. Comment on l'applique. — 15. Explication de ce qui se produit.

11. La pression atmosphérique n'a guère d'autre application en hygiène que les *ventouses*, dont l'expérience suivante fera mieux comprendre le principe que de longues explications.

On prend une assiette dans laquelle on verse une

Fig. 8.

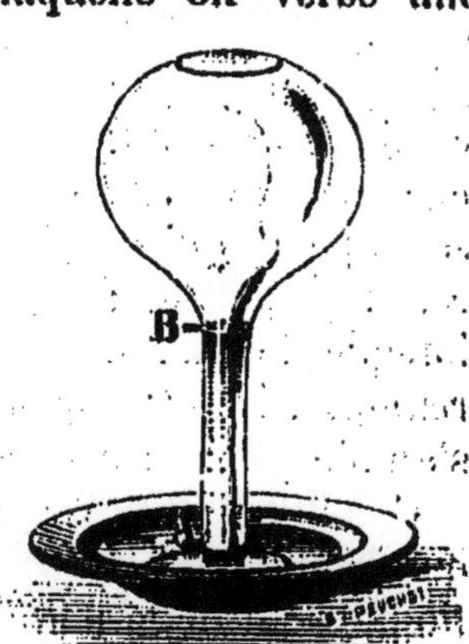

Fig. 9.

couche d'eau d'un centimètre d'épaisseur, colorée avec un peu de vin ou une couleur quelconque; on plonge dans cette eau un verre renversé ou une cloche et on colle

---

1. *Étanche* veut dire qui retient bien les liquides, ne les laisse pas s'écouler.

dessus, au point A, un petit morceau de papier gommé pour marquer le niveau de l'eau dans le verre (qui est le même que celui de l'eau dans l'assiette).

On retire le verre, et, le tenant toujours renversé, on fait brûler au-dessous et à une certaine distance de l'ouverture, une feuille de papier que l'on a froissée, puis on replonge le verre dans l'eau ; au bout de quelques instants on voit le liquide s'élever dans le verre de près de $0^m,02$ au-dessus du niveau A de l'eau dans l'assiette et s'arrêter au point B.

Avec une carafe à long col (*fig.* 9) l'expérience est encore bien plus concluante et plus intéressante : l'eau s'élève jusqu'au point B, à une hauteur de plus de $0^m,08$ au-dessus du niveau A de l'eau dans l'assiette.

12. Que s'est-il passé dans ces deux expériences ? L'air contenu dans le verre et dans la carafe, ayant été échauffé par le papier que l'on a fait brûler, est devenu plus léger que l'air extérieur, de sorte que, placé sur l'eau, il ne fait plus équilibre à la pression atmosphérique qui, pressant sur l'eau du vase, fait monter celle-ci dans le verre, ainsi que dans le goulot de la carafe, bien au-dessus du niveau du liquide contenu dans l'assiette.

13. Ventouse. — Il est facile maintenant, grâce à ces expériences, de comprendre ce qui se passe dans l'application des *ventouses*.

Une ventouse est tout simplement un vase en verre (qui peut être remplacé par un verre à boire ordinaire) destiné à faire le vide sur un point quelconque de notre corps.

Fig. 10.

14. Pour appliquer une ventouse, on allume un petit morceau de papier que l'on jette dans le fond d'un verre et, un peu avant qu'il ne soit éteint, on place le verre sur la peau, comme l'indique la figure 10. Aussitôt qu'il est posé, on voit la peau entrer dans le verre et devenir plus rouge parce que le sang y arrive en plus grande quantité.

Pour la retirer il suffit d'incliner le verre à droite, par exemple, et, avec le doigt, de peser sur la peau à gauche : l'air entre en sifflant dans la ventouse, qui se trouve détachée.

Les ventouses servent à amener le sang vers une partie du corps où il est nécessaire de l'attirer, par exemple, dans certains cas, à la poitrine ou dans le dos. On en met plusieurs les unes à côté des autres, et on les laisse ordinairement en place pendant un quart d'heure. Elles sont très utiles dans les cas d'asphyxie par la privation de l'air, comme chez les pendus et les noyés : on couvre leur poitrine de ventouses.

15. Voici l'explication de ce qui se produit dans l'application d'une ventouse. L'air contenu dans le verre, étant devenu plus léger parce qu'il a été échauffé, ne fait plus équilibre à la pression atmosphérique qui s'exerce à l'intérieur de notre corps et qui pousse alors le sang à s'élever dans la ventouse, absolument comme l'eau montait dans le verre et dans la carafe lors des expériences précédentes (*fig.* 8 et 9).

EXERCICES DE RÉDACTION
PRÉPARATOIRES A L'EXAMEN DU CERTIFICAT D'ÉTUDES

I. — Le baromètre.

Votre cousin, qui ne lit plus depuis qu'il a quitté l'école sous prétexte qu'il en sait bien assez long pour labourer la terre, est venu passer la journée chez vous dimanche dernier. En le reconduisant à la gare vous avez vu, dans un magasin, un baromètre à cadran, que vous lui avez fait remarquer en lui disant que c'est très utile pour un cultivateur, parce que l'aiguille indique le beau temps ou la pluie. Il s'est mis à rire en disant : « Tu te moques de moi. »

Vous lui écrivez aujourd'hui pour l'assurer que ce que vous lui avez dit n'est pas une plaisanterie et, pour le convaincre, vous lui expliquez le plus clairement possible ce qu'on appelle la *pression atmosphérique*, ce que c'est que le *baromètre*, comment on le construit et pourquoi ses indications permettent souvent de prévoir le temps qu'il fera. Vous pourrez lui indiquer deux petites expériences faciles à faire qui montrent bien ce que c'est que la pression atmosphérique.

II. — La pompe.

On vient de remplacer par une pompe le puits de l'école, qui était très profond, de sorte que les grands élèves étaient obligés de se mettre deux pour tourner la manivelle et tirer un seau d'eau. Vous avez suivi avec attention tous les travaux qui ont été faits, vous avez remarqué notamment que les ouvriers ont fait plonger dans le puits un tuyau d'aspiration et ont placé un piston dans le corps de pompe.

Vous écrivez à votre camarade pour lui annoncer cela, en lui faisant connaître les accidents qu'occasionnait autrefois le puits et les avantages que présente la pompe. Vous lui exposerez ce qui se passe dans le fonctionnement de la pompe aspirante, dont vous lui ferez la description, en lui disant de quoi elle est l'application; vous pourrez même, pour qu'il comprenne mieux vos explications, l'engager à faire l'expérience indiquée au n° 7 en lui indiquant ce qui se produit et pourquoi. Enfin, vous énumérerez en quelques mots les avantages de la pompe en général, et au point de vue agricole en particulier.

———

III. — L'EAU

—

1. L'eau est un liquide transparent[1], sans saveur ni odeur[2], que tout le monde connaît et qui est d'une très grande utilité aussi bien pour l'homme et les animaux que pour les plantes : on peut même dire qu'elle est indis-

---

1. *Transparent.* Cela veut dire qu'on peut voir les objets à travers l'eau.
2. *Sans saveur*, qui n'a pas de goût. *Sans odeur*, qui ne sent rien,

pensable à la vie, non pas que le manque d'eau amène la mort, comme la privation d'air, mais les pays où il n'y a pas d'eau sont inhabitables et ne produisent rien.

L'eau est encore utile pour éteindre les incendies : les pompiers se servent pour cela d'une pompe spéciale appelée *pompe à incendie.*

Par contre l'eau peut être très nuisible quand elle arrive trop vite et en trop grande quantité dans les fleuves et dans les rivières : elle cause alors ces terribles inondations qui renversent les maisons, détruisent tout sur leur passage et occasionnent des dégâts incalculables. C'est bien un peu la faute de l'homme, qui a déboisé les montagnes et les forêts, de sorte que la pluie n'étant plus retenue par la terre et par les racines des arbres, au lieu de descendre lentement dans les cours d'eau, s'y précipite en grande quantité et les fait déborder. C'est un devoir de respecter les arbres et même de contribuer au reboisement autant qu'on le peut.

2. De même que l'air, l'eau est incolore; mais, vue sous une grande épaisseur, elle paraît verdâtre.

3. L'eau n'est pas un corps simple, comme on serait tenté de le croire; c'est une combinaison [1] de deux gaz : l'oxygène et l'hydrogène, que l'on peut, au moyen d'une pile électrique, séparer par l'analyse [2], qui montre qu'il y a deux fois plus d'hydrogène que d'oxygène. La preuve, c'est que si l'on met dans un flacon un volume d'oxygène avec deux volumes d'hydrogène et que l'on enflamme le mélange avec une allumette, une explosion se produit, les deux gaz se combinent et forment de l'eau.

---

1. *Combinaison, mélange.* La combinaison, c'est l'union intime de deux ou plusieurs corps en un seul, qui a des propriétés différentes de celles des corps qui ont servi à le composer, tandis que dans le *mélange* chacun des corps garde ses propriétés particulières. Ainsi, dans l'acide azotique, qui est un liquide, l'oxygène et l'azote sont *combinés :* il est impossible de distinguer l'azote de l'oxygène; tandis que dans l'air ces deux gaz sont simplement *mélangés*, on peut facilement les séparer l'un de l'autre, et chacun d'eux conserve ses propriétés.

2. *Analyse* veut dire décomposition d'un corps en ses différentes parties.

On peut aussi décomposer l'eau d'une manière très simple. On en remplit un verre ordinaire, cylindrique, et on le renverse dans un vase plein d'eau en l'inclinant un peu. On prend, avec une pince, quelques gros charbons incandescents que l'on plonge dans le vase au-dessous de l'ouverture du verre ; l'eau se décompose avec bruit et l'on voit des bulles de gaz monter dans le verre : c'est de l'hydrogène, avec un peu d'oxyde de carbone produit par la combinaison de l'oxygène et du charbon. La même chose a lieu lorsque le forgeron jette des gouttes d'eau sur son feu pour l'activer : l'eau se décompose en hydrogène, qui est très combustible, et en oxygène, qui se combine avec le charbon pour former un autre gaz également combustible appelé oxyde de carbone.

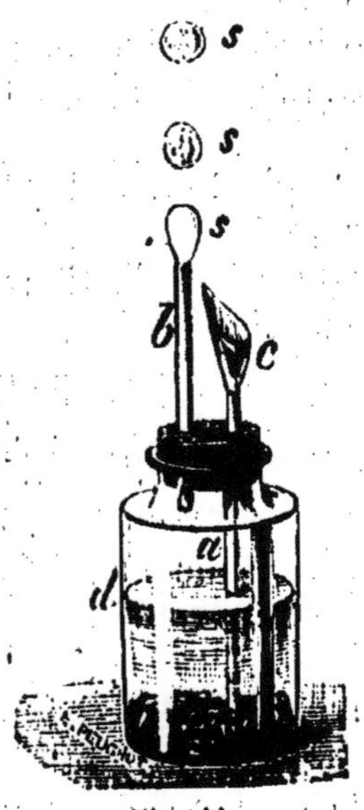

Fig. 11.

Enfin on décompose encore l'eau par une expérience bien curieuse et facile à faire. On met des rognures de zinc dans un flacon ou dans un bocal à large ouverture d, qui contient de l'eau et qui est fermé par un bouchon à deux trous : dans l'un de ces trous on met un roseau a, qui plonge dans le liquide, et dans l'autre un roseau b, dont l'extrémité inférieure est au-dessus de l'eau et dont l'extrémité supérieure est munie d'un petit brin de paille. On verse de l'acide sulfurique, mais peu à la fois, par un cornet en papier c, que l'on introduit dans l'ouverture du tube a ; aussitôt on voit l'eau bouillonner : elle est décomposée et l'hydrogène se dégage par le tube b.

En humectant de temps à autre l'extrémité de la paille avec une goutte d'eau de savon, au moyen d'un morceau de papier, on obtiendra des bulles s gonflées d'hydrogène qui s'élèveront jusqu'au plafond, où le choc les fera crever.

Si l'on met au bout d'une baguette une bougie allumée (ou un rat de cave), et qu'on l'approche de la bulle de savon, celle-ci s'enflamme et crève en faisant explosion : cette jolie expérience montre que l'hydrogène est plus léger que l'air et très inflammable.

4. L'eau que l'on forme par la combinaison de l'oxygène et de l'hydrogène est de l'eau pure, c'est-à-dire qui ne contient rien autre chose : l'eau *distillée* est aussi de l'eau pure; tandis que l'eau de rivière, de fontaine ou de puits, contient en dissolution différentes substances. Ces eaux, en effet, proviennent de la pluie qui s'est infiltrée dans la terre, où elle a rencontré certains corps qu'elle a dissous[1], tels que le sel, le fer, les calcaires, etc. Elles renferment, en outre, de l'air en dissolution qui est plus riche en oxygène que l'air atmosphérique et qui sert à la respiration des poissons ainsi que des autres animaux aquatiques.

Il est facile de constater la présence de l'air dans l'eau. On n'a qu'à en mettre sur le feu dans un vase quelconque; quand elle est suffisamment chaude, on voit des bulles de gaz se dégager : c'est l'air, dissous dans l'eau, qui s'échappe. Il se dégage aussi de l'eau quand celle-ci se congèle : ce sont des bulles d'air emprisonnées dans la glace que l'on voit dans les fossés lorsque l'eau est congelée.

5. L'eau qui est à la surface de la terre, aussi bien celle des fleuves et des rivières que celle des sources, des puits et des fontaines, a la même origine : elle vient de la mer. Voici comment :

La chaleur du soleil fait évaporer l'eau de la mer, c'est-à-dire la transforme en *vapeur*, qui est invisible et qui, étant plus légère que l'air, s'élève dans l'atmosphère, où elle forme les *nuages*, qui se déplacent suivant la direction du vent. Lorsque ceux-ci rencontrent un courant d'air

---

1. *Dissous*, c'est-à-dire qu'elle a divisés, qu'elle a rendus liquides en les faisant fondre comme on fait fondre (ou plutôt dissoudre) un morceau de sucre dans un verre d'eau.

froid, la vapeur d'eau qu'ils contiennent se condense[1] et tombe sur la terre sous forme de pluie, ou sous forme de neige si le courant d'air est assez froid. La pluie pénètre dans la terre, où elle va alimenter les sources, les puits et les fontaines, et se rend ensuite dans les rivières et dans les fleuves, qui la ramènent à la mer, d'où elle est de nouveau évaporée pour recommencer son perpétuel voyage[2] de circulation. De sorte que l'on peut dire que les cours d'eau fournissent à la mer l'eau qu'elle leur renverra sous forme de pluie après avoir été évaporée : c'est pour cela que le niveau de la mer ne change pas.

6. Une expérience très simple donnera une idée exacte de ce qui se passe dans la nature.

On met de l'eau au feu, dans un vase quelconque ; lorsqu'elle bout, on place au-dessus une assiette renversée qui reçoit la vapeur d'eau ; celle-ci, au contact de l'assiette qui est froide, se condense sous forme de gouttelettes, et en inclinant l'assiette ces gouttelettes tombent dans un autre vase que l'on a placé au-dessous pour les recevoir. En continuant l'expérience, on recueillerait dans le second vase toute l'eau du premier. On pourrait recommencer à faire bouillir l'eau et le même phénomène[3] se reproduirait indéfiniment.

L'eau du vase représente celle de la mer ; la chaleur du feu, celle du soleil ; l'assiette froide qui condense la vapeur d'eau et la fait tomber en gouttelettes, le courant d'air froid qui condense également la vapeur d'eau contenue dans les nuages et la fait tomber en pluie sur la terre.

7. Alambic. — La distillation de l'eau au moyen d'un *alambic* en donne également une idée très juste. On fait bouillir l'eau dans un vase formé A dont le couvercle B

---

1. *Se condense*, c'est-à-dire que les molécules se rapprochent, se serrent les unes contre les autres et se réunissent pour former les gouttes d'eau.

2. *Perpétuel voyage* veut dire voyage continuel, qui dure toujours.

3. *Phénomène.* On donne ce nom à tout ce qui apparaît, aux différents effets qu'on remarque dans la nature.

communique par un gros tuyau avec un autre tuyau C, appelé *serpentin* à cause de sa forme, et qui plonge dans un réservoir d'eau froide souvent renouvelée, dont le trop-plein se déverse dans un seau par le tuyau E. La vapeur se rend dans le couvercle et de là passe, par le gros tuyau, dans le serpentin, où elle se refroidit de plus en plus : alors elle se condense en eau *pure* ou *distillée* qui coule dans un flacon.

C'est par la distillation qu'on purifie l'eau en lui enle-

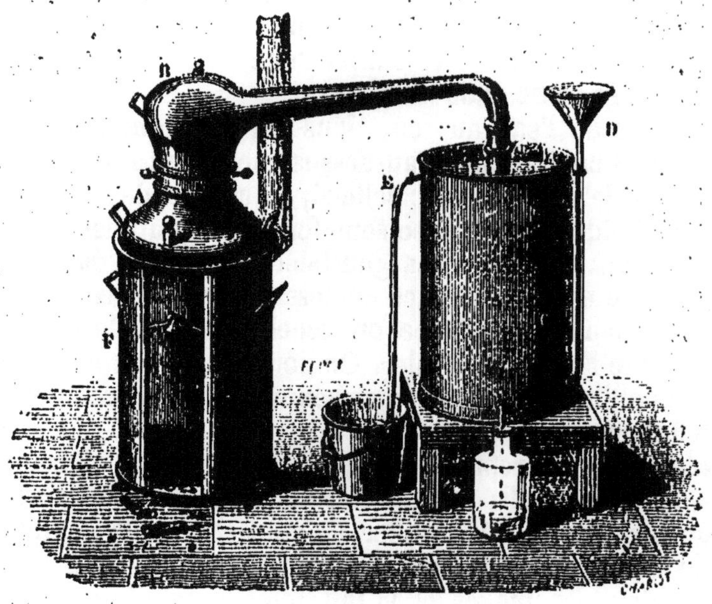

Fig. 12.

vant toutes les substances étrangères qu'elle renferme, aussi bien les gaz tels que l'air et l'acide carbonique, que les sels qu'elle tient en dissolution : c'est pourquoi l'eau distillée, n'étant plus aérée, n'est pas bonne à boire. Pour s'en servir, il faut l'agiter et la battre afin de l'aérer.

C'est en distillant dans des alambics le vin, le cidre, les marcs de pommes et de raisins, le maïs, la pomme de terre, etc., qu'on obtient l'alcool et l'eau-de-vie.

8. L'eau peut prendre les trois états des corps : 1° l'état *gazeux :* c'est la *vapeur d'eau;* 2° l'état *liquide :* c'est l'*eau* proprement dite ; 3° l'état *solide :* c'est la *glace.*

Ainsi, mettons un morceau de glace dans une casserole placée sur le poêle, ou sur le feu, cette glace fond, c'est-à-dire qu'elle redevient de l'eau, et, si nous chauffons cette eau, elle bout et se transforme en un gaz appelé vapeur d'eau.

Ses applications à l'agriculture.

SOMMAIRE. — 9. De même que l'air, l'eau est indispensable à la germination des graines et au développement des végétaux. Nécessité de l'arrosage et des labours profonds. — 10. Qualités de l'eau d'arrosage. L'eau de pluie est la meilleure. — 11. Propriété qu'a l'eau de dissoudre un grand nombre de substances. — 12. Utilité de l'irrigation. — 13. Inconvénients d'une trop grande quantité d'eau ; moyen d'y remédier : drainage. — 14. Utilité des rigoles d'écoulement. — 15. L'eau est également nécessaire aux animaux domestiques, mais pas l'eau empoisonnée de la mare. — 16. Fosses, puits, puits artésiens. — 17. Théorie des puits ordinaires. Précautions à prendre quand on creuse un puits. — 18. Théorie des puits forés ou artésiens. Sources.

9. L'eau est aussi nécessaire que l'air à la germination des graines et à la végétation des plantes. Une graine enfouie dans une terre sèche ne germe pas, de même qu'une plante ne tarde pas à périr si l'on ne restitue pas au sol l'eau qui lui a été enlevée : de là, la nécessité d'arroser les semis, aussi bien que les légumes, surtout pendant les chaleurs. C'est pour cela aussi qu'il faut labourer profondément la terre afin que l'eau y pénètre en grande quantité et y forme des réserves abondantes que les plantes utiliseront quand elles auront absorbé celle des pluies (qui est toujours insuffisante), car plus la couche arable sera épaisse, plus elle emmagasinera d'eau. Il y a encore une autre raison : c'est que l'eau dissout une certaine quantité de l'acide carbonique qui se trouve dans l'atmosphère, de sorte que plus il entrera d'eau dans la couche arable, plus il y aura d'acide carbonique, ce qui est très important pour que les plantes profitent des principes fécondants contenus dans les engrais, parce que l'acide carbonique a la propriété de dissoudre plusieurs de ces principes.

Il est facile de constater l'influence de l'eau sur la végétation lorsqu'il survient une pluie, en été, après une sécheresse un peu longue : on voit les plantes se redresser, reverdir et se développer avec une rapidité surprenante.

10. Mais toutes les eaux ne conviennent pas à l'arrosage. Pour qu'une eau puisse servir à arroser les plantes, il faut qu'elle soit aérée et qu'elle ne soit pas froide : c'est pourquoi les jardiniers exposent l'eau à l'air et au soleil, pendant quelques heures, en emplissant, dès le matin, des tonneaux qu'ils ont enfoncés dans la terre, ou des bassins.

La meilleure est l'eau de pluie parce qu'elle contient des substances telles que l'acide carbonique, l'ammoniaque, quelquefois l'acide nitrique en dissolution, qui la rendent fertilisante; il est assez facile de la recueillir en plaçant sous les gouttières des baquets ou des barriques.

11. L'eau joue aussi un rôle important en agriculture par la propriété qu'elle possède de dissoudre un grand nombre de substances solides ou gazeuses; elle les met en contact avec les racines, qui absorbent celles qui sont nécessaires à la nourriture de la plante. Lorsque l'eau manque, la végétation s'arrête; si l'eau fournie aux racines ne contient pas assez de substances nutritives, les plantes languissent et donnent de faibles récoltes. Mais, d'un autre côté, à force de dissoudre ces matières nutritives l'eau finit par les faire disparaître du sol : d'où la nécessité de rendre à celui-ci, par les engrais, ce que les récoltes lui ont enlevé.

12. Irrigation. — L'eau est tellement nécessaire à la végétation que dans les pays chauds surtout, où les plantes n'en ont pas une quantité suffisante, on la leur procure par l'*irrigation*, dont les effets sont merveilleux, particulièrement en ce qui concerne les prairies. (Pour plus de renseignements sur l'irrigation, consulter mon petit livre d'agriculture, pages 33 à 35. — Voy. la note au bas de la page 19.)

13. Drainage. — Par contre il arrive que certaines terres, surtout celles qui sont argileuses, retiennent l'eau en trop grande quantité : il en résulte qu'elles s'échauffent difficilement et que les récoltes y viennent tard. D'un autre côté, l'eau, par sa présence continuelle, empêche l'introduction de l'air dans le sol; elle contrarie la germination des graines et retarde la végétation parce qu'elle refroidit la terre en s'évaporant, de sorte que la récolte est souvent compromise : les travaux de culture ont été faits presque en pure perte.

Heureusement qu'il y a un moyen de faire disparaître cet excès d'eau : c'est le *drainage*, dont les avantages sont considérables. Pratiqué dans une terre qui en a réellement besoin, il produit une augmentation de revenu qui compense largement la dépense que l'on a faite.

Au point de vue hygiénique le drainage a cet avantage que, tout en changeant en terres productives les terrains humides ou marécageux qui étaient incultes, il assainit le pays en faisant disparaître les miasmes qui occasionnaient aux habitants des fièvres intermittentes[1], et aux bestiaux des maladies spéciales qui les décimaient[2]. Il en est résulté, dans certaines communes, que les dépenses causées par les travaux de drainage ont été payées, et au delà, par la diminution survenue dans la mortalité des bestiaux, grâce à cet assainissement des terres.

(Pour plus de détails sur le drainage et la manière de l'exécuter, consulter mon petit livre d'agriculture, pages 30 à 32. — Voy. la note au bas de la page 19.)

14. Rigoles d'écoulement. — Il est utile de pra-

---

1. *Fièvre intermittente*, fièvre qui cesse et qui reprend à des intervalles réguliers.

2. *Décimer*, au sens propre, veut dire en faire mourir la dixième partie (1 sur 10); au sens figuré, en faire mourir un grand nombre.

tiquer dans certaines terres ce que l'on appelle des *ri-goles*[1] *d'écoulement*, qui se font avec la charrue, au moment où l'on donne le dernier labour. Elles ont pour but de faciliter l'écoulement de l'eau qui, lorsque la saison est pluvieuse, reste à la surface du sol et peut faire périr les plantes, notamment les céréales.

15. L'eau est également nécessaire aux animaux domestiques. Malheureusement, et c'est une cause de pertes sérieuses pour l'agriculture, on ne se préoccupe pas assez des qualités de celle qu'on leur donne à boire. Le plus souvent ils n'ont pour s'abreuver que l'eau croupissante de la mare, empoisonnée par le purin qui y coule de toutes parts. Et l'on s'étonne ensuite que les animaux dépérissent et deviennent malades ; ce qu'il y a d'étonnant, c'est qu'il n'en meure pas un plus grand nombre. On entend des gens dire que cette eau n'est pas si mauvaise qu'on le croit, et ils en donnent comme preuve ce fait que les animaux la préfèrent à l'eau pure. Cela est facile à comprendre : leur goût étant habitué à cette eau amère, ils trouvent que l'eau pure est fade. C'est comme un homme habitué à boire de l'eau-de-vie : si on lui donne du vin, il le trouve fade ; c'est une dépravation du goût, voilà tout. Mais si l'on accoutume les bestiaux à boire de l'eau potable, ils la préféreront certainement à toute autre et ne s'en porteront que mieux : c'est, avec la ventilation des bâtiments, l'un des meilleurs moyens d'éviter ces maladies encore si communes qui font périr les animaux domestiques.

16. L'eau est tellement indispensable en agriculture que les cultivateurs cherchent, par tous les moyens possibles, à s'en procurer en l'amenant à la surface du sol. Pour cela, ils creusent des fosses dans les terrains imperméables, des puits auprès de leurs habitations, et même des puits artésiens.

17. Puits. — La théorie[2] des puits ordinaires n'est

---

1. *Rigoles*, petits fossés étroits et peu profonds.
2. *La théorie* signifie, dans ce cas, l'explication.

pas difficile à comprendre. L'eau qui tombe s'infiltre [1] dans le sol en traversant la couche de terre meuble n° 1, puis celle de sable n° 2, et, rencontrant la couche imperméable d'argile n° 3, elle s'y arrête et y forme une nappe liquide. Comme cette dernière couche n'est pas parfaitement horizontale, l'eau s'élèvera dans le puits jusqu'au milieu de la couche n° 2, comme on le voit dans la figure 13, parce qu'elle tend, en vertu de l'équilibre des liquides dans les vases communiquants, à se mettre de niveau avec la partie supérieure de la nappe souterraine avec laquelle elle communique. (Voy. à la fin, page 245, l'explication de l'équilibre des liquides dans les vases communiquants.)

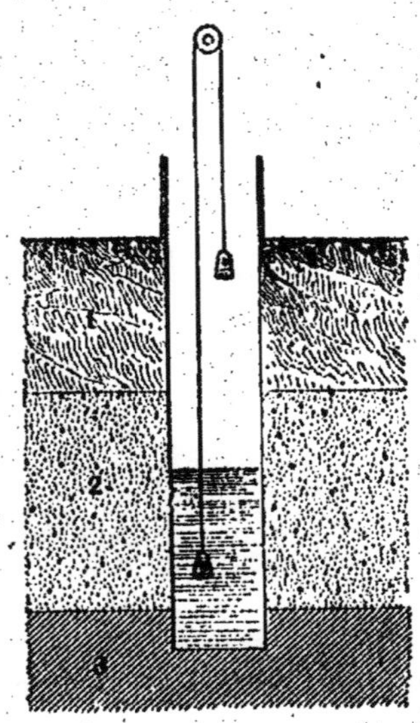

Fig. 13. — Puits. — 1, couche de terre traversée par la pluie; 2, couche de sable traversée par la pluie; 3, argile, couche imperméable.

Quand on creuse un puits, il faut prendre une précaution très importante : c'est de ne pas l'établir dans le voisinage ni au-dessous du fumier, ou de la fosse à purin, ou des lieux d'aisances, mais au contraire de le placer le plus loin possible et en un point plus élevé, de manière que le purin et les liquides corrompus ne puissent s'y rendre par infiltration et empoisonner l'eau. C'est souvent pour n'avoir pas pris cette précaution que des familles sont décimées par la fièvre typhoïde et le choléra.

18. Puits artésiens. — La théorie des puits *forés* [2] ou *artésiens* est analogue et repose également sur l'équi-

---

1. *S'infiltre*, c'est-à-dire pénètre.
2. *Puits forés*, puits percés en forme de trou, avec des outils spéciaux. On les appelle aussi puits *artésiens* parce que les premiers ont été creusés dans l'ancienne province de l'*Artois*.

libre des liquides dans les vases communiquants. Lorsque la nappe liquide est emprisonnée entre deux couches d'argile, comme dans la figure 14, si l'on perce un trou en D, l'eau jaillira, en formant un véritable jet d'eau, parce

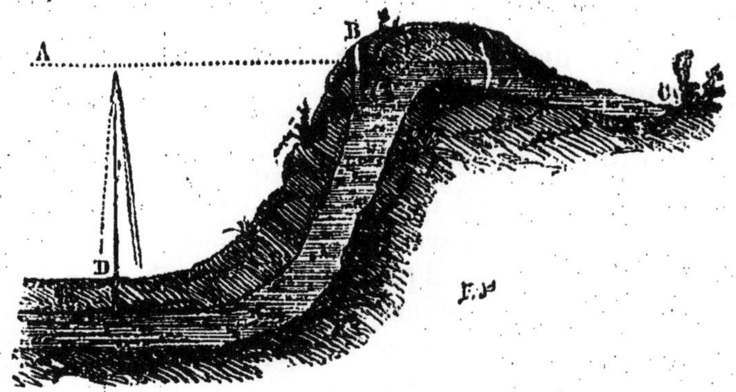

Fig. 14. — Théorie des puits artésiens.

qu'elle tend à se mettre de niveau avec la partie supérieure AB de la nappe souterraine avec laquelle elle communique. Si l'on perçait un trou en B, on aurait un puits ordinaire, et enfin, si cette nappe liquide sortait de terre en C, elle formerait une source qui donnerait naissance à un cours d'eau.

Ses applications à l'hygiène.

Sommaire. — 19. Usages de l'eau : 1° *comme boisson.* — 20. Ce que c'est que l'eau potable : qualités qu'elle doit avoir. Comment on reconnaît une eau potable. — 21. Filtre. — 22. Eau bouillie. — 23. Danger, quand on est en sueur, de boire de l'eau froide, de se mettre dans un courant d'air ou de se coucher sous un arbre. — 24. Eaux minérales. — 25. 2° *Pour faire la cuisine.* — 26. 3° *Pour les soins de propreté.* Nécessité des bains : chauds ou froids. — 27. Asphyxie : premiers soins à donner aux noyés. — 28. 4° *Pour le blanchissage du linge.* Lessive : explication de ce qui se passe. — 29. 5° *Pour le lavage des habitations.* — 30. Utilité de la pluie au point de vue de la salubrité de l'air.

19. L'eau est la boisson la plus saine et la plus hygiénique, à la condition qu'elle soit *potable*, c'est-à-dire bonne à boire, comme est le plus souvent l'eau de source, de puits ou de fontaine. Elle contribue un peu à notre alimentation par les matériaux salins qu'elle fournit ; elle entre pour une très grande part dans la composition de notre corps, puisqu'elle en forme les deux tiers.

20. Une eau est potable quand elle est limpide, fraîche, sans odeur et d'une saveur agréable, qu'elle tient en dissolution une certaine quantité d'air et d'acide carbonique, qu'elle peut dissoudre facilement le savon et qu'elle cuit bien les légumes secs ; il est bon qu'elle contienne une petite quantité de matières minérales dissoutes, telles que les sels calcaires (carbonate de chaux), qui sont nécessaires au développement des os, le fer, le sel, etc., mais il ne faut pas qu'il y en ait plus de deux ou trois décigrammes par litre.

Lorsque l'eau durcit les légumes, ou que le savon y forme des grumeaux au lieu de s'y dissoudre, c'est qu'elle renferme du sulfate de chaux [1], qui est toujours nuisible à la santé : ce n'est pas une eau potable. De même quand, après avoir été conservée quelque temps dans des vases en terre ou en verre, elle a une mauvaise odeur, c'est qu'elle contient trop de matières organiques, et il faut la rejeter, car elle pourrait occasionner la fièvre muqueuse ou la fièvre typhoïde.

21. Filtre. — L'eau de pluie que l'on recueille dans des citernes, à défaut d'eau de source, doit être filtrée, de même que celle des fleuves et des rivières. Il est même utile de toujours filtrer l'eau que l'on boit, parce qu'elle peut être dangereuse pour la santé si elle a passé auprès des fosses d'aisances ou des fumiers.

On peut fabriquer aisément un filtre économique au moyen d'une petite barrique sciée en deux et munie d'un

---

1. *Carbonate de chaux, sulfate de chaux.* Ces deux corps sont formés par la combinaison de la chaux avec l'acide carbonique pour le carbonate, avec l'acide sulfurique pour le sulfate. La *craie* est du carbonate de chaux, le *plâtre* est du sulfate de chaux.

robinet *r*, ou d'une cannelle. Il est bon de la séparer en trois compartiments par les deux cloisons *b*, *d*, qui sont percées de trous. On met d'abord une couche de sable *s*,

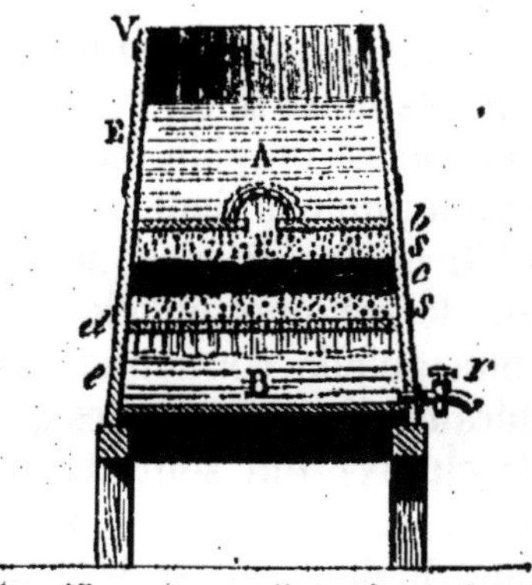

Fig. 15. — Appareil à filtrer l'eau. L'eau se clarifie en traversant les couches de sable *s* et de charbon *c*.

puis une couche de charbon de bois *c* et sur celle-ci une autre couche de sable *s*. On verse l'eau en A; après avoir traversé le sable, qui la clarifie, et le charbon, qui la purifie, elle descend dans la partie inférieure B. Le sable et le charbon doivent être remplacés chaque année.

A défaut de barrique, on pourrait se servir d'un seau en zinc auquel on adapte[1] un robinet.

22. On devrait toujours, en temps d'épidémie[2] et surtout s'il s'agit de fièvre typhoïde[3], faire bouillir l'eau que l'on doit boire, afin de tuer les germes qui engendrent cette maladie et qui pénètrent, par infiltration, dans l'eau des puits ou des fontaines, qu'ils empoisonnent. (On doit en outre avoir soin, avant de jeter les déjections des malades, de les désinfecter en y mêlant une petite quantité de *phénol*[4] : faute d'avoir pris cette précaution, on a vu cette redoutable épidémie se répandre et faire de nombreuses victimes.) Lorsque l'eau est refroidie, on la filtre à travers un linge, qui arrêtera les matières que la chaleur a coagulées; il faut la battre ensuite comme on fait pour une omelette afin de l'aérer, ainsi que l'eau filtrée.

---

1. *On adapte*, c'est-à-dire on met un robinet.
2. *Épidémie*, maladie qui attaque un très grand nombre de personnes à la fois.
3. *Fièvre typhoïde*, maladie épidémique et contagieuse, qui se propage surtout par l'eau qu'on boit.
4. *Phénol*. Liquide extrait des huiles lourdes que fournit le goudron produit par la distillation de la houille; c'est le meilleur désinfectant.

23. Quoique l'eau soit une boisson excellente, elle peut cependant occasionner, sinon des maladies, du moins des indispositions assez graves quand on en abuse, c'est-à-dire qu'on en boit une trop grande quantité, et surtout quand on boit de l'eau froide, même en petite quantité, lorsqu'on a chaud : dans ce cas on s'expose à contracter une pneumonie ou une pleurésie[1], maladies très graves et quelquefois mortelles qu'on appelle vulgairement des *fluxions de poitrine*. Pour éviter cela, on ajoute à l'eau un peu de sucre, ou de café, ou d'eau-de-vie, ou bien on mange quelques bouchées de pain avant de boire, et l'on a soin d'avaler le liquide par petites gorgées après l'avoir laissé séjourner un certain temps dans la bouche, où il s'échauffe un peu.

De même il ne faut pas, quand le corps est en sueur, se placer dans un courant d'air, ou bien se coucher sur la terre fraîche ou à l'ombre d'un arbre, parce que l'eau qui recouvre la peau s'évapore rapidement et comme elle a besoin pour se changer en vapeur de beaucoup de chaleur, elle emprunte cette chaleur au corps, qui se refroidit : c'est le froid produit par cette évaporation rapide de la transpiration qui occasionne des rhumatismes et peut même amener des indispositions assez graves.

24. Enfin, il est des eaux qui contiennent en dissolution quelques substances minérales qui les rendent propres à guérir certaines maladies, et qu'on appelle *eaux minérales*; telles sont les eaux sulfureuses, ferrugineuses, etc. Les principales sont : les eaux de *Vichy* (Allier), pour les maladies d'estomac ; celles de *Cauterets* (Hautes-Pyrénées), pour les affections des voies respiratoires, etc.

Lorsqu'elles sont chaudes, on les nomme eaux *thermales*.

25. L'eau est encore utile pour faire cuire la plupart de nos aliments, pour faire la soupe, le pot-au-feu, le thé,

---

1. *Pneumonie, pleurésie.* La pneumonie est une inflammation du tissu spongieux qui forme les poumons; la pleurésie est une inflammation de la membrane appelée *plèvre*, qui tapisse intérieurement la poitrine.

le café, les tisanes ; elle entre également dans la préparation des cataplasmes, des sinapismes[1], etc.

26. Tout le monde connaît l'utilité de l'eau pour les soins de propreté. Chaque enfant, avant de venir à l'école, a soin de se débarbouiller et de se laver les dents ; quant aux mains, il faut se les laver, non seulement le matin, mais plusieurs fois dans la journée, surtout avant de se mettre à table. Les pieds doivent également être lavés assez souvent ; il faudrait prendre, chaque semaine, un et même plusieurs bains de pieds, mais avant le repas. Cela ne suffit pas ; notre corps tout entier a besoin d'être nettoyé, parce que la poussière et la sueur bouchent les milliers de pores ou trous imperceptibles dont la peau est percée : de là, la nécessité des lavages et des bains.

Dans les villes, où il y a des établissements spéciaux, il est bon de prendre, de temps à autre, un bain chaud. A la campagne, on peut y suppléer par des lavages avec une grosse éponge imbibée d'eau à la température de la chambre ; pour les enfants et les vieillards l'eau tiède est préférable. Mais en été, partout où il y a un cours d'eau, on peut se baigner. Les enfants doivent être très prudents et ne se baigner qu'avec leurs parents, ou des personnes raisonnables, pour n'être pas exposés à se noyer, et se rappeler qu'il ne faut jamais se mettre dans l'eau après le repas, qu'il s'agisse d'un bain froid ou d'un bain chaud ; il faut, au moins, un intervalle de quatre ou cinq heures, afin que la digestion soit complètement terminée : autrement on s'expose à une violente indigestion et même à une congestion, qui est presque toujours mortelle.

27. Asphyxie par submersion. — Malgré toutes

---

1. *Cataplasme, sinapisme.* Le cataplasme est un médicament très simple de la consistance d'une bouillie épaisse, que l'on forme avec des poudres ou des farines cuites à l'eau, et que l'on applique sur la partie malade ; le sinapisme est une espèce de cataplasme ainsi appelé parce qu'il est fait avec de la farine de graine de *moutarde*, que l'on délaye avec de l'eau froide ou simplement tiède.

les précautions, il peut arriver qu'un enfant (ou une
grande personne) se noie en se baignant : c'est ce qu'on
appelle l'asphyxie par submersion [1]. Voici ce que ses camarades doivent faire pour le rappeler à la vie, pendant que
l'un d'eux court chercher le médecin.

Après l'avoir sorti de l'eau, on doit se garder de le sus-

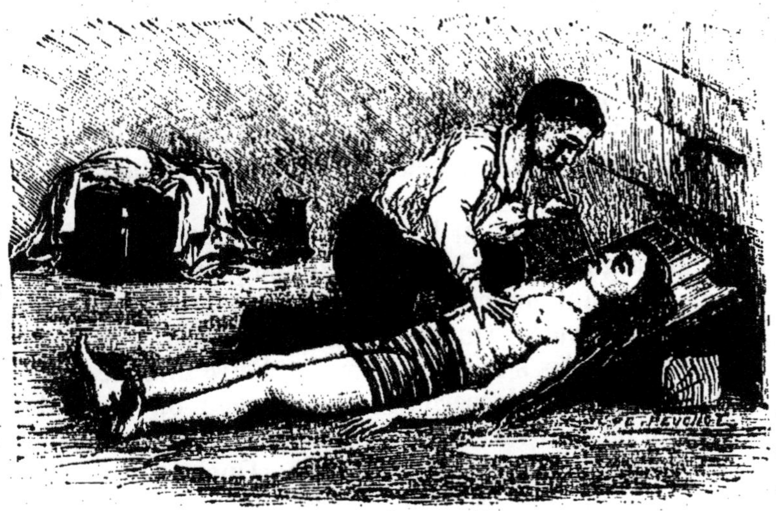

Fig. 16.

pendre par les pieds sous prétexte de lui faire rendre l'eau
qu'il a avalée : on le ferait mourir immédiatement. On l'enveloppe promptement, puis on le couche le corps incliné à
droite et la tête placée sur un appui, de manière qu'elle
soit plus élevée que les pieds. On enlève ensuite les corps
étrangers ou la vase qui ferment la bouche et les narines ;
si les dents sont serrées, on les desserre avec un couteau
ou un morceau de bois. Alors on essaye de rétablir la
respiration, qui s'était arrêtée ; pour cela, on pèse doucement sur le bas-ventre en faisant glisser les mains de bas
en haut, puis sur chaque côté de la poitrine, de manière
à imiter les mouvements de la respiration, pendant qu'un

---

1. *Asphyxie par submersion*, c'est-à-dire causée par l'eau dans
laquelle on a la tête plongée.

de ses camarades écarte ses bras et les élève au-dessus de sa tête plusieurs fois de suite. Un autre lui souffle directement de l'air dans la poitrine avec un tuyau ou bien un soufflet, ou, à défaut, avec sa bouche en lui fermant les narines; il faut avoir soin, si l'on se sert d'un soufflet, d'aller doucement afin de ne pas déchirer les poumons, et quand la poitrine est gonflée d'ôter le soufflet, puis de la comprimer avec les mains, de manière à en faire sortir l'air qu'on y avait introduit. On recommence à souffler, et ainsi de suite. En même temps on lui frictionne les membres avec une étoffe de laine afin d'activer la circulation du sang. Si on le peut, on lui couvre la poitrine de ventouses.

De temps à autre, on lui chatouille doucement l'intérieur de la gorge avec les barbes d'une plume de volaille, en lui penchant un peu la tête afin de lui faire rendre l'eau qu'il a avalée. Quand on est seul, cela n'empêche pas de donner les soins qui viennent d'être indiqués.

Il ne faut pas se lasser ni se décourager : on a vu des noyés qui ne sont revenus à la vie qu'après dix heures de soins appliqués avec persévérance. Quand le malade a repris connaissance, on le transporte avec précaution dans une maison voisine, on le couche dans un lit bien chaud et on lui fait avaler une cuillerée d'eau-de-vie.

Surtout, ne vous préoccupez pas du préjugé qui existe encore dans certaines localités arriérées, et d'après lequel il faut laisser dans l'eau les pieds du noyé jusqu'à l'arrivée du maire ou des gendarmes : c'est une absurdité qui peut causer la mort du noyé, parce que la fraîcheur de l'eau empêche le corps de se réchauffer et, par suite, empêche aussi la circulation de se rétablir.

Il est utile de savoir que si, en général, une personne meurt quand elle reste plus d'un quart d'heure sous l'eau, on en a vu qui sont revenues à la vie après y être restées plus d'une heure, parce qu'elles étaient évanouies.

28. L'eau n'est pas moins nécessaire pour le blanchissage du linge. L'hygiène exige que nous changions de linge assez souvent; avant de les employer de nouveau, les draps de lit, les chemises, les mouchoirs, les serviettes, etc., ont besoin d'être mis à la lessive afin d'être nettoyés et lavés.

Voici en quelques mots l'explication de ce qui se passe. D'abord on savonne le linge à l'eau froide, afin d'enlever certaines taches, comme la sueur et l'albumine[1] des œufs, que l'eau chaude ne ferait pas disparaître, mais au contraire fixerait sur le linge en les coagulant[2]. Ensuite, il est disposé par couches dans un cuvier ou dans une lessiveuse et arrosé pendant plusieurs heures avec une lessive bouillante.

Les cendres de bois que l'on place dans cette lessive contiennent de la *potasse*, que l'eau chaude dissout et, par son passage à travers le linge, met en contact avec les taches d'huile ou de graisse. Or, la potasse a la propriété de s'unir avec ces corps gras pour former du savon, qui est soluble dans l'eau; de sorte que partout où la potasse rencontre une matière grasse, elle s'en empare et l'entraîne sous forme de savon qui se dissout dans l'eau et sert, à son tour, à enlever les autres impuretés du linge. Comme elles ne disparaissent pas complètement, il faut, quand la lessive est faite, laver le linge en le frottant avec du savon, puis le rincer à l'eau claire.

29. L'eau sert encore au lavage de la vaisselle, des ustensiles de cuisine et des différentes parties de l'habitation : planchers, fenêtres, etc. Il ne faut pas oublier non plus le lavage des lieux d'aisances, surtout dans les écoles, et, dans les fermes, des écuries, des étables, des bergeries, etc.

30. La pluie a une autre influence au point de vue de l'hygiène; elle contribue à la salubrité de l'air en débar-

---

1. *Albumine.* Se dit de toute substance analogue au blanc de l'œuf, qui se coagule par la chaleur.
2. *Coaguler* veut dire figer, faire qu'une substance liquide ou demi-liquide s'épaississe et devienne presque solide.

3.

rassant l'atmosphère des poussières vivantes qui s'y trouvent toujours en plus ou moins grande quantité, et qui sont dangereuses parce que ce sont elles qui propagent les épidémies qui, à certaines époques, sévissent sur l'homme ou sur les animaux : la pluie, en tombant, ramasse ces germes malsains et les entraîne avec elle sur la terre.

EXERCICES DE RÉDACTION

PRÉPARATOIRES A L'EXAMEN DU CERTIFICAT D'ÉTUDES

I. — Ce que devient l'eau qui va à la mer.

Un de vos amis, qui habite Saint-Nazaire, vous a écrit qu'il avait fait une remarque qui l'embarrasse singulièrement. C'est que l'océan — bien qu'il reçoive une quantité d'eau considérable non seulement de la Loire mais de beaucoup d'autres fleuves — ne déborde pas et que son niveau reste à peu près le même. Comme il sait que vous êtes plus âgé que lui et que vous vous préparez à l'examen du certificat d'études, il vous demande si vous pourriez lui expliquer cela.

Répondez-lui de manière à le satisfaire, et, pour qu'il vous comprenne mieux, parlez-lui de la distillation de l'eau par l'alambic, puis indiquez-lui l'expérience qu'il pourra faire avec une assiette placée au-dessus d'une cafetière d'eau bouillante.

II. — Histoire d'une goutte d'eau.

Racontez l'histoire d'une goutte d'eau depuis sa chute sur la terre jusqu'au moment où elle retourne dans le nuage d'où elle vient; vous direz ce qu'elle devient après être tombée sur le sol et vous exposerez les services que rend l'eau au point de vue de l'hygiène.

III. — Applications de l'eau à l'agriculture.

Exposez très simplement l'utilité de l'eau en agriculture au triple point de vue de la germination des graines, de la végétation des plantes et de la profondeur des labours. Vous parlerez ensuite de l'arrosage et de l'eau qui convient le mieux pour arroser, des irrigations et de leurs avantages surtout pour les prairies. Enfin, vous ferez connaître les inconvénients d'une trop grande quantité d'eau dans les terres, principalement quand elles sont argileuses, et vous direz à quoi sert le drainage, ainsi que les rigoles d'écoulement qu'on pratique dans les terres après que celles-ci ont été labourées.

IV. — La boisson des animaux domestiques.

Un de vos camarades, fils de cultivateur, vous a écrit qu'il vient de constater quelque chose de curieux qu'il ne comprend pas. Ayant lu dans un livre d'agriculture que l'eau des mares dans lesquelles se rend le purin est une mauvaise boisson pour les bestiaux (car elle les rend souvent malades), et que l'eau claire est bien préférable, il a pompé un seau d'eau qu'il a présenté à son cheval, qui sortait de l'écurie; celui-ci n'en a pas voulu et est allé boire dans la mare, comme d'habitude. Le lendemain, il l'a laissé attaché dans l'écurie et lui a présenté la même eau, que le cheval s'est décidé à boire après l'avoir flairée[1] pendant longtemps. Il vous demande si vous pourriez lui dire pourquoi son cheval préfère l'eau de la mare et pourquoi il a bien bu, le lendemain, l'eau claire qu'il lui a donnée à l'écurie.

Expliquez-lui cela comme vous pourrez, et faites-lui connaître ensuite le danger que présente, pour les personnes, l'eau d'un puits creusé auprès d'un fumier, ou d'une mare, ou des lieux d'aisances, etc.; vous lui indiquerez les précautions à prendre en cas d'épidémie, ou de fièvre typhoïde, pour rendre l'eau inoffensive[2].

Vous profiterez de cette occasion pour lui rappeler quels inconvénients il y a, quand on est en sueur, à boire de l'eau fraîche, ou à se placer dans un courant d'air, ou à se reposer sous un arbre, etc.

V. — Les puits.

On vient de construire une maison d'école dans votre commune; vous avez remarqué qu'on a creusé, très loin des lieux d'aisances, un puits dont vous avez suivi les travaux depuis le commencement jusqu'à la fin.

Vous écrivez à l'un de vos amis et vous lui racontez tout ce que l'on a fait, en lui expliquant ce qui s'est produit lorsque les

---

1. *Flairer*, sentir par l'odorat, reconnaître l'odeur.
2. *Inoffensive*, c'est-à-dire pour qu'elle ne puisse pas faire de mal, pour qu'elle ne nuise pas à la santé.

ouvriers ont atteint la couche d'eau. (Vous pourriez, pour rendre vos explications plus compréhensibles, faire un petit croquis ou coupe du terrain.) Vous direz d'où vient cette eau et pourquoi elle s'élève dans le puits jusqu'à une certaine hauteur; vous parlerez aussi des sources, et, si vous savez ce que c'est, des puits forés ou artésiens.

VI. — Utilité de l'eau.

Dites ce que vous savez sur l'utilité de l'eau : 1° comme boisson; 2° pour la cuisine; 3° pour les soins de propreté et le lavage des habitations; 4° pour la salubrité de l'air.

VII. — Le filtre.

Votre oncle vient d'écrire à votre père que depuis quelque temps il ressent des indispositions qu'il attribue à l'eau de citerne dont il se sert comme boisson, à défaut d'eau de puits, et à laquelle il trouve mauvais goût.

Votre père vous charge de lui répondre pour lui indiquer la manière d'enlever le goût d'une eau de citerne. Vous lui expliquez comment on construit un filtre économique, les avantages qu'il présente et ce qui se passe après qu'on a mis de l'eau dedans. Comme votre oncle n'a reçu que peu d'instruction, vous lui faites connaître, modestement afin de ne pas froisser son amour-propre, ce que vous avez appris à l'école sur l'eau potable, ce qu'elle contient et les caractères auxquels on la reconnaît.

VIII. — Asphyxie par submersion.

Vous supposerez qu'un de vos camarades, en se baignant dans la rivière, a disparu dans un trou profond de deux mètres. Son père, qui était auprès de lui, a plongé plusieurs fois et l'a ramené inanimé sur la berge. Vous indiquerez tous les soins qui lui ont été donnés pendant plusieurs heures pour le rappeler à la vie et ce que vous avez fait vous-même pour cela. Vous donnerez à votre récit le dénouement [1] que vous voudrez, et pour terminer vous indiquerez les conditions à remplir pour pouvoir prendre sans inconvénient un bain de rivière, par exemple, ou même simplement un bain de pieds.

---

1. *Dénouement* veut dire, dans ce cas, s'il est revenu ou non à la vie.

IX. — **La lessive** (pour les filles).

Votre amie vous a écrit pour vous inviter à aller la voir la semaine prochaine afin que vous lui montriez à faire la lessive, dont sa mère ne peut s'occuper parce qu'elle est malade.

Ne pouvant vous y rendre, vous lui écrivez pour lui en exprimer vos regrets, et en même temps vous lui dites comment elle doit s'y prendre ; vous lui expliquez ce qui se passe dans la lessive, comment les taches de graisse et autres sont enlevées, et pourquoi il faut ensuite laver le linge qu'on a mis à la lessive.

IV. — L'EAU (*suite*)

La vapeur d'eau : brouillards et nuages ; rosée et gelée blanche.

SOMMAIRE. — 1. Ce que c'est que la *vapeur d'eau*. Pourquoi elle est invisible. — 2. Expérience du verre d'eau sucrée. Ce qui arrive quand l'eau est *saturée*. — 3. L'air dissout la vapeur d'eau ; formation des *brouillards* et des *nuages*. — 4. Comment se produit : 1º la *rosée* ; 2º la *gelée blanche*. — 5. Transformation de la vapeur d'eau en brouillard ou en nuage, en rosée ou en gelée blanche. — 6. Ce qu'on entend par *évaporation* et par *vaporisation. Ebullition*.

1. Comme son nom l'indique, la vapeur d'eau est de l'eau que la chaleur a transformée[1] en vapeur, c'est-à-dire en un gaz qui, étant plus léger que l'air, s'élève dans l'atmosphère, où elle subit différentes transformations que nous allons successivement étudier.

La vapeur d'eau est invisible, parce que l'air la dissout à mesure qu'elle se forme. Il se produit un phénomène analogue à celui qui a lieu quand on met un morceau de sucre dans l'eau. C'est une expérience intéressante à

---

1. *Transformée*, c'est-à-dire changée.

faire, parce qu'elle permet de mieux comprendre ce qui se passe dans l'air.

2. On verse de l'eau dans un verre et on y met un morceau de sucre qui se dissout assez vite, car au bout de quelques instants il n'y a plus de traces du sucre et on ne voit aucune différence entre l'eau sucrée et celle qui ne l'est pas. On y met successivement plusieurs morceaux, qui se dissolvent de la même manière, jusqu'au moment où l'un d'eux, au lieu de se dissoudre, reste au fond du verre : alors l'eau est *saturée* de sucre, c'est-à-dire qu'elle ne peut pas en dissoudre une plus grande quantité. On fait chauffer cette eau et l'on constate que non seulement le morceau qui était au fond du verre se dissout dans l'eau chaude, mais aussi d'autres morceaux qu'on y ajoute encore, jusqu'à ce que cette eau soit de nouveau saturée; si on la laisse refroidir, la quantité de sucre qui se trouve au fond du verre augmente avec le refroidissement, et si l'on versait l'eau sucrée dans une assiette, elle s'évaporerait, laissant au fond tout le sucre que l'on avait mis dans le verre.

3. Brouillards et nuages. — Eh bien! il se produit un phénomène analogue dans l'atmosphère. L'air dissout la vapeur d'eau qui se forme constamment, jusqu'à ce qu'il en soit saturé; de même plus il est chaud, plus il peut en dissoudre jusqu'à ce qu'il en soit également saturé. A partir de ce moment, la vapeur d'eau, n'étant plus dissoute, se condense et devient visible sous forme de gouttelettes extrêmement petites qui s'accumulent et constituent les *brouillards* ou les *nuages* : si elles restent près de la terre, ce sont les *brouillards*; si elles s'élèvent à une certaine hauteur dans l'atmosphère, ce sont les *nuages*.

De sorte qu'en réalité les nuages et les brouillards c'est la même chose, puisque les uns et les autres sont formés de la même manière. La preuve, c'est que le voyageur qui se trouve au pied d'une montagne dont le sommet lui est caché par un nuage constate, lorsqu'il est arrivé au-dessus du nuage, que ce dernier est alors un brouillard qui l'empêche de voir l'endroit d'où il est parti.

La même chose a lieu quand l'air se refroidit : la vapeur d'eau se condense et il se forme également des brouillards ou des nuages.

4. Rosée. — Pendant le jour, la terre est chauffée par les rayons du soleil; mais pendant la nuit elle rayonne[1], c'est-à-dire renvoie dans l'espace la chaleur qu'elle a reçue, de sorte que sa surface se refroidit, ainsi que les plantes qui la recouvrent; il en résulte que la vapeur d'eau contenue dans l'air se condense en petites gouttelettes qui viennent se déposer sur les brins d'herbe et sur les feuilles des plantes : cela s'appelle la *rosée*. C'est ce qui se produit, surtout en été, quand on place une carafe d'eau fraîche sur une table : au contact de la surface froide de cette carafe, la vapeur d'eau contenue dans la chambre se condense en petites gouttelettes qui se déposent sur la carafe.

Gelée blanche. — Lorsque le refroidissement augmente assez pour que la température du sol s'abaisse au-dessous de zéro, les gouttes de rosée se congèlent et forment ce qu'on appelle la *gelée blanche*, qui n'est autre chose que de la rosée très refroidie. C'est ce qui a lieu en hiver sur les vitres de nos appartements, pendant la nuit : le froid du dehors abaisse la température des vitres, de sorte qu'à leur contact la vapeur d'eau contenue dans la chambre se condense en gouttelettes qui se congèlent et forment cette couche blanche qui couvre les vitres de dessins curieux et assez réguliers.

5. En résumé, le brouillard et le nuage, la rosée et la gelée blanche ont la même origine : tous sont produits par la vapeur d'eau; celle-ci a donc une importance considérable, puisque s'il n'y en avait pas dans l'air il n'y aurait ni pluie, ni neige et, par suite, pas de rivières ni de sources, de sorte que les animaux et les plantes ne pourraient pas vivre, ni l'homme non plus.

---

1. *Rayonner* signifie lancer, renvoyer la chaleur.

6. Évaporation, vaporisation. — Lorsque l'eau se transforme lentement en vapeur, cela s'appelle *évaporation :* c'est ce qui a lieu dans la mer, où la surface de l'eau est changée lentement en vapeur par la chaleur du soleil.

L'évaporation d'un liquide refroidit ce liquide et les corps environnants.

Quand la vapeur d'eau se forme rapidement, cela s'appelle *vaporisation :* c'est ce qui se produit quand on met sur le feu un vase rempli d'eau. Au bout de peu de temps, toute l'eau entre en *ébullition*, c'est-à-dire qu'elle bout, se vaporise.

Ses applications à l'agriculture.

SOMMAIRE. — 7. Rôle de la vapeur d'eau. — 8. Utilité de la rosée. — 9. Funestes effets de la gelée blanche. — 10. Moyen de les prévenir. Préjugé relatif à la lune rousse.

7. La vapeur d'eau joue un rôle important en agriculture, car elle forme tantôt la rosée, tantôt les nuages qui fourniront aux végétaux la pluie qui leur est nécessaire.

8. Rosée. — La rosée est très utile, d'abord parce qu'elle arrose les plantes et ensuite qu'elle entretient l'humidité du sol. Quand elle est abondante, en effet, elle ruisselle[1] sur la terre, s'y infiltre et va alimenter les sources, surtout dans le voisinage des forêts, parce que le grand nombre de feuilles qu'elles renferment contribuent à la formation d'un volume considérable de rosée. C'est une raison de plus pour ne pas déboiser les montagnes.

9. Gelée blanche. — Les effets de la gelée blanche sur les végétaux sont désastreux[2]; il suffit, surtout au

---

1. *Ruisselle*, c'est-à-dire coule à la manière d'un *ruisseau*.
2. *Désastreux*, c'est-à-dire funestes, très graves.

printemps, d'une seule nuit pour détruire toute une récolte : on a vu des vignes dont les jeunes bourgeons ont été entièrement gelés, de sorte qu'elles n'ont rien produit.

10. Pour prévenir ces funestes effets, il faut empêcher la terre de rayonner la chaleur qu'elle a reçue pendant le jour, c'est-à-dire de la perdre en l'envoyant dans l'espace. On y parvient en plaçant au-dessus des plantes un abri horizontal, un paillasson par exemple, qui arrête la chaleur du sol et empêche ainsi son refroidissement. Mais ce moyen ne peut être employé que pour de petites surfaces, dans les jardins.

Lorsque l'étendue à préserver est considérable, on fait brûler, avant le lever du soleil, de la paille humide ou des matières goudronneuses, dont la fumée forme une espèce de nuage artificiel qui protège les plantes et les empêche de geler, en ralentissant le refroidissement ainsi que le réchauffement par le soleil lorsque celui-ci paraît.

Lune rousse. — Dans les campagnes, l'ignorance fait attribuer les dégâts causés par les gelées blanches à la lune d'avril, qu'on appelle *lune rousse*, parce que les bourgeons gelés se fanent et *roussissent*. Ce qui a fait naître ce préjugé, c'est qu'on a remarqué que ces gelées ne se produisent que par des nuits sereines[1], pendant lesquelles la lune brille, surtout dans la première partie du mois de mai; mais ce n'est pas elle qui en est la cause : c'est la sérénité du ciel qui occasionne l'abaissement de la température. La preuve, c'est que si le ciel est couvert il n'y a pas de gelée, parce que les nuages arrêtent la chaleur que la terre rayonne et empêchent ainsi son refroidissement.

---

1. *Sereines*, claires, sans nuage et sans brouillard.

Ses applications à l'hygiène.

SOMMAIRE. — 11. Utilisation de la vapeur d'eau : chauffage des appartements. — 12. Inconvénients des brouillards et de l'humidité. *L'influenza*. Précautions à prendre. Choix de l'emplacement pour la construction d'une maison : écoulement des eaux, orientation.

11. La vapeur d'eau est utilisée pour le chauffage des habitations au moyen de calorifères[1] qui font bouillir l'eau et envoient la vapeur dans des tuyaux qui traversent les appartements; en se condensant au contact des tuyaux, la vapeur d'eau leur cède sa chaleur qui se répand dans la pièce et la chauffe. L'eau ainsi formée redescend dans la chaudière pour être de nouveau vaporisée.

Tout le monde sait que la vapeur d'eau joue un grand rôle dans l'industrie : c'est elle qui fait marcher les chemins de fer au moyen des locomotives, les bateaux à vapeur, etc. C'est un Français, Denis Papin, célèbre physicien du XVII⁰ siècle, qui, le premier, l'a employée dans une *machine à vapeur* qu'il avait inventée.

12. On entend souvent dire que les brouillards sont malsains et c'est vrai. L'air, quand il est trop humide, c'est-à-dire qu'il contient beaucoup de vapeur d'eau, exerce une fâcheuse influence sur la santé, surtout en hiver; l'humidité persistante ramollit le corps et empêche l'évaporation des liquides de la peau, ce qui produit des malaises et même des maladies.

L'influenza. — Quelques savants médecins croient que les hivers humides, comme celui de 1891-1892, favorisent la propagation de l'*influenza*[2], cette vilaine maladie qui, depuis quelques années, a fait mourir, un peu partout, un trop grand nombre de personnes.

---

1. *Calorifère.* C'est un appareil de chauffage.
2. *L'influenza* est une maladie épidémique qui ressemble à la grippe, mais elle est plus dangereuse parce qu'elle peut dégénérer en bronchite ou en fluxion de poitrine.

C'est pour cela qu'il est prudent de ne pas s'exposer à l'action de l'humidité et, autant que possible, de ne pas sortir le matin avant que le brouillard ne soit dissipé.

Les habitations humides sont très malsaines et occasionnent certaines maladies telles que les rhumatismes[1], l'anémie et la phtisie; c'est pourquoi, quand on fait construire une maison, il faut avoir soin que le rez-de-chaussée soit élevé de 0^m,40 à 0^m,50 au-dessus du niveau extérieur. Le sol, s'il est argileux, sera assaini par un drainage. Les pentes du terrain entourant la maison seront ménagées de façon à en éloigner les eaux tout en assurant leur écoulement. Quant à l'orientation, elle dépend de la localité; de préférence on recherche l'exposition sud dans les pays froids, nord dans les pays chauds, sud-est dans les autres régions. Les fenêtres seront aussi larges et aussi nombreuses que possible.

On ne doit jamais habiter une maison aussitôt qu'elle est terminée; il faut la laisser sécher pendant trois mois au moins en été, davantage en hiver : autrement on s'expose à *essuyer les plâtres*, c'est-à-dire à séjourner dans une atmosphère continuellement humide, ce qui est très malsain et détermine des rhumatismes ou des maladies de poitrine.

EXERCICES DE RÉDACTION

PRÉPARATOIRES A L'EXAMEN DU CERTIFICAT D'ÉTUDES

I. — Les brouillards et les nuages, la rosée et la gelée blanche.

Exposez, le plus simplement que vous pourrez, comment se forment les brouillards et les nuages, la rosée et la gelée blanche, et quels sont les inconvénients, au point de vue hygié-

---

1. *Rhumatismes*, douleurs qui se font sentir particulièrement dans les muscles ou dans les articulations.

nique, des brouillards et des temps humides, ainsi que les précautions à prendre pour la construction d'une maison.

Vous direz ensuite quelle est l'utilité de la rosée au point de vue agricole.

II. — La gelée blanche. La lune rousse.

Votre frère aîné, qui est vigneron, a écrit à votre père que la lune rousse a fait geler, au commencement de mai, une grande partie de ses vignes ainsi que la plupart des bourgeons de ses arbres fruitiers.

Votre père vous charge de lui répondre en lui expliquant ce qui s'est passé, de manière à lui faire comprendre que la lune n'y est pour rien. Vous terminerez votre lettre en lui indiquant les moyens pratiques qui peuvent être employés pour préserver de ces gelées tardives les vignes ainsi que les arbres fruitiers.

V. — L'EAU *(fin)*

Le froid. La neige. La grêle. La glace.

SOMMAIRE. — 1. Ce que c'est que le *froid.* — 2. Ce que produit le froid. — 3. Comment se forme la *neige.* — 4. Formation de la *grêle.* — 5. Comment l'eau se change en *glace. Congélation :* ses effets.

1. Il n'est personne qui n'ait remarqué qu'en automne il fait moins chaud qu'en été, et en hiver encore moins qu'en automne; la chaleur diminue donc de plus en plus à mesure qu'on approche de l'hiver, et, dans cette saison, on remplace le mot *chaleur* par le mot *froid.* En réalité, le froid n'est autre chose que l'absence de chaleur; il est produit par une diminution de plus en plus grande de la chaleur.

2. C'est le froid qui occasionne la *neige,* la *grêle* et la *glace.*

3. Neige. — On a vu (n° 5, page 42) que, lorsque la vapeur d'eau rencontre un courant d'air un peu froid, elle se condense et tombe sur la terre sous forme de pluie. Si ce courant d'air est plus froid, c'est-à-dire a une température inférieure à 0°, les gouttelettes se congèlent en petits

Fig. 17. — Formes de la neige.

cristaux [1] qui se réunissent les uns aux autres et tombent sous forme de *flocons* blancs : c'est ce qu'on appelle la *neige*.

---

1. *Cristaux.* Le mot *cristal*, dans ce cas, désigne un corps dont les différentes parties sont symétriques, disposées régulièrement.

Chacun de ces cristaux a la forme d'une petite étoile à six branches, comme celle qui se trouve en haut et à gauche de la figure ci-contre. En se réunissant les uns aux autres, ils forment des dessins réguliers d'une beauté remarquable et ressemblant à des fleurs à six pétales. On peut admirer ces dessins en regardant avec une loupe [1] des flocons de neige recueillis sur une étoffe noire.

4. Grêle. — Plus on s'élève dans l'atmosphère, plus il fait froid : il en résulte que, lorsque les nuages sont à une grande hauteur, les gouttelettes qui se sont d'abord condensées se refroidissent très rapidement et se congèlent sous forme de petits blocs de glace appelés *grêlons*, qui grossissent et tombent sur la terre : c'est ce qu'on nomme la *grêle*.

On croit que la grêle se forme sous l'influence du froid et de l'électricité : ce qui est certain, c'est qu'elle tombe presque toujours au commencement des orages.

5. Glace. — L'eau se refroidit à mesure que la température s'abaisse, et, lorsque celle-ci est descendue à 0°, l'eau se solidifie et devient de la *glace* : c'est ce qu'on appelle *congélation*, ou changement de l'eau en glace.

En se solidifiant, c'est-à-dire en passant de l'état liquide à l'état solide, l'eau augmente de volume, et la force avec laquelle se produit cette augmentation est tellement considérable qu'elle brise tout ce qui lui oppose de la résistance. Ainsi quand on laisse dehors, en hiver, une marmite pleine d'eau et qu'il gèle très fort pendant la nuit, on la trouve en morceaux le lendemain matin. C'est également cette cause qui fait que les tuyaux de conduite de l'eau, dans les villes, sont quelquefois brisés et que les pierres tendres des bâtiments, dans lesquelles l'eau a pénétré, se fendillent : on les appelle, à cause de cela, pierres *gélives*.

---

1. *Loupe.* C'est un morceau de verre taillé, bombé des deux côtés, qui fait paraître les objets bien plus grands qu'ils ne le sont réellement.

Il est facile de comprendre que l'eau, augmentant de volume en se congelant, pèse plus que la glace. En effet, 1 litre d'eau qui pèse 1000 grammes forme, en se congelant, plus d'un décimètre cube de glace : donc, si l'on prend dans ce bloc de glace exactement 1 décimètre cube, le poids de ce décimètre cube sera inférieur à 1000 grammes; on trouve qu'il est de 940 grammes.

Ses applications à l'agriculture.

Sommaire. — 6. Utilité de la neige. — 7. La congélation ameublit le sol : utilité des labours profonds. — 8. Elle a l'inconvénient de soulever la surface des terres ensemencées : utilité du roulage. — 9. Elle fait périr les bourgeons et quelquefois les arbres eux-mêmes. — 10. Dégâts causés par la grêle.

6. La neige recouvre le sol d'un manteau protecteur qui l'empêche de se refroidir et préserve ainsi le blé des fortes gelées qui le feraient périr s'il n'était protégé par elle, pourvu qu'elle ne fonde pas trop vite; comme elle est un très mauvais conducteur du froid, elle ralentit la pénétration de la gelée dans la terre, qui ne se refroidit ainsi que très peu. De plus, elle contient une certaine quantité de principes nutritifs qu'elle abandonne au sol en fondant. Il en résulte que les récoltes sont habituellement plus abondantes lorsqu'il tombe beaucoup de neige.

7. La vapeur d'eau, la pluie et la neige pénètrent dans les pierres tendres, telles que les calcaires, et dans les mottes de terre; en hiver, cette eau, en se congelant, augmente de volume et brise en plusieurs fragments les pierres et les mottes qui la contenaient.

Cela nous montre qu'il est très avantageux de labourer une terre argileuse avant l'hiver, parce que la congélation, en brisant les mottes compactes, ameublira cette terre et la rendra ainsi plus fertile. C'est également pour cette raison qu'il est très utile de faire à l'automne des labours profonds, parce qu'on amène à la surface du sol la couche de terre qui se trouve en dessous et qui sera ameublie par la congélation. C'est aussi en automne, et pour le même motif, qu'on pratique les défoncements.

8. Mais, dans les champs ensemencés en blé, la congélation a l'inconvénient de soulever la terre meuble qui est à la surface du sol et qui reste dans cet état après que la glace a fondu; il en résulte que les racines du blé ne se trouvent plus, dans leur partie supérieure, en contact avec la terre et sont en quelque sorte suspendues, ce qui ne tarderait pas à les faire périr. C'est pour cela qu'après l'hiver on roule les blés, afin de tasser la terre et la remettre en contact avec les racines; il est facile de comprendre l'importance de cette opération, que les cultivateurs instruits ne manquent pas de faire aussitôt que les froids sont passés.

9. C'est surtout au printemps que la congélation est pernicieuse, parce qu'elle déchire les tissus des végétaux et les détruit; ce sont les bourgeons et les jeunes pousses qui souffrent le plus, surtout quand le dégel se fait rapidement, c'est-à-dire lorsque la chaleur revient trop vite.

Il arrive aussi, quand l'hiver est rigoureux, que la sève, qui est formée en grande partie par de l'eau, se congèle; alors elle augmente de volume et brise les vaisseaux, ce qui fait périr les arbres et les arbustes.

10. La grêle cause souvent de grands dégâts, surtout quand les grêlons sont gros ou qu'ils sont poussés par le vent : dans ce cas, les récoltes sont hachées, détruites, les fruits sont détachés de leurs branches et les arbres eux-mêmes ont leur écorce fortement endommagée : ses funestes effets sur la vigne et sur les arbres fruitiers se font sentir pendant plusieurs années.

C'est surtout en été qu'il grêle, alors que les récoltes ne sont pas encore toutes rentrées. En tombant, les grêlons s'entre-choquent quelquefois avec tant de force qu'ils produisent un bruit analogue au roulement du tonnerre et qui s'entend très loin.

Ses applications à l'hygiène.

11. Le froid, surtout quand il est sec et qu'il n'est pas excessif, raffermit les tissus[1] et exerce une action heureuse sur la santé, parce que sous son influence nos organes fonctionnent mieux ; il excite l'homme au travail et le porte à se livrer aux exercices musculaires, ce qui est, d'ailleurs, le meilleur moyen à employer pour le combattre.

12. Mais il a aussi des inconvénients, entre autres celui de causer des rhumes. C'est surtout le refroidissement qui occasionne le rhume ; la membrane qui tapisse intérieurement les fosses nasales et le larynx[2] se gonfle, de sorte que le liquide qu'elle sécrète s'épaissit et ne peut plus être évaporé comme cela a lieu habituellement il en résulte que nous faisons malgré nous des efforts pour l'expulser par l'éternuement quand il s'agit d'un rhume de cerveau ou *coryza* (qui a son siège dans les fosses nasales), ou bien par la toux lorsque le rhume affecte le larynx.

On n'attache pas assez d'importance aux rhumes ; il est bon de savoir qu'un rhume négligé peut tomber sur la poitrine, comme on dit, c'est-à-dire dégénérer en fluxion de poitrine, maladie qui est très grave. Si le rhume est léger, on le guérit en provoquant la transpiration par une boisson chaude que l'on prend en se couchant. S'il donne un peu de fièvre, on reste au lit et on augmente la transpiration par des tisanes chaudes, en ayant

---

1. *Tissus*, parties du corps formées par la réunion de fibres enchevêtrées ou juxtaposées.
2. *Larynx*, partie supérieure de la trachée-artère, située dans l'arrière-bouche et par où passe l'air pour se rendre dans les poumons : c'est l'organe de la voix.

soin de faire diète[1]. Lorsqu'il n'y a pas de mieux au bout de deux ou trois jours, on appelle le médecin.

13. Un froid excessif peut produire l'asphyxie en arrêtant la circulation du sang. Dans ce cas, il faut rétablir la chaleur lentement en frottant le corps avec de la neige ou de l'eau très froide. Mais on doit avoir bien soin de ne pas mettre le malade auprès du feu : on le ferait mourir. Il ne faut pas non plus, comme cela se fait dans les campagnes, l'enterrer dans le fumier, parce que celui-ci dégage de la chaleur et, en outre, de l'acide carbonique. On a vu des personnes rappelées à la vie après vingt-quatre heures de mort apparente.

14. Au point de vue de la salubrité de l'air, la neige a la même utilité que la pluie parce que, comme cette dernière, elle entraîne avec elle en tombant toutes les poussières malsaines qu'elle rencontre dans l'atmosphère.

15. Elle a quelques désagréments, mais on peut aisément les éviter. Ainsi elle pénètre le cuir des chaussures, ce qui occasionne le froid aux pieds lorsqu'on est obligé de voyager à pied. On obvie[2] à cet inconvénient en se servant de chaussures ayant des semelles de bois.

D'un autre côté, la couleur blanche de la neige réfléchit la lumière, qui est renvoyée dans les yeux; cela fatigue la vue. On se préserve de ce désagrément au moyen d'un lorgnon dont les verres sont légèrement teintés en bleu.

16. La glace est utilisée pour combattre l'excès de chaleur qui se manifeste dans certaines maladies, mais c'est le médecin qui en prescrit l'emploi.

---

1. *Faire diète*, c'est manger peu.
2. *Obvier à un inconvénient*, c'est prendre des mesures pour le prévenir.

EXERCICES DE RÉDACTION

PRÉPARATOIRES A L'EXAMEN DU CERTIFICAT D'ÉTUDES

I. — La neige.

Dites ce que vous savez sur la neige, comment elle est produite, la forme des flocons; puis son utilité en agriculture, et les petits inconvénients qu'elle présente au point de vue de la santé. Vous exposerez ensuite ce que c'est que la grêle et les dégâts qu'elle cause, puis comment l'eau se change en glace, et ce qui arrive lorsque cette congélation a lieu dans des vases, ou dans des tuyaux de plomb, ou dans les pierres tendres des bâtiments.

II. — La glace. La congélation.

Votre cousin (pour les filles votre cousine), qui habite le Nord, vous a écrit que le froid le fait souffrir, qu'il ne peut s'habituer à cette température rigoureuse, que la terre est gelée pendant longtemps et qu'il n'en voit pas l'utilité, etc.

Vous lui répondez en lui expliquant comment la congélation ameublit le sol, surtout quand on le laboure (vous indiquerez de quelle manière et en quelle saison); vous ne lui cacherez pas que dans les terres ensemencées elle a un inconvénient que vous signalerez, mais vous lui direz qu'on peut réparer ce qu'elle a fait par une opération que vous indiquerez. Vous terminerez en lui faisant connaître l'influence du froid sur la santé et l'utilité de la glace.

VI. — LA CHALEUR. LA COMBUSTION

—

La température. Le thermomètre.

SOMMAIRE. — 1. La chaleur. Son utilité. — 2. Ce qui la produit. — 3. Ses effets. Dilatation : des solides, des liquides et des gaz. — 4. Applications de la dilatation. — 5. Maximum de densité de l'eau. — 6. La *combustion*. — 7. Ce qu'on entend par combustion vive et combustion lente. — 8. Corps comburant et corps combustibles. — 9. Importance de la combustion. — 10. Combustion dans l'eau. — 11. Ce que produit la combustion. — 12. La température : ce que c'est. — 13. Le thermomètre. Sa description. — 14. Conductibilité. Corps bons ou mauvais conducteurs. — 15. Chaleur rayonnante.

1. La chaleur échauffe les corps, c'est-à-dire élève leur température; tout le monde sait que lorsqu'on a froid aux mains ou aux pieds, il n'y a qu'à les approcher du feu ou d'une source de chaleur quelconque pour les réchauffer.

Elle est très utile à l'homme, qui ne pourrait s'en passer; les pays où elle ne se fait pas sentir suffisamment, comme la Laponie, sont presque inhabités et la population y est misérable.

2. La chaleur peut être produite de bien des manières différentes; les principales sont : le soleil, qui fournit la chaleur naturelle, et le feu, qui résulte de la combustion et qui donne une chaleur artificielle. On l'obtient aussi par le frottement : ainsi, en frottant l'un contre l'autre deux morceaux de bois on les échauffe, et les sauvages se procurent du feu en faisant tourner très vite un morceau de bois pointu dans un trou creusé dans un autre morceau de bois bien sec.

3. Les effets de la chaleur sont très importants à connaître. En même temps qu'elle réchauffe les corps, elle augmente leurs dimensions, ou bien elle change leur état, c'est-à-dire qu'elle transforme les solides en liquides et ceux-ci en gaz.

Dilatation. — Si l'on chauffe une barre de fer pendant un certain temps, on constate qu'elle devient plus longue; la chaleur a *dilaté* les molécules, c'est-à-dire qu'elles se sont écartées les unes des autres : c'est ce qu'on appelle la *dilatation*.

C'est une expérience facile à faire. On prend une tige de fer que l'on appuie sur une planche ou sur le sol, et on met une pointe à chaque extrémité. Après l'avoir chauffée, on essaye de la replacer entre les deux pointes : c'est impossible, elle est devenue trop longue.

Tous les corps peuvent se dilater, aussi bien les liquides et les gaz que les solides. Pour constater la dilatation des liquides, on n'a qu'à verser de l'eau dans une cafetière dont la partie supérieure est un peu étroite et que l'on n'emplit pas tout à fait : on la met au feu et l'on voit, quand l'eau commence à bouillir, que la cafetière est remplie jusqu'au bord : l'eau a donc augmenté de volume en s'échauffant, elle s'est dilatée.

On peut également se rendre compte, d'une manière très simple, de la dilatation des gaz. On met auprès du feu une vessie de porc à moitié gonflée, dont on a fermé l'ouverture avec du fil. On la voit augmenter de volume et se gonfler complètement : la chaleur a dilaté l'air renfermé dans la vessie.

4. Cette propriété de la dilatation a reçu de nombreuses applications. Ainsi, dans une charpente en fer, il faut laisser aux différentes pièces qui la composent assez de jeu pour qu'elles puissent s'allonger ou se raccourcir selon qu'il fait chaud ou froid. C'est aussi à cause de la dilatation que les rails des chemins de fer ne se touchent pas, mais sont distants les uns des autres de quelques millimètres, car, s'ils se touchaient, la chaleur, en les dilatant, augmenterait leur longueur : alors ils se courberaient, ce qui ferait dérailler les trains.

Quand on verse dans un verre du café très chaud, par exemple, il arrive assez souvent que le verre se brise parce que la paroi en contact avec le café se dilate, tandis que la partie supérieure ne change pas; pour éviter cela, il faut mettre d'abord un morceau de sucre et ensuite verser le café doucement, à plusieurs reprises, et par petites quantités.

Quelquefois on ne peut déboucher un flacon dont le bouchon est en verre; on chauffe le goulot avec une allumette, il se dilate et on enlève promptement le bouchon.

Les charrons font également une application de la dilatation pour ferrer les roues des voitures. Vous avez probablement remarqué qu'avant de poser sur la roue le cercle en fer ils le font chauffer, afin que la dilatation l'agrandisse, et qu'aussitôt qu'il est placé ils le plongent dans l'eau ou jettent de l'eau dessus : alors ce cercle de fer, en se refroidissant, se contracte et serre les différentes pièces de bois de manière à les maintenir solidement assemblées. C'est pour la même raison que le maréchal qui ferre un cheval chauffe le fer avant de l'appliquer sur le pied de l'animal.

5. Maximum de densité de l'eau. — L'eau présente une singularité remarquable qui ne se retrouve dans aucun autre liquide : c'est qu'en se refroidissant elle ne se contracte que jusqu'à 4°. Si le refroidissement continue, au lieu de se contracter elle se dilate de plus en plus. De sorte que, si un vase est complètement rempli d'eau à 4°, cette eau, qu'on la chauffe ou qu'on la refroidisse, se dilatera et sortira du vase. C'est donc à cette température de 4° que l'eau occupe le plus petit volume et, par conséquent, pèse le plus : c'est ce qu'on appelle son *maximum de densité*. Ainsi 1 litre d'eau pèse 1 kilogramme à la température de 4°, mais il pèse moins si l'eau est, par exemple, à 2° ou à 6°. Voilà pourquoi on a pris 1 centimètre cube d'eau pure à la température de 4° pour déterminer le poids du gramme.

La combustion.

6. La chaleur est produite le plus souvent par la *combustion* du bois ou d'un autre *combustible* au contact de l'air.

On entend ordinairement par *combustion* la combinaison de l'oxygène avec différents corps combustibles, surtout avec le carbone et l'hydrogène : telle est celle qui se produit dans les appareils de chauffage et d'éclairage.

7. Cette combustion est accompagnée de chaleur et de lumière : on l'appelle alors *combustion vive*, par opposition à la *combustion lente*, qui a lieu, par exemple, dans la combinaison du fer avec l'oxygène à l'air humide, et qui n'est autre chose que la rouille; ou bien quand le bois pourrit, en dégageant de l'acide carbonique.

La combustion du bois, du charbon, d'une bougie, d'une lampe, du gaz d'éclairage, etc., c'est-à-dire de toutes les substances très combustibles qui brûlent en produisant une flamme plus ou moins chaude, est une *combustion vive;* tandis que la décomposition des substances organiques, du fumier, des débris de végétaux, etc., en un mot de toutes les matières en putréfaction, est une *combustion lente*, c'est-à-dire sans flamme.

De même, comme on le verra plus loin, la respiration est une *combustion lente*, et c'est cette combustion qui est la source de la *chaleur animale*[1].

8. Tous les corps qui brûlent, c'est-à-dire qui peuvent se combiner avec l'oxygène rapidement et en produisant de la lumière et de la chaleur, ont reçu le nom de *combustibles;* les principaux combustibles renferment de l'hydrogène et du charbon qui, en brûlant, produisent de la vapeur d'eau et de l'acide carbonique. L'oxygène est appelé corps *comburant*, c'est-à-dire qui entretient la combustion, qui fait brûler les corps avec lesquels il se combine, quoique ne brûlant pas lui-même, car il n'est pas combustible.

9. La combustion, sous ses différentes formes, a une très grande importance, parce qu'elle se manifeste de bien des façons et qu'elle est la source de chaleur la plus considérable après le soleil; le *chauffage* est l'une des principales applications de la combustion. (Voy., page 84, ce qui a rapport au *chauffage*.)

10. Quoique cela puisse paraître extraordinaire, l'eau (que l'on emploie pour éteindre les corps en combustion et les incendies) peut faire brûler certains corps tels que le potassium et le sodium quand on les jette dedans, parce qu'ils sont très avides d'oxygène et se combinent avec lui partout où ils le trouvent; au contact de l'eau,

---

1. *Chaleur animale.* C'est la chaleur produite dans le corps de l'homme et des animaux par la combustion : elle est, chez l'homme, de 38° environ.

ils décomposent celle-ci pour lui prendre son oxygène : c'est encore un moyen de décomposition de l'eau.

11. La combustion est caractérisée par ce double fait : 1° combinaison de deux substances ; 2° production d'un composé ayant, le plus souvent, des propriétés nouvelles et tout à fait différentes des corps qui ont servi à le former. Ainsi, comme nous le verrons plus tard, la combustion de l'hydrogène au contact de l'oxygène forme de l'eau ; celle du charbon (ou carbone), de l'acide carbonique et de l'oxyde de carbone ; celle du soufre, de l'acide sulfureux ; celle du phosphore, de l'acide phosphorique : en un mot, tous les *oxydes* et la plupart des *acides* sont produits par la *combustion*. (Voy. page 103, n° 5, l'explication relative aux *acides* et aux *oxydes*.)

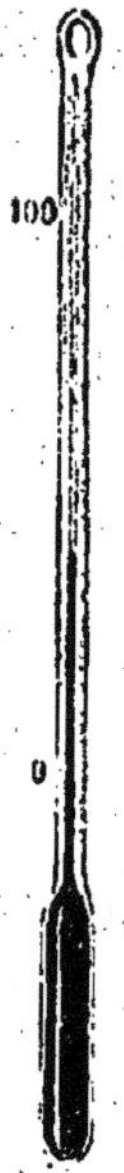

12. Température. — Les corps s'échauffent plus ou moins suivant la quantité de chaleur qu'ils reçoivent : cet état des corps s'appelle leur *température*. Plus un corps est chaud, plus sa température est élevée.

13. Thermomètre [1]. — Pour mesurer cette température, c'est-à-dire pour l'apprécier, on se sert d'un instrument très simple et bien connu qu'on appelle *thermomètre* (*fig.* 18), et qui est basé sur la dilatation des liquides.

C'est un tube de verre dont le diamètre intérieur est très petit, et que l'on appelle à cause de cela tube *capillaire* [2], auquel est soudé un réservoir plus large ; on l'emplit de mercure que l'on chauffe jusqu'à ce qu'il soit arrivé à l'extrémité ouverte du tube, que l'on ferme.

Pour que le thermomètre puisse servir, il faut qu'il soit *gradué*, c'est-à-dire divisé en *degrés*. On le place pour cela d'abord dans un vase contenant des morceaux de

Fig. 18.

---

1. *Thermomètre.* Ce mot est composé de deux parties : *thermo*, qui désigne la chaleur, et *mètre*, qui signifie mesure ; de sorte que thermomètre veut dire : qui mesure la chaleur.

2. *Capillaire*, fin, délié comme des cheveux.

glace; le mercure descend jusqu'auprès du réservoir, et l'on marque l'endroit où il s'arrête : c'est le *zéro*. Ensuite on le met dans de la vapeur d'eau bouillante, qui l'entoure complètement; le mercure monte jusqu'auprès de l'extrémité du tube, et l'on marque l'endroit où il s'arrête : c'est le point *cent*. L'intervalle compris entre ces deux points est divisé en *cent* parties égales, qu'on appelle *degrés centigrades*; les divisions se prolongent au-dessous de 0° et au-dessus de 100° [1].

Les thermomètres les plus répandus contiennent, au lieu de mercure, de l'alcool coloré en rouge; ils coûtent moins cher.

14. Conductibilité. — La chaleur se transmet de deux manières différentes : par *conductibilité* ou par *rayonnement*. Ainsi, une barre de fer dont l'une des extrémités seulement plonge dans le feu s'échauffe tout entière, la chaleur est *conduite* jusqu'à l'autre extrémité : c'est un exemple de *conductibilité*. On dit, dans ce cas, que le corps est un *bon conducteur* de la chaleur. Si, au lieu d'une barre de fer, on met le bout d'un morceau de charbon, l'autre bout ne s'échauffera pas. On dit alors que le corps est un *mauvais conducteur* de la chaleur.

Les métaux sont des corps bons conducteurs, tandis que l'air, le verre, le charbon de bois, les étoffes de laine et de soie, sont des corps mauvais conducteurs, de même que la plupart des substances animales et végétales.

La conductibilité est l'un des principes scientifiques les plus féconds en applications, non seulement dans la nature et en agriculture, mais en hygiène pour la construction des maisons, le choix des vêtements, etc.

15. Chaleur rayonnante. — Le soleil nous transmet sa chaleur par *rayonnement*, c'est-à-dire que ses rayons de chaleur nous arrivent en ligne droite après

---

1. 0°, 100°, se lisent : zéro *degré*, cent *degrés*; le petit ° placé en haut et à droite d'un nombre veut dire *degré*.

4.

avoir traversé l'atmosphère : c'est ce qu'on appelle la *chaleur rayonnante*.

Lorsque la chaleur tombe sur une surface polie, ou de couleur blanche, elle est *réfléchie*, c'est-à-dire renvoyée, tandis que si c'est sur une surface noire, ou foncée, elle est absorbée.

C'est aussi par rayonnement que le feu nous échauffe, ainsi que les corps qui se trouvent auprès de lui. Il est facile de remarquer que, lorsqu'on est placé sur un côté de la cheminée, on a moins chaud qu'en face; c'est parce qu'on reçoit la chaleur obliquement : or les rayons obliques, qu'ils proviennent du feu ou du soleil, sont moins ardents que les rayons perpendiculaires.

Ses applications à l'agriculture.

SOMMAIRE. — 16. Utilité de la chaleur. — 17. Influence de la température sur les cultures. — 18. A quoi sert le thermomètre en agriculture. — 19. Application de la propriété qu'a la couleur blanche de réfléchir la chaleur. — 20. Comment on utilise une singulière propriété du verre : cloches, châssis, serres. — — 21. Ados.

16. La chaleur est indispensable aux végétaux pour qu'ils puissent germer et se développer; c'est elle qui fait mûrir les récoltes de toutes sortes. Dès qu'elle se fait sentir, au printemps, la sève se met en mouvement, les bourgeons s'entr'ouvrent et les feuilles se développent; tout renaît à la vie sous l'influence des rayons du soleil, qui élèvent la température de l'air et du sol. C'est la chaleur du soleil qui fait fondre les neiges qui recouvrent les montagnes et qui entretiennent les cours d'eau; c'est elle aussi qui, comme on l'a vu, transforme l'eau en vapeur et produit ainsi les brouillards, les nuages et la rosée.

17. La température a, sur les cultures, une importance considérable, qu'il est bon de connaître afin d'en tenir compte. Ainsi, telle plante ne peut être cultivée dans une région où le climat est relativement doux parce qu'il n'y fait pas assez chaud l'été pour que ses fruits y mûrissent, tandis qu'elle réussira dans une autre région où l'hiver est plus rigoureux, mais où l'été est aussi plus chaud.

18. Le thermomètre rend des services à l'agriculture. Ainsi, c'est grâce à lui qu'on a pu constater que la température des plantes qui sont à la surface du sol est inférieure de 5 ou 6 degrés à celle de l'air qui se trouve à un mètre plus haut. Il est encore utile dans les serres pour en indiquer la température, car il y a des plantes qui périraient si elle descendait au-dessous d'un certain nombre de degrés. En outre, le cultivateur en a besoin pour s'assurer que son cellier a une température assez élevée pour que la fermentation du raisin puisse se produire, et, en hiver, que la température de sa cave, de ses écuries, de ses étables, etc., ne descend pas au-dessous du nombre de degrés qu'il est nécessaire d'y maintenir.

19. On se sert de la propriété qu'a la couleur blanche de réfléchir la chaleur pour hâter la maturité des fruits. A cet effet, on blanchit à la chaux le mur contre lequel on a placé les arbres en espalier, afin qu'il renvoie sur les fruits la chaleur du soleil.

20. Le verre possède une propriété singulière que l'on utilise en agriculture, ou plutôt en horticulture. En traversant une cloche de verre, la chaleur du soleil, qui est *lumineuse*[1], échauffe le sol; mais celui-ci n'étant pas lumineux, celle qu'il rayonne ensuite est *obscure*[2] et ne peut pas traverser le verre, parce que celui-ci a cette propriété remarquable de ne laisser passer que la chaleur qui provient d'un corps lumineux; de sorte qu'elle s'accumule en grande quantité sous les cloches et sous

1. *Chaleur lumineuse*, celle qui est accompagnée de lumière, comme la chaleur solaire.
2. *Chaleur obscure*, celle qui n'est pas accompagnée de lumière.

les châssis, aussi bien que dans les serres, et active considérablement la végétation, ce qui permet d'obtenir des *primeurs*, c'est-à-dire des légumes et des fruits précoces, qui ne mûrissent que beaucoup plus tard à l'air libre.

21. Nous savons que les rayons du soleil échauffent d'autant plus la terre qu'ils sont moins obliques. C'est pour cela que dans les jardins on dispose quelques plates-bandes en *ados*, c'est-à-dire en forme de talus[1] adossé à un mur et exposé au midi. Le soleil frappe presque perpendiculairement ces ados et les échauffe par conséquent bien davantage : on arrive aussi par ce moyen à obtenir certaines primeurs. On peut disposer, à $0^m,70$ les unes des autres, des baguettes courbées en arceaux, sur lesquelles on étend chaque soir des paillassons, ou bien simplement des sacs à engrais, ou des morceaux de toile, afin de protéger contre le refroidissement provenant du rayonnement nocturne les semis que l'on a faits.

Ses applications à l'hygiène.

Le chauffage.

Sommaire. — 22. Utilité du feu. — 23. Ses inconvénients : incendies, brûlures. Comment on soigne les brûlures. — 24. Chauffage. Principaux combustibles. — 25. Appareils de chauffage. — 26. Cheminées : leurs inconvénients et leurs avantages. — 27. Poêles : avantages et inconvénients. — 28. Calorifères. — 29. Asphyxie par insolation. — 30. Utilité du thermomètre. — 31. Applications de la conductibilité dans le choix des vêtements. Influence de la couleur.

22. Le feu est indispensable à l'homme pour combattre les froids de l'hiver ; il en a également besoin pour la cuisson de ses aliments, pour la préparation de certaines boissons, café, thé, tisanes, etc. C'est encore en échauffant l'eau jusqu'à l'ébullition qu'on détruit les

---

1. *Talus* veut dire terrain en pente.

germes organiques qu'elle peut contenir, surtout lorsqu'il y a une épidémie.

23. Mais le feu a quelques inconvénients : il peut occasionner des incendies qui détruisent les maisons avec ce qu'elles contiennent, et d'autres accidents, appelés *brûlures*, qui sont quelquefois très graves. Quand le feu prend aux vêtements d'une personne, on l'enveloppe promptement avec ce qui se trouve sous la main : une couverture, ou une nappe, ou une étoffe quelconque, afin d'étouffer le feu en empêchant l'air d'y pénétrer et d'entretenir la combustion.

Dans une brûlure, ce qui augmente la douleur, c'est le contact de l'air ; il faut donc l'en préserver. Pour cela, on la recouvre avec de la gelée de groseilles, ou des pommes de terre râpées, ou encore avec un linge mouillé, que l'on rafraîchit souvent. Lorsqu'il se forme des ampoules pleines de liquide, on les perce pour les vider. Si la brûlure s'étend sur une grande surface, elle peut amener un affaiblissement qui cause la mort du malade ; dans ce cas on doit, en attendant l'arrivée du médecin, faire prendre des boissons toniques chaudes ne contenant pas d'alcool, comme le café, le thé, etc.

24. Chauffage. — Pour chauffer les appartements, on brûle différents combustibles, dont les principaux sont : le bois, la houille ou charbon de terre, le coke, la tourbe, etc. On emploie aussi, mais plutôt pour la cuisson des aliments, certains liquides tels que l'alcool, le pétrole, et même des gaz, comme le gaz d'éclairage.

25. Les appareils de chauffage les plus employés sont : les cheminées, les poêles et les calorifères.

26. Cheminées. — Une cheminée se compose d'un foyer où l'on dispose le combustible à brûler et d'un conduit vertical destiné à rejeter la fumée au dehors. Pour que le tirage se produise bien et que la fumée ne soit pas renvoyée dans la chambre, il faut que le conduit soit très étroit et que l'ouverture du foyer ne soit pas trop grande.

Les cheminées sont les appareils de chauffage les moins

économiques parce qu'elles utilisent, pour le chauffage des appartements, à peine la dixième partie de la chaleur

Fig. 19. Cheminée.

produite par le combustible, de sorte qu'il en faut brûler une quantité considérable pour échauffer suffisamment la pièce. On est arrivé à augmenter la quantité de chaleur rayonnée par une meilleure disposition de la cheminée et en encadrant les murs du foyer avec des plaques émaillées qui renvoient la chaleur dans l'appartement en vertu de la propriété qu'ont les surfaces polies de réfléchir la chaleur.

En revanche, les cheminées ont cet avantage qu'elles sont hygiéniques, attendu que l'air se renouvelle rapidement et qu'il en est attiré à chaque instant dans le foyer une quantité considérable, de sorte qu'il est toujours pur et se maintient à une température modérée, ce qui est très avantageux pour la santé; seulement il se produit vers le foyer des courants d'air qui sont froids.

27. Poêles. — Le poêle est l'appareil le plus simple et en même temps le plus économique parce qu'il produit beaucoup de chaleur, qui se répand dans toute la chambre. Mais il a des inconvénients. D'abord, s'il est en fonte, il dégage des odeurs désagréables; ensuite il expose à des maladies qui peuvent être graves ceux qui sont obligés de sortir, attendu qu'ils passent brusquement d'une température très élevée à une température très basse; enfin il occasionne des maux de tête, parce que les couches d'air les plus chaudes sont justement celles qui se trouvent en contact avec la partie supérieure du corps, et, de plus, si le tirage est mal établi, il produit, surtout pendant la nuit, des cas d'asphyxie comme cela arrive assez souvent. Il y en a aussi un autre, mais qu'il est facile d'éviter quand on le connaît, et que voici. Toute la chaleur du poêle et des tuyaux rayonne dans la pièce et dessèche l'air, de sorte que celui-ci devient insalubre : on y remédie aisément en plaçant sur le poêle un vase assez large rempli d'eau, dont la vapeur rend à l'air le degré d'humidité qui est nécessaire.

Le poêle a encore un inconvénient au point de vue de l'aération des appartements : c'est qu'il ventile mal. D'un autre côté, il est dangereux de fermer complètement la clef du poêle, parce que l'on s'expose à être asphyxié par les gaz délétères (oxyde de carbone et autres), qui sont alors renvoyés dans la chambre.

28. Calorifères. — Les calorifères sont destinés à chauffer, avec un seul foyer, de grands espaces ou un grand nombre de pièces, au moyen de conduits ou tuyaux convenablement disposés ; c'est pourquoi ils ne sont guère employés que dans certains établissements publics. Les calorifères conduisent de l'air chaud, de l'eau chaude ou de la vapeur.

29. Asphyxie par insolation[1]. — La chaleur du soleil est très utile, mais quand elle est trop forte elle peut devenir dangereuse pour l'homme parce que le sang arrive en trop grande quantité au cerveau et comprime cet organe délicat : il en résulte une asphyxie par *insolation*, ce qu'on appelle vulgairement un *coup de soleil*. La première chose à faire, c'est de transporter le malade dans un endroit frais ; ensuite on lui applique des compresses d'eau froide sur la tête et on lui met des sinapismes aux jambes, en ayant soin de le maintenir assis, la tête droite : si cela ne suffit pas, on place cinq ou six sangsues derrière chaque oreille.

Pour éviter cet accident, on doit avoir soin de ne pas s'exposer au soleil, quand il est très chaud, sans avoir la tête abritée par un chapeau à larges bords, recouvert d'une coiffe de toile blanche.

30. Le thermomètre a aussi son utilité en hygiène,

---

1. *Par insolation* veut dire par la trop grande chaleur du soleil.

car il faut, surtout en hiver, que les appartements et les salles de classe aient une certaine température, ni trop basse ni trop élevée, et qui varie entre 12 et 16 degrés : le thermomètre seul peut nous la faire connaître. De même, la chambre d'un malade devant avoir une température à peu près égale, comprise entre 15 et 18 degrés, c'est le thermomètre qui l'indiquera.

31. Choix des vêtements. — Les notions relatives à la plus ou moins grande conductibilité des corps reçoivent des applications très utiles et très nombreuses, particulièrement en ce qui concerne le choix des vêtements. Plus ceux-ci emprisonnent l'air en l'empêchant de circuler, plus ils sont chauds ; car l'air est mauvais conducteur de la chaleur et empêche celle du corps de se perdre au dehors ; c'est pour cela que le plumage des oiseaux et les fourrures des animaux dans les pays du Nord les préservent du froid.

Les vêtements de laine sont comme la fourrure des animaux ; ils empêchent la chaleur du corps de rayonner à l'extérieur et garantissent ainsi du froid, surtout s'ils sont doublés de fourrure à l'intérieur. Ils s'opposent aussi à ce que la chaleur du soleil les pénètre : voilà pourquoi l'Arabe se préserve de la trop grande chaleur en s'enveloppant dans son burnous[1] de laine, qu'il choisit, en outre, de couleur blanche parce que celle-ci a, comme nous l'avons vu, la propriété de réfléchir la chaleur, tandis que la couleur noire l'absorbe ; c'est pour cela qu'un vêtement de drap noir nous brûle au soleil et qu'en hiver il ne nous protège pas contre le froid.

La flanelle vaut encore mieux, parce qu'elle absorbe très facilement l'humidité et qu'elle la laisse s'évaporer lentement sans déperdition de chaleur. Mais quand on a pris l'habitude de mettre des gilets de flanelle, il n'est pas prudent de cesser d'en porter.

En été, on choisit des vêtements minces de coton, de

---

1. *Burnous*, espèce de grand manteau de laine muni d'un capuchon.

lin ou de chanvre, attendu que ces étoffes conduisent mieux la chaleur que la laine et permettent à celle du corps de se perdre au dehors.

Le coton est préférable à la toile parce qu'il est plus doux et qu'il maintient le corps à une température à peu près égale, ce qui fait qu'il empêche les refroidissements ; il en résulte qu'on devrait faire en coton les chemises et les draps de lit, surtout dans les contrées humides.

EXERCICES DE RÉDACTION

PRÉPARATOIRES A L'EXAMEN DU CERTIFICAT D'ÉTUDES

I. — Les applications de la dilatation.

Un de vos camarades vous a écrit pour vous raconter un voyage qu'il a fait en chemin de fer, pour la première fois, à l'occasion du 1er de l'an. Il vous dit qu'il a bien examiné tout ce qu'il a vu à la station, et qu'il y a une chose, en particulier, qui l'a frappé : c'est que les rails, au lieu de se toucher, comme il le croyait, sont séparés les uns des autres par un petit intervalle. Comme il est curieux de sa nature et qu'il aime à se rendre compte de ce qu'il voit, il vous demande si vous pourriez lui expliquer cela.

Répondez-lui en vous appuyant sur la dilatation des corps par la chaleur et faites-lui connaître les autres applications de la dilatation, notamment pour déboucher un flacon et pour ferrer les roues des voitures ; vous lui indiquerez préalablement[1] les expériences très simples qu'il pourra faire et qui lui permettront de mieux comprendre vos explications. Vous terminerez votre lettre en lui disant ce qu'on entend par le *maximum de densité de l'eau* et l'application qu'on en a faite au système métrique.

II. — La combustion.

Exposez ce que vous avez appris sur la *combustion*, ce qu'on entend par *combustion vive* et *combustion lente*, avec des exemples, ce qu'on appelle corps *comburant* et corps *combus-*

---

1. *Préalablement*, c'est-à-dire auparavant.

tibles; vous indiquerez l'importance de la combustion et ce qu'elle produit.

III. — Le baromètre et le thermomètre.

Votre petit cousin vous a écrit qu'il y a, dans la salle à manger, un baromètre et un thermomètre, qu'il confond souvent l'un avec l'autre, parce que leurs noms se ressemblent et sont terminés par le même mot *mètre;* il a remarqué que dans ces deux instruments il y a un tube en verre contenant du mercure qui, parfois, s'élève dans l'un des tubes pendant qu'il baisse dans l'autre, ce qu'il ne s'explique pas : il lui semble qu'il devrait monter ou descendre en même temps dans les deux. Hier, il a entendu son père dire : « Il ne fait pas chaud, ce matin; en effet le thermomètre a baissé de 2 degrés; » puis : « La pluie va cesser et nous aurons probablement du beau temps, le baromètre a monté de 2 centimètres : il est à 77 centimètres au lieu de 75. » Il a demandé des explications à son père, qui lui a répondu : « Ton cousin Léon doit savoir cela, lui qui se présente cette année à l'examen du certificat d'études; écris-lui de te l'expliquer. »

Faites la réponse du cousin Léon en donnant la définition du baromètre et du thermomètre, en expliquant le plus simplement possible leur construction et le principe sur lequel elle repose; vous direz s'ils communiquent tous les deux avec l'air, ou l'un d'eux seulement, et lequel. Vous terminerez en faisant connaître, en quelques mots, l'utilité de ces deux instruments.

IV. — Chaleur rayonnante.

Dites ce que vous savez sur la chaleur rayonnante du soleil et ses effets au point de vue de la température; sur son utilité en agriculture, pour la germination et la végétation des plantes; enfin sur l'application que l'on en a faite en horticulture, ainsi que de la propriété de la couleur blanche et de celle qu'a le verre de ne pas laisser sortir les rayons qui l'ont traversé.

V. — Le feu. Les brûlures.

Dites ce que vous feriez si vous vous trouviez seul avec l'un de vos camarades qui serait tombé dans le feu et se serait brûlé les deux mains. Après avoir indiqué les inconvénients du feu à cause des brûlures et des incendies qu'il occasionne, vous en exposerez tous les avantages. Vous terminerez en

disant ce que vous feriez si votre ami tombait à côté de vous,
frappé d'un coup de soleil.

VI. — Choix des vêtements.

Votre mère vous a consulté, au commencement de l'hiver
dernier, sur le choix des vêtements à acheter pour toute la
famille. Vous lui avez exposé, sans prétention, ce que vous
aviez appris à l'école sur cette question, en disant ce qu'on
entend par conductibilité et par corps bons ou mauvais conducteurs.

Vous racontez cette conversation dans une lettre à votre
cousin, en reproduisant le dialogue [1] qui a eu lieu entre votre
mère et vous.

VII. — Le chauffage.

Exposez ce que vous savez sur le chauffage; vous ferez connaître les principaux appareils de chauffage et vous en indiquerez les avantages ainsi que les inconvénients.

———

VII. — LA LUMIÈRE

—

Sommaire. — 1. D'où vient la lumière. Sa vitesse : 300 000 kilomètres par seconde. — 2. Corps lumineux. Corps éclairés :
transparents ou opaques. — 3. Ombre. — 4. La lumière se
propage en ligne droite et se réfléchit sur une surface polie.

1. La lumière qui nous éclaire pendant le jour nous
vient du soleil. Sa vitesse est prodigieuse : en une
seconde elle parcourt 300 000 kilomètres, c'est-à-dire
une distance égale à sept fois le tour de la terre.

2. Il n'y a pas que le soleil qui envoie de la lumière;
les étoiles, la flamme d'une bougie, celle d'une lampe ou
d'un bec de gaz en donnent aussi : on les nomme des

———

1. *Dialogue* veut dire ici entretien dans lequel deux personnes
parlent alternativement.

corps *lumineux*. Ceux qui la reçoivent et sont ainsi rendus visibles s'appellent des corps *éclairés*.

Les corps éclairés sont *transparents* ou *opaques*. Ils sont transparents lorsqu'ils se laissent traverser par la lumière, comme l'air, l'eau, le verre; ils sont opaques lorsqu'ils ne la laissent pas passer, comme le bois, les métaux, les pierres.

3. Ombre. — Un corps opaque arrêtant les rayons lumineux qui le rencontrent, il en résulte que derrière ce corps se trouve un espace qui n'est pas éclairé : c'est ce qu'on appelle l'*ombre* du corps.

4. Réflexion de la lumière. — La lumière se meut en ligne droite, de même que la chaleur, et comme cette dernière, si elle rencontre une surface polie, elle se réfléchit. Les grands élèves connaissent cette malice qui consiste à recevoir la lumière du soleil sur un petit miroir, incliné de manière à la renvoyer dans l'œil d'un camarade innocent qui ne se doute de rien, ou bien à la faire danser sur le mur en inclinant le miroir de différentes façons. Ce qui se passe est facile à comprendre. Le miroir étant opaque ne se laisse pas traverser par la lumière; de plus, comme il a une surface polie, il réfléchit la lumière, c'est-à-dire la renvoie dans une autre direction.

Ses applications à l'agriculture.

SOMMAIRE. — 5. Influence de la lumière sur la végétation. — 6. Son importance au point de vue du rendement des récoltes. — 7. Son influence sur la transpiration des végétaux et conséquences qui en résultent. — 8. L'absence de la lumière est nécessaire pour certaines plantes. — 9. Elle n'a pas d'influence sur la germination des graines.

5. La lumière est aussi nécessaire à la végétation que la chaleur. Ainsi, une plante placée à la cave ou dans une pièce obscure souffre et dépérit : sa tige devient molle, ses feuilles sont petites et peu colorées. Cela provient de ce que, dans l'obscurité, les parties vertes des végétaux ne peuvent pas décomposer l'acide carbonique de l'air pour en absorber le carbone, de sorte qu'en réalité la nourriture leur manque : la présence de la lumière est indispensable pour que la décomposition de l'acide carbonique ait lieu. Voilà pourquoi il faut espacer les plantes de manière que la lumière puisse pénétrer dans toutes leurs parties; c'est aussi pour cette raison que les semis en lignes sont préférables aux semis à la volée.

La lumière rend les fruits plus sucrés et plus savoureux; elle donne aux plantes des couleurs plus vives et des odeurs plus prononcées.

6. La lumière a une grande importance au point de vue du rendement plus ou moins élevé des récoltes; quoique cela paraisse assez extraordinaire, ce n'en est pas moins certain. Pendant longtemps on a cru que ce rendement dépendait uniquement de la température, mais on a reconnu que cette dernière influe seulement sur la maturité. Pourvu que celle-ci puisse se faire, c'est-à-dire que la plante reçoive le nombre de degrés de chaleur qui lui est nécessaire pour cela, peu importe que l'été soit plus ou moins chaud : ce qu'il faut pour que les récoltes soient abondantes, c'est une grande quantité de lumière. Ainsi, le blé, par exemple, qui constitue l'une des cultures les plus importantes de la France, reçoit toujours, dans notre pays, assez de chaleur pour mûrir; mais s'il ne reçoit pas assez de lumière, comme cela a lieu dans les années pluvieuses où le temps reste continuellement couvert, la récolte est mauvaise.

On comprend combien il est important, en agriculture, de connaître cette influence de la lumière sur les récoltes, particulièrement en ce qui concerne le blé; car on se gardera de le cultiver dans les vallées étroites où la lumière du soleil ne pénètre que pendant une partie de la journée, ainsi que dans certaines parties de la France, telles que l'ouest de la Bretagne et de la Normandie, où le ciel est souvent couvert et où l'on remplacera avantageusement sa culture par celle des herbages, qui se contente d'un moindre éclairement.

7. La lumière a, en outre, une influence considérable sur la transpiration des végétaux. Ceux-ci absorbent par leurs racines l'eau qui se trouve dans la terre et qui s'élève dans la plante sous le nom de *sève ascendante*. Arrivée dans les feuilles, cette eau se répand dans l'air à l'état gazeux : c'est ce qu'on appelle la *transpiration*, qui est plus ou moins active suivant que la lumière est plus ou moins vive. Il en résulte : 1° que les années trop sèches donnent de mauvaises récoltes, parce que la lumière étant très vive la transpiration est très active, de sorte que toute l'eau contenue dans le sol est promptement épuisée et que la plante, n'en recevant plus, se dessèche et dépérit, à moins que la réserve d'eau emmagasinée par les labours profonds ne soit considérable ; alors le mal est moins grand (ce qui montre une fois de plus l'utilité des labours profonds) ; 2° que les années humides produisent aussi de mauvaises récoltes, parce que la lumière étant très faible la transpiration ne se fait presque plus, de sorte que, la sève ascendante ne circulant pas, le végétal ne reçoit plus les matières nutritives nécessaires à son développement, qui se trouve arrêté.

Il faut donc, pour que les récoltes soient abondantes, que l'année soit suffisamment pluvieuse sans l'être trop, et surtout que le ciel soit généralement clair pendant toute la durée de la végétation.

8. La lumière, qui est si avantageuse pour la plupart des plantes, est nuisible à d'autres, ou plutôt à certaines parties de ces plantes. Ainsi, les tubercules de la pomme de terre, pour être comestibles[1], doivent se développer sous terre, à l'abri de la lumière. S'ils étaient découverts ou exposés à la lumière après avoir été récoltés, ils verdiraient et ne vaudraient plus rien : ils

1. *Comestible*, bon à manger.

seraient même dangereux à manger. C'est pourquoi on les conserve à la cave ou dans un lieu obscur. De même, la racine de la betterave *saccharine*[1] contiendra d'autant plus de sucre qu'elle se développera davantage sous terre. Cela explique la nécessité du *buttage*, aussi bien pour la betterave que pour la pomme de terre.

C'est en privant certains légumes de l'action de la lumière qu'on les fait blanchir ; on les rend ainsi plus tendres et meilleurs à manger; c'est pour cela qu'on enterre les tiges du céleri et qu'on lie certaines salades, telles que la chicorée, la laitue romaine, etc.

9. Enfin, on a reconnu que la lumière n'a aucune influence sur la germination des graines, qui n'ont besoin que d'air, d'eau et de chaleur.

Ses applications à l'hygiène.

L'éclairage.

SOMMAIRE. — 10. Influence de la lumière sur la santé. — 11. La lumière doit venir de gauche à droite. — 12. Éclairage artificiel. — 13. Chandelles de résine. — 14. Chandelles de suif. — 15. Bougies stéariques. — 16. Huiles végétales. — 17. Huile minérale : pétrole. — 18. Gaz d'éclairage. — 19. Lumière électrique. — 20. Importance de l'éclairage pour les enfants. Myopie. Presbytie. — 21. La lumière a un petit inconvénient.

10. La lumière a une heureuse influence sur la santé ; des travaux scientifiques tout récents ont établi qu'elle exerce sur nous une action considérable, surtout pendant la jeunesse : c'est pourquoi il est nécessaire que chaque appartement ait au moins une fenêtre assez grande. Les personnes qui vivent dans une chambre insuffisamment éclairée deviennent pâles, languissantes et finissent par tomber malades.

---

1. *Betterave saccharine*, betterave qui contient du sucre.

11. La question de l'éclairage est une de celles qui ont été le plus minutieusement étudiées par les médecins hygiénistes. Ils ont reconnu que la lumière doit venir de gauche à droite; si elle venait de droite à gauche, elle projetterait l'ombre de la main sur le cahier, ce qui fatigue les yeux et occasionne des maladies de la vue.

12. Éclairage artificiel. — La lumière du soleil procure un éclairage naturel on ne peut plus économique, puisqu'il ne coûte rien, et qui ne présente aucun inconvénient. Mais il est insuffisant, en ce sens que nous ne pouvons pas en disposer aussi longtemps que nous voudrions; c'est pourquoi on a cherché à remplacer la lumière du soleil par un éclairage artificiel.

13. Chandelles de résine. — On s'est d'abord servi de torches formées par des branches d'arbres résineux comme le sapin, puis avec la résine on a fait des chandelles, dont on se sert encore dans certaines régions pauvres; elles éclairent très mal et produisent beaucoup de fumée.

14. Chandelles de suif. — Ensuite on a fait des chandelles avec le suif, c'est-à-dire la graisse du bœuf et du mouton; après avoir fait fondre ce suif, on le coule dans des moules renfermant une mèche de coton. Elles éclairent moins mal que celles de résine, mais leur lumière est insuffisante, et, de plus, il faut souvent couper la mèche; en outre, leur combustion produit de mauvaises odeurs ainsi qu'un gaz très dangereux à respirer, l'oxyde de carbone. C'est pour cela qu'elles sont abandonnées presque partout pour les bougies *stéariques*, qui n'ont aucun de ces inconvénients.

15. Bougies stéariques. — Le suif est surtout formé de deux matières principales : l'une, liquide, qui est une espèce d'huile et qu'on appelle à cause de cela *oléine*; l'autre, solide, appelée *stéarine*[1], qui est elle-même com-

---

1. *Stéarine* vient d'un mot grec qui signifie *suif*.

posée de deux substances : la *glycérine* et l'acide *stéarique*, avec lequel on fabrique les bougies. Après qu'il est fondu et purifié, on le coule dans des moules renfermant une mèche formée de trois fils de coton tressés.

16. Huiles végétales. — Avant l'invention des bougies stéariques, qui ne date que de 1831, on s'éclairait aussi avec des lampes, dans lesquelles on brûlait des huiles végétales, extraites des graines du lin, du colza, de la navette, etc.

17. Huile minérale : pétrole. — On a découvert, surtout dans l'Amérique du Nord, des nappes d'une espèce d'huile minérale, appelée *pétrole*, qui se trouvent dans l'intérieur de la terre. Comme le prix en est moins élevé que celui de l'huile végétale, le pétrole est très employé aujourd'hui pour l'éclairage. La lampe à pétrole est beaucoup moins compliquée que les autres; il y a simplement une mèche qui plonge dans le réservoir d'huile. Mais ce liquide a un défaut : c'est qu'il est dangereux parce qu'il est très inflammable. C'est pourquoi les enfants ne doivent jamais toucher au pétrole; les grandes personnes elles-mêmes sont obligées de prendre des précautions, par exemple ne le verser dans la lampe qu'en plein jour et le plus loin possible du feu ou d'un corps enflammé, et le conserver dans un bidon de fer-blanc fermé par une espèce de bouchon muni d'un pas de vis.

Il est bon de savoir que, lorsqu'il prend feu, ce n'est pas en versant de l'eau dessus qu'on l'éteint, mais en jetant des cendres, du sable ou de la terre.

18. Gaz d'éclairage. — Dans les villes on se sert, pour éclairer les rues et même les appartements, d'un gaz provenant de la houille (ou charbon de terre), que l'on a distillée[1] dans des appareils spéciaux. C'est un mélange de plusieurs gaz combustibles appelés *hydrogènes carbonés* (parce qu'ils sont formés de carbone et d'hydro-

---

1. *Distillé* signifie, dans ce cas, brûlé dans un vase clos.

gène), qui donne une flamme très brillante; mais ce mode d'éclairage est coûteux. En outre, il est dangereux, attendu que, s'il y a une fuite dans un tuyau, le gaz, en s'échappant, forme avec l'air de la chambre un mélange explosible qui prend feu au contact d'une lumière et peut tuer, ou blesser, et occasionner des incendies; ou bien, comme il est asphyxiant, s'il se répand la nuit dans une chambre, soit par une fuite, soit par un robinet mal fermé, il peut asphyxier les personnes qui y couchent. De plus, on a constaté que cet éclairage n'est pas hygiénique, d'abord parce que le gaz, en brûlant, consomme beaucoup d'oxygène, et ensuite parce que sa combustion produit une odeur et des gaz malsains (entre autres de l'oxyde de carbone), qui occasionnent à la longue une maladie des voies respiratoires, quelquefois même la phtisie. (Voy., page 118, la fabrication du gaz d'éclairage.)

Les autres modes d'éclairage, quoique moins dangereux, sont cependant malsains, attendu que la combustion du suif ou de l'huile enlève à l'atmosphère une certaine quantité d'oxygène, qui est remplacée par des gaz délétères.

10. Lumière électrique. — Enfin, une nouvelle invention a permis d'employer l'électricité comme mode d'éclairage. Le système le plus répandu est la *lampe à incandescence*[1] *dans le vide*, due à un savant américain nommé Édison. Elle est tout simplement formée d'une petite boule de verre (qui a la forme et la grosseur d'un œuf), dans laquelle on a fait le vide et qui renferme un mince filament de charbon recourbé, dont les deux extrémités sont soudées à des fils de platine[2] qui communiquent avec les deux conducteurs du courant électrique. Lorsque celui-ci passe, le charbon devient incandescent, c'est-à-dire rougit en produisant une belle flamme très

---

1. *Incandescence*, état d'un corps chauffé jusqu'à devenir blanc et lumineux.

2. *Platine*, métal inaltérable à l'air et qui ne fond que très difficilement.

brillante. Avec la lumière électrique, on n'a pas à craindre les asphyxies, ni les explosions ou les incendies, que produit quelquefois le gaz; le seul inconvénient de l'éclairage électrique, c'est qu'il est très coûteux, mais il a un grand avantage, c'est de ne pas vicier l'atmosphère.

20. L'éclairage a beaucoup d'importance pour vous, enfants. Rappelez-vous que vous devez toujours vous placer, à l'école et surtout à la maison, de manière que la lumière vous arrive du côté gauche, jamais du côté droit, ni en face, ni en arrière. En n'observant pas ces prescriptions, vous vous exposez à des maladies et à des infirmités; particulièrement en ce qui concerne la vue, vous contracteriez peu à peu, et sans vous en apercevoir, une infirmité bien gênante et qui vous serait très préjudiciable, qu'on appelle la *myopie*. Ceux qui sont myopes ne distinguent pas les objets un peu éloignés; ils sont obligés, pour lire, d'approcher le livre très près de leurs yeux, et, pour écrire, de se pencher le nez sur leur cahier. Afin d'éviter cela, prenez l'habitude de vous tenir le corps et la tête bien droits, surtout quand vous écrivez, et pour lire ou étudier, de mettre votre livre à $0^m,30$ au moins de vos yeux, en ayant soin de l'incliner au lieu de le placer horizontalement. Il vaut mieux s'accoutumer à l'éloigner le plus possible, car on est toujours porté à le rapprocher sans qu'on s'en aperçoive; alors le cristallin [1] se bombe de plus en plus et garde la courbure qu'il a prise : c'est précisément cette courbure qui constitue la myopie.

Il y a une autre infirmité qui est tout l'opposé de la myopie, c'est-à-dire que ceux qui l'ont ne peuvent voir les objets placés tout près d'eux et distinguent mieux ceux qui sont un peu éloignés : on l'appelle la *presbytie*, d'un mot grec qui veut dire *vieillard*, attendu qu'elle n'apparaît qu'à un âge assez avancé. Elle est produite par une

---

1. *Cristallin.* C'est un corps transparent qui a la forme d'une lentille bi-convexe (c'est-à-dire bombée des deux côtés) et qui se trouve à l'intérieur de l'œil. (Voy. la description de l'œil, page 103).

cause contraire à celle de la myopie, par l'aplatissement du cristallin. Ceux qui en sont atteints sont obligés de tenir leur livre très éloigné pour pouvoir lire.

21. La lumière a un petit inconvénient : elle fait mal aux yeux quand elle est trop vive ou bien qu'elle est réfléchie par la neige ou par la couleur blanche des maisons ; il est facile de se préserver de ce désagrément au moyen d'un lorgnon dont les verres sont légèrement teintés en bleu, car le bleu possède, ainsi que le vert, la propriété de ne pas fatiguer les yeux.

EXERCICES DE RÉDACTION
PRÉPARATOIRES A L'EXAMEN DU CERTIFICAT D'ÉTUDES

I. — La lumière.

Exposez ce que vous avez appris sur la lumière, son origine, sa vitesse, et sur les effets qu'elle produit par sa rencontre avec certains corps.

II. — Influence de la lumière sur la végétation.

Vous supposerez que vous avez un oncle qui habite la Beauce et qui vient d'écrire à votre père une lettre dans laquelle il lui fait connaître l'état de la récolte (vous le ferez parler) ; il rappelle ce qui s'est passé les années précédentes et lui fait part d'une remarque qu'il a faite et qu'il ne sait à quoi attribuer : c'est que, dans certaines années très chaudes, le blé a bien mûri, mais n'a pas donné un rendement élevé, et qu'il en a été de même dans les années humides.

Votre père vous charge de lui répondre et de lui expliquer comme vous pourrez la cause probable des mauvaises récoltes qu'il a faites en lui montrant le rôle de la lumière en ce qui concerne la végétation. Vous terminerez votre lettre en lui faisant connaître les plantes pour lesquelles la lumière pourrait être nuisible.

III. — L'éclairage.

Un de vos cousins, qui habite la campagne, a appris qu'on

venait d'installer l'éclairage électrique dans la petite ville de C... et vous a écrit de lui expliquer en quoi il consiste.

Vous supposerez que vous habitez ou que vous connaissez cette ville, et vous répondez à votre cousin en reproduisant, de votre mieux, la leçon que votre instituteur vous a faite à ce sujet, et dans laquelle il a parlé des différents modes d'éclairage, depuis les chandelles de résine jusqu'à la lampe Edison.

VIII. — L'OXYGÈNE. L'HYDROGÈNE.

Sommaire. — 1. Ce que c'est que l'oxygène. — 2. Comment on l'obtient facilement. — 3. Ses propriétés. — 4. Combustion des corps dans l'oxygène. — 5. Ce qu'on entend par *acides, bases, sels*. — 6. Ce que c'est que l'hydrogène. — 7. Comment on le prépare. — 8. Ses propriétés. — 9. La combustion de l'hydrogène produit de l'eau. — 10. Acides formés par l'hydrogène.

1. L'oxygène. — C'est un gaz incolore, sans saveur ni odeur ; il ressemble à l'air, dont on ne le distingue pas à la vue et dont il constitue la cinquième partie, mais il est un peu plus pesant. C'est un corps simple, peu soluble dans l'eau. C'est le corps le plus répandu dans la nature : il se trouve partout. Non seulement il entre dans la composition de l'eau, mais il fait partie des végétaux et des animaux, et sert à former une foule de substances minérales.

2. On peut obtenir l'oxygène en décomposant, par la chaleur, certaines substances qui en contiennent à l'état de combinaison, comme l'oxyde de mercure, le chlorate de potasse, etc.

Mais, comme il n'est pas facile, à l'école primaire, d'avoir les appareils qu'on trouve dans les cabinets de physique, je vais indiquer un moyen très simple de se procurer une petite quantité d'oxygène suffisante pour les expériences que l'on veut faire.

On coupe, dans la rivière ou dans le ruisseau, des plantes vertes qui poussent dans l'eau et on les met au soleil dans un bocal A plein d'eau. On place au-dessus un entonnoir renversé B dont on recouvre l'extrémité avec un petit flacon à pilules, ou à capsules de goudron C; l'entonnoir et le flacon sont pleins d'eau. Si on laisse le bocal

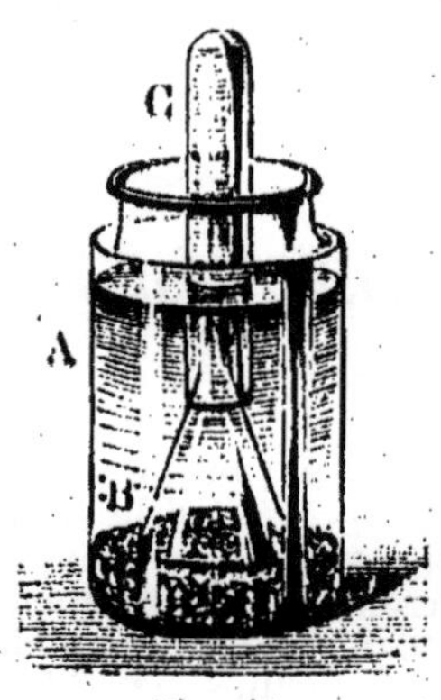

Fig. 20.

assez longtemps au soleil, le flacon s'emplit d'oxygène. Voici comment. Nous savons que, sous l'influence de la lumière du soleil, les plantes décomposent l'acide carbonique qui se trouve dans l'air ou dans l'eau, absorbent le carbone et laissent dégager l'oxygène qui, dans notre expérience, monte dans l'entonnoir, puis dans le flacon. En bouchant celui-ci avec la paume de la main avant de le retirer de l'eau et en le renversant ensuite, on pourra se servir de l'oxygène qu'il contient pour faire les expériences suivantes.

3. L'oxygène a la propriété très remarquable de rallumer les corps qui sont presque éteints et de faire brûler, avec un très vif éclat, ceux qui sont déjà enflammés. Ainsi, une allumette ne présentant plus qu'un point rouge se rallume vivement, en faisant entendre une petite explosion, si on l'introduit dans notre flacon d'oxygène; il en est de même d'une bougie dont la mèche a encore un point incandescent[1] : lorsqu'on la plonge dans ce gaz, elle se rallume immédiatement avec une légère explosion et brûle en répandant un vif éclat.

Cela montre qu'il active considérablement la combustion des corps : c'est l'agent principal des combustions, ainsi que de la respiration.

4. Le charbon, le soufre, le phosphore, le fer, brûlent aussi bien plus vivement dans l'oxygène que dans l'air. L'expérience est facile à faire avec le charbon et le fer. On attache à un fil de fer un morceau de charbon que l'on fait rougir au feu et que l'on plonge dans un flacon plein

---

1. *Incandescent* veut dire ici qui brûle encore.

d'oxygène : aussitôt il brûle avec une vive clarté en lançant des étincelles étoilées[1] très brillantes.

Pour la combustion du fer, on fixe à l'extrémité d'un fil de fer roulé en spirale un morceau d'amadou que l'on allume, et on le plonge dans un flacon d'oxygène : le fil de fer s'enflamme immédiatement et brûle en faisant jaillir de tous côtés de vives étincelles.

Il est facile de conserver ce gaz dans un flacon renversé sur une assiette contenant une petite quantité d'eau qui en ferme l'ouverture.

5. Nota. — Il peut se combiner avec un grand nombre de corps simples et forme, avec la plupart d'entre eux, des *acides* qui portent le nom du corps simple, auquel on ajoute généralement la terminaison *ique*, après avoir supprimé l'*e* muet final. Ainsi, la combinaison de l'oxygène avec le *carbon e* forme l'acide *carbon ique*; avec l'*azot e*, l'acide *azot ique*; avec le *chlor e*, l'acide *chlor ique*; avec le *phosphor e*, l'acide *phosphor ique*, etc. Avec le *soufre* (qui forme des *sulfur es*), c'est l'acide *sulfur ique*.

Ces acides, à leur tour, peuvent se combiner avec des métaux, comme le fer, le cuivre, ou avec certains corps nommés *bases*[2], comme la chaux, la potasse, la soude, et forment des composés appelés *sels*, qui portent le nom de l'acide dont on remplace la terminaison *ique* par la terminaison *ate*. Ainsi, la combinaison de l'acide *carbon ique* avec la chaux, la soude, la potasse, forme des *carbon ates* de chaux (craie), de soude, de potasse; celle de l'acide *azot ique* ou *nitr ique* avec les mêmes bases, forme des *azot ates* ou *nitr ates* de chaux, de soude, de potasse

---

1. *Étoilées*, qui ressemblent à des étoiles.
2. *Acides. Bases.* Les *acides* (le vinaigre, par exemple, qui est de l'acide acétique) sont des corps qui ont, en général, une saveur aigre et qui jouissent de la propriété de rougir une couleur végétale bleue, la teinture de tournesol. Les *bases* ramènent au bleu la teinture de tournesol rougie par les acides; comme elles sont presque toutes formées par la combinaison d'un métal avec l'*oxygène*, on les nomme aussi, à cause de cela, des *oxydes*. Ainsi, la chaux, la potasse, la soude, sont les *oxydes* des métaux appelés *calcium, potassium, sodium*.

(salpêtre). L'acide *sulfur ique* forme des *sulf ates* et l'acide *phosphor ique* des *phosph ates*.

6. L'hydrogène. — C'est, comme l'oxygène, un gaz incolore, sans saveur ni odeur, mais il est beaucoup plus léger : il pèse 14 fois 1/2 moins que l'air. Un litre d'hydrogène ne pèse que $0^{gr},09$, de sorte qu'il en faut 11 litres pour peser 1 gramme : c'est le plus léger de tous les corps. Il est encore moins soluble dans l'eau que l'oxygène; comme ce dernier, il est très répandu, mais en combinaison avec d'autres corps.

7. Pour le préparer on se sert de l'appareil figure 11, page 41, qui a servi à la décomposition de l'eau.

On peut aussi l'obtenir en décomposant l'eau au moyen de charbons portés au rouge, comme cela a été indiqué au chapitre de l'*eau* (page 41).

8. Il est très combustible et facile à enflammer, mais il n'entretient pas la combustion : c'est tout le contraire de l'oxygène, qui entretient la combustion, mais qui n'est pas combustible, c'est-à-dire qu'il ne brûle pas au contact d'une allumette enflammée. En mettant celle-ci au-dessous d'une éprouvette pleine d'hydrogène, ce gaz s'enflamme et brûle avec une flamme peu brillante, mais très chaude. Si l'on plonge une bougie allumée dans une éprouvette qui en est remplie, il s'enflammera à l'ouverture, mais la bougie s'éteindra.

Comme il est très léger, il faut, pour le conserver, tenir l'éprouvette renversée : autrement il s'échapperait dans l'air.

9. En brûlant au contact de l'air, il se combine avec l'oxygène pour former de l'eau. Si l'on allume un jet d'hydrogène sortant par le tube D de l'appareil figure 11 (que l'on remplace par un porte-plume creux, en métal ou en verre, ou par un tuyau de pipe) quelques minutes après que le dégagement a commencé, et que l'on place au-dessus de la flamme un corps froid, un verre à boire par exemple, on verra des gouttelettes d'eau produites par la combustion de ce gaz.

La même chose aurait lieu si l'on mettait une assiette

au-dessus de la lampe à alcool : la combustion de l'hydrogène contenu dans l'alcool produirait également des gouttes d'eau qui se déposeraient sur le fond de l'assiette.

10. Nota. — De même que l'oxygène, il peut, en se combinant avec certains corps simples, comme le chlore, le soufre, former aussi des *acides ;* on les désigne par la terminaison *hydrique.* Ainsi l'on dit : l'acide *chlor hydrique*, l'acide *sulf hydrique.*

Applications à l'agriculture et à l'hygiène.

Sommaire. — 11. L'oxygène joue un rôle important en agriculture. — 12. Il entre dans la composition d'un grand nombre de corps utiles aux plantes. — 13. Il en est de même de l'hydrogène. L'eau. — 14. Utilité de l'oxygène en hygiène, surtout pour la respiration. L'hydrogène.

11. Agriculture. — L'oxygène joue un rôle important en agriculture, car il est absolument nécessaire aux végétaux aussi bien qu'aux animaux : sans lui, les uns et les autres ne pourraient pas respirer et mourraient. Tout ce qui a été dit sur l'air en ce qui concerne la germination des graines et le développement des plantes, l'avantage des semis en lignes, l'utilité des labours profonds, des hersages et des binages, l'aération des bâtiments destinés aux animaux, etc., se rapporte surtout à l'oxygène : c'est lui qui produit presque tous les effets attribués à l'air.

12. En outre, il entre dans la composition d'un grand nombre de corps utiles à l'agriculture ; il forme les acides : carbonique, sulfurique, azotique, phosphorique, etc., avec lesquels on obtient les carbonates, les sulfates, les azotates ou nitrates et les phosphates, qui jouent un si grand rôle dans la nutrition[1] des plantes.

13. Il en est de même de l'hydrogène, qui forme un

---

1. *Nutrition* veut dire ici nourriture ; les matières *nutritives* sont celles qui servent à la nourriture des végétaux.

certain nombre de corps tels que l'ammoniaque et ses composés, qui sont également employés en agriculture.

Enfin ces deux gaz, par leur combinaison, produisent l'eau, qui est indispensable aux animaux et aux végétaux.

14. Hygiène. — En hygiène, l'oxygène contenu dans l'air est également très utile : c'est lui qui entretient la vie par la respiration et qui nous fait jouir d'une bonne santé. C'est sa privation ou son altération qui occasionne les asphyxies et certaines maladies. Il faut qu'il y ait de l'oxygène dissous dans l'eau pour que celle-ci soit potable.

L'oxygène pur produit, quand on le respire, une sensation de fraîcheur agréable ; mélangé avec l'air et respiré tous les jours, il améliore l'état des personnes anémiques.

Dans l'éclairage par les chandelles de résine ou de suif, les bougies ou les lampes et le gaz d'éclairage, la flamme est formée par la combustion de l'hydrogène carboné, c'est-à-dire uni à du carbone, qui la rend brillante. Combiné avec l'oxygène, l'hydrogène formé l'eau, dont nous ne pouvons nous passer.

(Se reporter au chapitre Ier pour les applications de l'air à l'agriculture et à l'hygiène, et au chapitre III pour celles de l'eau.)

EXERCICES DE RÉDACTION
PRÉPARATOIRES A L'EXAMEN DU CERTIFICAT D'ÉTUDES

I. — L'oxygène et l'hydrogène.

Exposez ce que vous savez sur ces deux gaz, leur préparation et leurs applications à l'agriculture et à l'hygiène.

IX. — L'AZOTE. L'AMMONIAQUE, L'ACIDE AZOTIQUE

—

Sommaire. — 1. Ce que c'est que l'azote. — 2. Comment on l'obtient. — 3. Ses propriétés. — 4. Son importance. — 5. L'ammoniaque (alcali volatil). Ce que c'est. — 6. Ses propriétés. — 7. L'acide azotique ou nitrique. Ce que c'est. — 8. Ses propriétés.

1. L'azote. — C'est, comme l'air (dont il forme les quatre cinquièmes), un gaz incolore, sans saveur ni odeur; il est un peu plus léger que l'air et très peu soluble dans l'eau. C'est aussi l'un des corps les plus répandus dans la nature.

2. On peut l'obtenir très facilement en reprenant l'expérience indiquée figure 1. On allume une bougie, que l'on fixe dans l'assiette au moyen de quelques gouttes de suif fondu; on verse dans l'assiette de l'eau dans laquelle on a fait dissoudre un peu de chaux éteinte, et on recouvre la bougie avec une carafe ordinaire, comme celle de la figure 9, au lieu d'un verre à boire. La bougie continue à brûler en prenant l'oxygène de l'air contenu dans la carafe, et, comme la flamme est formée par l'hydrogène carboné, cet oxygène se combine, d'un côté avec l'hydrogène pour former de la vapeur d'eau qui se dissout dans l'eau, et de l'autre avec le carbone que contient aussi la flamme pour former de l'acide carbonique, qui est absorbé par l'eau. Au bout de quelques instants la bougie pâlit et s'éteint; aussitôt l'eau, pressée par la pression atmosphérique, monte dans la carafe pour remplacer la vapeur d'eau et le gaz carbonique qui se sont dissous dans l'eau. Le volume de cette eau est évidemment égal à celui de l'oxygène disparu, c'est-à-dire, comme nous le savons, au cinquième de celui de la carafe : le reste, ou les quatre cinquièmes, est occupé par l'azote. C'est comme cela, ainsi que nous l'avons vu, qu'on a trouvé que l'air atmosphérique renferme un cinquième d'oxygène et quatre cinquièmes d'azote.

Pour avoir l'azote contenu dans cette carafe, on la soulève un peu et on ferme le goulot avec la paume de la main ; on la retire de l'assiette, on la retourne et on l'agite (en la maintenant fermée avec la main), afin que tout l'acide carbonique soit absorbé par l'eau de chaux. Ensuite, on renverse dans un seau d'eau une éprouvette plus petite que la carafe, et que l'on a emplie d'eau ; en plongeant dans le seau la carafe toujours fermée et en la couchant presque horizontalement de manière que le goulot soit au-dessous de l'ouverture de l'éprouvette, tout l'azote qu'elle contient passera dans cette éprouvette.

3. Il se distingue de l'hydrogène en ce qu'il n'est pas combustible (on ne peut pas l'enflammer), et de l'oxygène en ce qu'il n'entretient pas la combustion, puisqu'il a éteint la bougie dans la carafe. Son rôle dans l'air atmosphérique consiste à modérer l'action trop vive de l'oxygène.

Ce gaz n'est pas vénéneux [1], mais il n'entretient pas la respiration et suffoque les animaux : c'est pourquoi on l'appelle *azote*, mot qui veut dire *n'entretenant pas la vie*. Si l'on met une souris dans un flacon d'azote, elle meurt asphyxiée immédiatement, parce qu'elle manque d'oxygène. Il en est de même dans les autres gaz tels que l'hydrogène, l'acide carbonique, etc.

4. Il joue un grand rôle dans la nature et surtout en agriculture, comme on le verra tout à l'heure. D'abord, il constitue les quatre cinquièmes de l'atmosphère, et ensuite il entre, non seulement dans la composition de tous les tissus animaux et de certains tissus végétaux, mais dans la formation d'un grand nombre de corps utiles à l'agriculture, notamment l'*ammoniaque*.

5. L'ammoniaque (alcali volatil). — C'est un gaz composé d'azote et d'hydrogène, qui a une très grande importance ; elle est produite par la putréfaction des substances organiques azotées. On la trouve en assez grande quantité dans les urines, dans le fumier, dans le

---

1. *Vénéneux*, qui agit comme poison, c'est-à-dire qui empoisonne. L'oxyde de carbone est vénéneux.

purin, etc. Elle a la propriété de se combiner avec un assez grand nombre d'acides tels que l'acide carbonique et l'acide sulfurique, etc., pour former des sels ammoniacaux (carbonates et sulfates d'ammoniaque), qui entrent dans la composition des engrais.

6. Le gaz ammoniac est incolore, mais il a une odeur vive et très piquante qui fait pleurer quand on le respire. Il est plus léger que l'air et très soluble dans l'eau ; un litre d'eau peut dissoudre plus de 500 litres de ce gaz. Ce n'est jamais qu'en dissolution dans l'eau qu'on l'emploie : c'est cette dissolution qu'on appelle *ammoniaque*, ou *alcali volatil*[1] parce que, si on l'expose au contact de l'air, elle abandonne peu à peu tout le gaz qu'elle contient.

7. L'acide azotique ou nitrique. — C'est un liquide jaune, un peu plus lourd que l'eau, nommé aussi *eau-forte*, ou bien acide *nitrique*, parce qu'il existe dans le *nitre* ou *salpêtre* qu'on appelle encore *nitrate* ou *azotate de potasse*.

8. C'est un acide très énergique qui attaque presque tous les métaux, excepté l'or et le platine, et qui est dangereux à manier : c'est un poison violent. Il colore en jaune la peau et les matières organiques azotées telles que la laine et la soie, qu'il détruit ; c'est l'un des corps les plus employés dans l'industrie.

Applications à l'agriculture.

Sommaire. — 9. Utilité de l'azote. — 10. Nécessité d'en fournir au sol sous forme d'engrais. — 11. Ce que le cultivateur doit savoir. Propriété de l'azote. — 12. Importance de l'ammoniaque. Comment on empêche, par l'emploi du plâtre, le carbonate d'ammoniaque de se dégager. — 13. Pourquoi il ne faut pas employer la chaux. — 14. Utilité de l'ammoniaque pour guérir la *météorisation* ou gonflement du bœuf, de la vache et du mouton. — 15. Nécessité, surtout pour les enfants de la campagne, de posséder certaines notions scientifiques. — 16. A quoi sert l'acide azotique.

---

1. *Volatil* signifie qui se change en vapeur ou en gaz.

9. L'azote. — C'est l'un des éléments essentiels de la chair des animaux et des tissus végétaux : il est indispensable à tous les êtres vivants, aussi bien aux animaux qu'aux plantes, qui en contiennent une quantité plus ou moins grande. C'est dans les grains de blé et surtout dans les graines de certaines légumineuses, telles que les pois, les haricots et les fèves, qu'on en trouve le plus.

10. Tous les végétaux en ont besoin pour se nourrir ; comme c'est dans le sol qu'ils puisent l'azote qui leur est nécessaire, et que la terre en contient rarement assez, il en résulte que le cultivateur doit lui en donner, sous forme d'engrais, une certaine quantité qui remplacera celle que les récoltes ont enlevée.

11. Il est donc très utile pour l'agriculteur de savoir quelle est la quantité approximative d'azote (ainsi que de chaux, de potasse et d'acide phosphorique) que les plantes exigent, suivant leur espèce, pour donner des récoltes abondantes, et quels sont les engrais qui fourniront ces principes nutritifs. C'est ce qui sera indiqué plus loin dans l'étude des engrais.

Sous ce rapport, il a une telle importance que la puissance de la plupart des engrais dépend de la quantité d'azote qu'ils renferment : les plus riches et les plus estimés en contiennent jusqu'à 15 p. 100 de leur poids. Il constitue la partie principale d'un assez grand nombre d'engrais, sous forme d'ammoniaque, de sels ammoniacaux, et d'azotates ou nitrates, qu'on appelle, à cause de cela, des engrais *azotés*.

Les matières organiques *azotées* jouissent d'une propriété qu'il est également utile au cultivateur de connaître : c'est de se décomposer très rapidement en présence de l'eau et de la chaleur. Cette propriété est due surtout à l'azote ; l'oxygène de l'air exerce aussi une certaine influence, en s'emparant, d'une part de leur hydrogène pour former de l'eau, et de l'autre de leur carbone pour former de l'acide carbonique : il en résulte une véritable *combustion lente*, qui active la décomposition de ces substances.

12. L'ammoniaque. — Elle se produit en très grande quantité dans la nature et se trouve surtout dans le fumier, le purin et l'urine, que la putréfaction décompose en acide carbonique et en ammoniaque, lesquels se combinent pour former du carbonate d'ammoniaque, très volatil, d'une odeur forte et piquante, et qui se dégage dans les écuries, lorsqu'on enlève le fumier. Comme c'est l'un des sels ammoniacaux les plus riches en azote (il contient près du quart de son poids d'azote), on comprend combien il est important de le conserver en l'empêchant de se dégager. Le moyen le plus pratique, c'est de le mettre en contact avec du plâtre cru (sulfate de chaux), réduit en poudre. Comme le carbonate d'ammoniaque se décompose très facilement, ces deux sels (le sulfate de chaux et le carbonate d'ammoniaque) échangent leurs acides : l'acide carbonique se combine avec la chaux pour former du carbonate de chaux, et l'acide sulfurique se combine avec l'ammoniaque pour former du sulfate d'ammoniaque, qui n'est pas volatil et par conséquent ne se dégage pas. Il suffit d'employer, par hectolitre d'urine ou de purin, 50 grammes de plâtre en poudre fine et d'agiter le mélange vivement, à plusieurs reprises.

13. Pour le fumier, on n'a qu'à saupoudrer chaque couche avec du plâtre pulvérisé (le plâtre cru est préférable) et à recouvrir le tas d'une couche de terre mélangée avec quelques kilogrammes de plâtre cru en poudre; mais il faut bien se garder d'employer la chaux : il est facile, d'après ce qui vient d'être dit, de comprendre pourquoi. Le carbonate d'ammoniaque se décomposerait en présence de la chaux, qui lui prendrait son acide carbonique pour former du carbonate de chaux, et l'ammoniaque, étant libre, se dégagerait sous forme de gaz, de sorte qu'elle serait perdue.

14. La dissolution d'ammoniaque, ou alcali volatil, est encore très utile pour combattre ce qu'on appelle la *météorisation*, c'est-à-dire le gonflement qui survient quelquefois chez une vache, ou chez un bœuf qui a mangé des fourrages verts (trèfle ou luzerne). Ces plantes fermentent, surtout si elles étaient mouillées, et la fermentation produit une grande quantité d'acide carbonique qui fait gonfler l'animal et l'étoufferait promptement si l'on ne parvenait pas à l'en débarrasser. Pour cela, on lui fait boire une cuillerée à bouche d'alcali volatil mêlée à un litre d'eau, en ayant soin de ne pas le laisser se coucher. (Pour un mouton, une cuillerée à café dans un verre d'eau.) L'ammoniaque absorbe l'acide carbonique en s'y combinant et fait ainsi dégonfler l'animal).

On peut prévenir ce danger, ou du moins en diminuer la gravité, en mêlant au trèfle ou à la luzerne de la paille sèche, et en ayant soin de ne pas donner ces plantes lorsqu'elles sont humides.

15. Ces exemples vous montrent, jeunes enfants des campagnes, combien il est important que vous soyez instruits pour exercer avec profit la profession de cultivateur à laquelle vous êtes destinés, et quelle aide précieuse vous trouverez dans ces notions scientifiques, qui vous permettront de raisonner ce que vous ferez et de vous rendre compte des avantages que présente telle ou telle opération agricole. Travaillez donc bien pendant les quelques années que vous passez à l'école ; aimez ce petit livre qui a été fait exprès pour vous par un ami de l'agriculture et des cultivateurs ; lisez-le d'abord, étudiez-le ensuite, vous serez étonnés de la facilité et de la rapidité avec lesquelles vous prendrez goût à l'enseignement scientifique, surtout dans ses rapports avec l'agriculture ; ne craignez point, lorsque vous ne comprendrez pas quelque chose, de demander des explications à votre instituteur, qui se fera un plaisir de vous les donner.

16. L'acide azotique. — Il n'a pas d'applications directes en agriculture ; mais, par sa combinaison avec la soude et la potasse, il constitue les azotates ou nitrates de soude et de potasse, qui sont des engrais très utiles et très employés.

Applications à l'hygiène.

17. L'azote. — Il joue un grand rôle en hygiène en ce sens qu'il constitue l'élément principal dont notre corps a besoin pour son développement et son entretien. Il existe en assez grande quantité dans les aliments dits *azotés* tels que la viande, les légumes secs (pois, haricots, fèves, lentilles), les œufs, le lait, le fromage, le pain, etc.

18. En se combinant avec l'oxygène il forme un gaz appelé *protoxyde d'azote*, qui a la propriété de produire, quand on le respire bien pur, une insensibilité de quelques instants ; mais les dentistes et les chirurgiens qui s'en servent ne doivent l'employer qu'avec de grandes précautions, car il a occasionné quelquefois des accidents. Mélangé avec l'oxygène, il prolonge l'insensibilité pendant un temps très long, sans danger pour la vie.

19. L'ammoniaque. — Elle est très utile pour guérir la morsure des serpents venimeux (vipère, aspic), les piqûres des scorpions, des guêpes, des abeilles, des cousins et de certaines mouches ; on peut l'employer en cas de morsure d'un chien enragé en attendant qu'on puisse faire la cautérisation avec un fer rouge. On la fait respirer, sans toucher à la peau, aux personnes évanouies ou tombées en défaillance, pour les faire revenir à elles, mais en ayant soin de ne pas laisser le flacon sous le nez de ces personnes, car elle est impropre à la respiration et pourrait occasionner l'asphyxie. On la respire également quand on a un rhume de cerveau ; il est même bon, dans ce cas, d'en mêler quelques gouttes à de l'eau dans laquelle on a fait bouillir de la guimauve ou du tilleul, et dont on aspire la vapeur. On en peut faire boire huit à dix gouttes dans un verre d'eau pour combattre la morsure des serpents venimeux. Si un lieu est vicié par la présence d'une grande quantité d'acide carbonique qui en rende l'accès dangereux, on y jette de l'ammoniaque, qui absorbe le gaz nuisible et fait disparaître le danger.

Enfin elle est employée par les ménagères pour dégraisser les étoffes (après avoir été étendue d'eau), parce qu'elle a la propriété de former avec les matières grasses des composés qui sont solubles dans l'eau et que celle-ci entraîne par le lavage ; mais il ne faut pas s'en servir pour les étoffes qui ont des teintes délicates parce qu'elle pourrait en changer la nuance. Une goutte d'alcali enlève également les taches d'acides.

Dans toutes les maisons, et surtout dans celles des cultivateurs à cause de la météorisation, il devrait y avoir un flacon d'ammoniaque, fermé avec un bouchon de verre.

20. L'acide azotique. — Il est employé en médecine pour cautériser[1] les plaies de mauvaise nature et pour détruire les verrues, ainsi que certaines tumeurs.

On s'en sert aussi dans le ménage, sous le nom d'*eau de cuivre*, qui est de l'acide azotique étendu d'eau, pour nettoyer et rendre brillants les objets en cuivre qui se sont ternis à l'air. Ceux-ci conservent leur éclat si on a la précaution de les frotter ensuite avec un chiffon recouvert d'une espèce de craie très tendre qu'on appelle *blanc de Meudon* ou *blanc d'Espagne*.

EXERCICES DE RÉDACTION

PRÉPARATOIRES A L'EXAMEN DU CERTIFICAT D'ÉTUDES

I. — L'azote.

Dites ce que c'est que l'azote, comment on l'obtient, quelles sont ses propriétés et le rôle qu'il joue en agriculture ainsi qu'en hygiène.

---

1. *Cautériser* veut dire *brûler* ; l'acide azotique brûle les plaies comme un fer rouge.

II. — La météorisation.

Vous habitez une commune où il n'y a pas de pharmacien. Vous écrivez à l'un de vos camarades, qui réside au chef-lieu de canton et qui doit venir vous voir le dimanche suivant, de vous apporter un flacon d'ammoniaque ou alcali volatil, parce que votre père a employé, la veille, ce qui lui en restait, pour soigner votre vache, atteinte de météorisation. Pour que votre camarade n'oublie pas d'apporter ce que vous lui demandez, vous l'entretenez longuement de l'ammoniaque, de ses propriétés, de son utilité en hygiène et en agriculture; vous lui racontez ce qui s'est passé pour votre vache, vous lui expliquez ce qui l'a rendue malade et comment l'ammoniaque l'a guérie.

III. — L'acide azotique ou nitrique.

Ce que c'est; ses propriétés. Ses applications à l'agriculture et à l'hygiène.

X. — LE CARBONE (*charbon*). LA HOUILLE; GAZ D'ÉCLAIRAGE. L'ACIDE CARBONIQUE.

Sommaire. — 1. Ce que c'est que le carbone, ou charbon. Son importance. — 2. Différentes sortes de carbone : diamant, charbon de bois, houille. — 3. Le charbon de bois. Comment on l'obtient par la *carbonisation*. — 4. La houille. Ses usages. Expérience. — 5. Gaz d'éclairage. Sa fabrication. — 6. Produits de la distillation de la houille. Coke. — 7. L'acide carbonique. Ce que c'est. — 8. Comment on l'obtient : craie dans le vinaigre; autre procédé.

1. Le carbone. — Il est plus connu sous le nom de *charbon;* c'est l'un des corps les plus importants et les plus répandus dans les trois règnes de la nature. Il est combustible, et en brûlant il produit toujours de l'acide carbonique, sauf quand l'oxygène est en quantité insuffisante : il forme alors de l'oxyde de carbone.

2. Il y a plusieurs sortes de carbone. Le plus rare et

le plus cher est le *diamant*, qui est du carbone pur cristallisé ; c'est le plus dur de tous les corps : c'est pourquoi on s'en sert pour couper le verre.

Parmi les autres sortes, les plus importantes sont le *charbon de bois*, et le *charbon de terre* qu'on appelle aussi la *houille*, et qui forment, avec le bois, les principaux combustibles.

3. Le charbon de bois. — Voici comment les

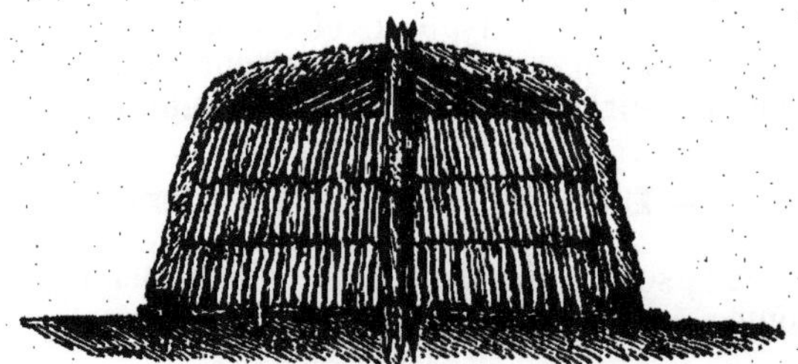

Fig. 21. — Vue intérieure d'une meule.

charbonniers le fabriquent dans les forêts. Sur un terrain uni et battu, ils construisent, avec des pieux

Fig. 22. — Fabrication du charbon de bois dans les meules recouvertes de terre gazonnée. — Vue extérieure d'une meule.

plantés verticalement, une espèce de cheminée autour de laquelle ils disposent les morceaux de bois par étages superposés, comme le montre la figure 21. On recouvre le tout d'une couche de terre et de mottes de gazon, en laissant libres le haut de la cheminée et quelques ouvertures qu'on a ménagées en bas pour le passage de l'air. On met le feu à la meule en jetant dans la cheminée du charbon embrasé et du menu bois. Comme l'air n'arrive que difficilement, la combustion se fait lentement et incomplètement, le bois ne brûle qu'à demi : c'est ce qu'on appelle la *carbonisation*. Quand le charbon est fait, on éteint le feu en bouchant les ouvertures et on laisse refroidir le tout.

4. La houille. — La *houille*, ou *charbon de terre*, est formée par la combustion lente d'une grande quantité de végétaux (surtout des fougères gigantesques, hautes comme des arbres), qui ont été, il y a très longtemps, enfouis sous terre à de grandes profondeurs et recouverts pendant des siècles par des couches de sable, de vase, d'argile, de pierres, etc. Pour l'extraire, on est obligé de creuser dans la terre des galeries profondes, dont l'ensemble forme ce qu'on appelle une *mine*. En France, les principales mines se trouvent dans les départements du Nord, de Saône-et-Loire, de la Loire, du Gard et de l'Aveyron. Le métier de mineur est pénible et très dangereux à cause des terribles explosions de *grisou*[1] qui tuent ou blessent les ouvriers et bouleversent les travaux.

La houille est le combustible le plus employé dans l'industrie, pour les machines à vapeur, par exemple; elle sert aussi pour le chauffage, parce qu'elle est moins coûteuse que le bois. Enfin on en extrait, par la distillation[2], le gaz d'éclairage ; une expérience très facile à faire donnera une idée de ce qui se passe dans cette opération.

---

1. *Grisou.* C'est un gaz formé d'hydrogène et de carbone, analogue au gaz des marais. En présence de l'air, il s'enflamme au contact d'une allumette en produisant de formidables explosions; c'est pour les éviter que les mineurs se servent d'une lampe spéciale, appelée *lampe de sûreté :* elle est renfermée dans une toile métallique, qui a la propriété de ne pas laisser passer la flamme à travers ses mailles.

2. *Distillation* veut dire ici chauffage de la houille en vase clos.

On emplit à moitié, avec de petits morceaux de *houille*, une pipe en terre (à long tuyau), que l'on bouche avec de l'argile et que l'on place sur un réchaud allumé. Au bout de quelques instants, on voit de la fumée sortir du tuyau; si l'on en approche une allumette, elle s'enflamme et brûle tant que le gaz se dégage.

5. Gaz d'éclairage. — C'est un ingénieur français, Philippe Lebon, qui, à la fin du dix-huitième siècle, eut le premier l'idée d'employer à l'éclairage le gaz provenant de la distillation du bois et de la houille, mais on ne voulut pas le croire et, comme la plupart des inventeurs, il mourut avant d'avoir pu appliquer sa découverte, qui fut utilisée par les Anglais. Ce n'est que vers 1820 que l'éclairage au gaz fut introduit en France.

C'est dans des établissements spéciaux appelés *usines à gaz* que l'on fabrique le gaz d'éclairage. Pour cela on met la houille dans des vases en terre *réfractaire*[1], appelés *cornues*, placés dans un fourneau. La chaleur fait dégager le gaz qu'il y a dans la houille; celui-ci se rend, par un tube adapté à chaque cornue, dans un gros cylindre horizontal appelé *barillet*, à moitié rempli d'eau (dont la coupe est représentée dans la figure ci-contre par un cercle situé au-dessus des cornues), et dans lequel se condense une partie du goudron et des produits ammoniacaux qu'il contient. Il achève de se refroidir et de se débarrasser des matières qu'il renferme encore en parcourant une série de tubes verticaux, puis un grand cylindre rempli de coke; ensuite il passe dans une série de caisses horizontales contenant de la chaux, qui l'épure. De là, il se rend sous une grande cloche cylindrique appelée *gazomètre* (enfoncée dans un réservoir d'eau), qu'il soulève à mesure qu'il arrive par le tuyau de gauche, celui de droite étant fermé. Lorsque la cloche est pleine, on ferme ce tuyau, qui est muni d'un robinet, et, le soir, on ouvre le tuyau de droite par lequel le gaz s'en va partout où il doit servir.

---

1. *Réfractaire* signifie qui résiste au feu, qui ne fond pas.

Fig. 23. — Préparation du gaz d'éclairage.

Comme il est très léger, on l'emploie aussi pour gonfler les ballons.

(Voy., page 97, ce qui a été dit sur l'éclairage au gaz.)

6. Les résidus de la préparation du gaz fournissent des produits très importants pour l'agriculture, l'hygiène et l'industrie, entre autres des sels ammoniacaux qui sont, ainsi que la chaux d'épuration, employés comme engrais, et des *goudrons* qui, par la distillation, produisent le *phénol*, puissant désinfectant; la *benzine*, utilisée pour le nettoyage des étoffes, et avec laquelle on prépare de magnifiques couleurs employées dans la teinturerie, mais qui ont l'inconvénient d'être des poisons violents, etc. Le *goudron* est encore employé pour guérir certaines affections des bronches et des poumons, pour former un enduit préservateur du bois et des métaux, etc.

Coke. — La houille que l'on a placée dans les cornues prend le nom de *coke*, lorsque le gaz qu'elle contenait lui a été enlevé par la distillation : c'est une espèce de charbon poreux[1] qui brûle sans flamme, mais qui produit beaucoup de chaleur; c'est du carbone presque pur.

7. L'acide carbonique. — C'est un gaz incolore, d'une saveur légèrement aigrelette et d'une odeur un peu piquante ; il est soluble dans l'eau, qui en dissout à peu près son volume à la température ordinaire, c'est-à-dire qu'un litre d'eau absorbe un litre d'acide carbonique. Il est produit par la combinaison de l'oxygène et du carbone ; il est plus lourd que l'air.

8. C'est l'un des acides les plus faibles ; c'est pourquoi il est chassé des combinaisons dans lesquelles il se trouve par la plupart des acides, même par le vinaigre : aussi est-il très facile à obtenir. Il suffit de mettre de la craie dans un verre contenant du vinaigre : il se produit une espèce de bouillonnement, et de petites bulles de gaz se forment sur le morceau de craie, grossissent, puis montent à la surface du vinaigre.

---

1. *Poreux* signifie qui est percé de *pores*, c'est-à-dire de trous.

On fabrique aussi de l'acide carbonique en mettant dans un bocal un morceau de bois allumé, qui s'éteint presque aussitôt. Voici ce qui s'est passé. L'oxygène de l'air contenu dans le bocal s'est combiné avec le carbone du bois pour former de l'acide carbonique, qui a éteint le morceau de bois parce qu'il n'entretient pas la combustion : cette expérience le prouve. (Voy. à la fin de ce chapitre, n° 18, un autre moyen de recueillir de l'acide carbonique.)

Bien des causes contribuent à la formation de ce gaz ; les principales, celles qu'il est le plus utile de connaître, sont : la respiration de l'homme et des animaux, la combustion, la fermentation du raisin, la putréfaction du fumier et toutes les décompositions organiques.

Applications à l'agriculture.

Sommaire. — 9. Importance du carbone dans la nature. Simplicité dans la composition des végétaux et des animaux. — 10. Rôle du carbone en agriculture. — 11. Utilité de l'acide carbonique dans le sol. Importance des carbonates.

9. Le carbone a une grande importance dans la nature, car c'est l'un des corps les plus répandus ; il existe, non seulement sous forme de minéral comme dans la houille, mais dans les matières qui proviennent des végétaux et des animaux.

Dans toutes les parties des plantes : tige, feuilles, fleurs, etc., il y a du charbon, uni à de l'oxygène et à de l'hydrogène. Et ce sont ces trois corps (dont un est solide, le carbone, et les deux autres gazeux), qui, combinés, constituent presque toute la substance des végétaux, et même une partie de celle des animaux, en particulier la graisse. Dans la chair, le carbone est uni à un autre corps simple, l'azote. De sorte qu'on peut dire que notre corps est formé presque en entier, comme celui des animaux, par quatre corps simples ; nous avons vu que l'eau (qui n'est autre chose que la combinaison de l'oxygène et de l'hydrogène) en forme les deux tiers : le reste est composé surtout de charbon et d'azote.

10. C'est le carbone contenu dans l'acide carbonique de l'air que les feuilles absorbent pour nourrir les plantes ; comme cela a déjà été dit, les parties vertes des végétaux, sous l'influence de la lumière du soleil, décomposent l'acide carbonique dont elles fixent le carbone comme un de leurs principaux aliments : la preuve, c'est que plus tard, si on les fait brûler, on le retrouve dans le charbon qu'elles fournissent, et la plus grande partie de ce charbon provient de l'acide carbonique contenu dans l'air.

11. La présence de l'acide carbonique dans l'atmosphère est absolument nécessaire aux plantes pour qu'elles puissent vivre : toutes mourraient dans un air qui n'en contiendrait pas.

Par sa présence dans le sol, il joue un rôle important en agriculture, parce qu'il a la propriété de dissoudre plusieurs substances nécessaires aux végétaux. Ainsi le carbonate de chaux, par exemple, qui est insoluble dans l'eau, se dissout très bien dans une eau chargée d'acide carbonique. C'est pour cela aussi qu'il est très utile de labourer profondément le sol afin d'y emmagasiner beaucoup d'acide carbonique.

Il en est de même du phosphate de chaux, qui est si précieux en agriculture : il n'est pas soluble dans l'eau ordinaire, tandis que l'eau chargée d'acide carbonique le dissout peu à peu.

Enfin ce corps entre dans la composition d'un grand nombre de carbonates naturels, principalement du carbonate de chaux, l'une des roches les plus répandues dans la croûte terrestre (dont il forme peut-être la moitié), et qui sert à la nourriture des plantes.

Applications à l'hygiène.

12. Le charbon de bois, qui est percé d'une grande quantité de petits trous, a la propriété d'absorber les gaz, qui remplissent ces trous, et de s'assimiler certaines substances : c'est ce qui fait qu'il est très employé pour empêcher la putréfaction des matières animales, pour fabriquer des filtres, pour raffiner le sucre, et, dans les fabriques d'engrais, pour enlever aux excréments humains leur mauvaise odeur.

Le noir animal et la braise de boulanger ont la même propriété désinfectante.

Lorsque l'eau a une mauvaise odeur, on fait disparaître celle-ci en mettant dans cette eau quelques charbons rouges : ils absorbent les gaz qui lui donnaient cette odeur. En temps d'orage, les substances alimentaires se gâtent vite ; on évite cet inconvénient en les entourant de charbon en poudre.

Le charbon de bois est très employé comme combustible, dans la cuisine, pour la cuisson des aliments, la préparation de certaines boissons chaudes, des cataplasmes, etc.

Le charbon en poudre sert aussi pour nettoyer les dents ; c'est la meilleure poudre dentifrice.

13. Mais le charbon a un inconvénient, lorsqu'on le brûle dans un réchaud ou dans une pièce mal ventilée : c'est que sa combustion produit de l'acide carbonique et de l'oxyde de carbone, gaz qui, comme nous l'avons vu, peuvent occasionner la mort lorsqu'on les respire en trop grande quantité.

14. L'acide carbonique, quoique très nuisible quand on le respire, est cependant favorable à la santé quand il est dissous dans l'eau, ou dans certaines boissons (telles que le cidre, la bière, le vin de Champagne), etc., dans lesquelles il a été produit par la fermentation qui a transformé une partie du sucre en acide carbonique. Par sa présence en quantité convenable dans l'estomac, il favorise la digestion : c'est pourquoi on en consomme tant dans ce qu'on appelle l'*eau de Seltz*.

On peut fabriquer soi-même, et d'une façon très simple, de l'eau de Seltz, en mettant dans une bouteille pleine d'eau deux poudres (qu'on trouve chez les pharmaciens), formées, l'une de bicarbonate de soude, et l'autre d'acide tartrique qui, en présence de l'eau, décompose le bicarbonate de soude dont il fait dégager l'acide carbonique, qui se dissout dans l'eau ; mais il faut avoir soin de fermer promptement la bouteille avec un bouchon que l'on fixe au goulot à l'aide d'une ficelle. Si l'on enlève la ficelle, le bouchon saute en produisant une détonation ; l'acide carbonique qui s'était comprimé lui-même s'échappe vivement en faisant mousser l'eau, qui est obligée de sortir de la bouteille.

15. Nous avons vu que l'eau a la propriété de dissoudre l'acide carbonique, et qu'alors elle peut dissoudre le carbonate de chaux ; il en résulte que la pluie, prenant à l'air une partie de son acide carbonique, acquiert ainsi la propriété de dissoudre un peu du carbonate de chaux qu'elle rencontre en traversant le sol pour se rendre dans les sources ; c'est pour cela que la plupart des eaux que nous buvons renferment un peu de calcaire, qui nous est indispensable pour la formation de nos os, à la condition qu'il n'y en ait pas une trop forte proportion, autrement ces eaux ne seraient pas potables.

16. L'acide carbonique n'est pas vénéneux comme l'oxyde de carbone, mais il asphyxie quand on le respire.

Ce gaz étant plus lourd que l'air occupe, avons-nous dit, la partie inférieure de l'atmosphère. C'est pourquoi il faut, quand on pénètre dans une cave ou dans un cellier contenant des raisins en fermentation, à l'époque des vendanges, avoir soin de tenir à la main, même dans le jour, une bougie allumée, car, s'il y a de l'acide carbonique, la bougie, en s'éteignant, fera connaître la présence de ce gaz, attendu que, comme nous le savons, il n'entretient pas la combustion.

17. Mais il se peut que, par ignorance ou par négligence, un homme ne prenne pas cette précaution et tombe asphyxié, soit dans un cellier, soit dans une cuve ; il est arrivé que d'autres personnes sont descendues dans cette cuve pour l'en retirer et y sont restées, victimes de leur dévouement. (Des accidents analogues se produisent quand on veut sauver quelqu'un qui est tombé dans les lieux d'aisances.) Ce n'est pas ainsi qu'on doit s'y prendre. Il faut établir une aération puissante en ouvrant toutes les portes et les fenêtres, et si elle n'est pas assez forte, faire disparaître l'acide carbonique soit à l'aide d'un lait de chaux que l'on peut mélanger avec du carbonate de soude, soit en arrosant le cellier avec une dissolution d'ammoniaque. S'il y a plusieurs personnes, l'une d'elles peut, en même temps, essayer de descendre dans la cuve, ou dans la fosse, mais en ayant soin de retenir sa respiration, et après s'être fait attacher à une corde afin de remonter promptement.

Lorsque la personne asphyxiée a été retirée, on lui donne les soins indiqués page 25. Si le visage est rouge violacé, les yeux saillants, on applique une demi-douzaine de sangsues derrière chaque oreille. Comme pour les autres cas d'asphyxie, il ne faut ni se lasser, ni se décourager : on a vu des exemples d'asphyxiés par l'acide carbonique qui étaient restés longtemps plongés dans ce gaz et qui n'ont été rappelés à la vie qu'après plus de six heures de soins donnés sans interruption.

18. Il est facile de prouver que par la respiration nous produisons de l'acide carbonique. Pour cela on met de l'eau de chaux dans un verre et on souffle dedans avec un tube ou une paille (*fig.* 24) ; le liquide se trouble et blanchit, parce que l'acide carbonique qu'on y a introduit

Fig. 21. — L'homme produit de l'acide carbonique en respirant.

s'est combiné avec la chaux pour former du carbonate de chaux. On peut même recueillir ce gaz; dans un vase plein d'eau on plonge un bocal (ou un verre cylindrique) que l'on renverse après l'avoir empli, puis on souffle dessous avec un tube ou un tuyau de pipe : l'acide carbonique monte en grosses bulles au haut du bocal et ne tarde pas à le remplir. Alors on le ferme sous l'eau avec la main et on le retire : si l'on y plonge une bougie attachée à un fil de fer, elle s'éteint; un moineau mis dans ce bocal y périrait promptement.

EXERCICES DE RÉDACTION

PRÉPARATOIRES A L'EXAMEN DU CERTIFICAT D'ÉTUDES

I. — Une promenade scolaire.

Votre instituteur vous a conduits, la semaine dernière, dans la forêt voisine, pour vous montrer comment on fabrique le charbon de bois. Vous avez vu les charbonniers choisir l'emplacement, disposer régulièrement les morceaux de bois coupés à l'avance, prendre certaines précautions, etc.

Dans une lettre à l'un de vos camarades, qui n'a pu assister à cette promenade parce qu'il était malade, vous racontez tout ce que vous avez vu; ensuite, vous exposez la leçon que votre maître a faite sur le carbone, les principales sortes de carbone et leurs usages.

II. — Histoire d'un morceau de houille.

Racontez l'histoire d'un morceau de houille ou charbon

de terre; vous direz où on le trouve, comment on l'extrait, les principaux services qu'il nous rend, etc.

III. — Une visite à une usine à gaz.

Dans une lettre à votre cousin, qui habite la campagne, vous racontez une visite (que vous avez faite avec vos camarades, sous la conduite de votre instituteur) d'une usine à gaz; vous lui décrivez simplement et clairement les appareils que vous avez vus en indiquant à quoi ils servent; vous expliquez la distillation de la houille et vous terminez votre lettre en faisant connaître les avantages et les inconvénients de l'éclairage au gaz.

IV. — Utilité du charbon de bois.

Exposez l'utilité du carbone dans la nature, en expliquant comment les feuilles l'empruntent à l'acide carbonique de l'air; vous direz ensuite à quoi sert le charbon de bois et comment on utilise sa propriété désinfectante.

V. — Importance de l'acide carbonique.

Dites ce que c'est que l'acide carbonique, ses propriétés, son rôle dans le sol au point de vue agricole et au point de vue hygiénique. Vous indiquerez comment vous feriez pour fabriquer vous-même de l'eau de Seltz, en expliquant ce qui se passe.

VI. — Asphyxie par l'acide carbonique.

Au mois d'octobre dernier, un vendangeur est descendu dans une cuve à moitié pleine pour fouler le raisin; il est tombé asphyxié. Un autre voulut le retirer et eut le même sort.

Vous supposerez que vous avez été témoin de cet accident, que vous raconterez dans une lettre à l'un de vos camarades. Vous direz les conseils que vous avez donnés, ce que l'on a fait et les soins que l'on a prodigués aux deux malheureux asphyxiés pour les rappeler à la vie; vous terminerez en indiquant les précautions que chacun d'eux aurait dû prendre.

XI. — LE SOUFRE. L'ACIDE SULFU-RIQUE. — LE PHOSPHORE. L'ACIDE PHOSPHORIQUE.

—

Sommaire. — 1. Ce que c'est que le soufre. Ses propriétés; celles de l'acide sulfureux. — 2. Ses usages. — 3. L'acide sulfurique; ses propriétés. — 4. Son importance. — 5. Ce que c'est que le phosphore. A quoi il sert. — 6. Explication des *feux follets*. — 7. Ce que c'est que l'acide phosphorique.

1. Le soufre. — C'est un corps solide, de couleur jaune, sans saveur ni odeur. Il est très combustible; en brûlant dans l'air il se combine avec l'oxygène pour former un gaz, l'*acide sulfureux*, dont l'odeur est piquante, et qui a la propriété d'éteindre les corps en combustion et d'enlever leur couleur aux substances avec lesquelles il est en contact. C'est une expérience très facile à faire. On mouille une violette ou une rose et on les place au-dessus de quelques allumettes qui commencent à prendre, ou mieux au-dessus d'un peu de fleur de soufre enflammée : on voit les pétales blanchir.

2. Il est employé pour la fabrication de la poudre, de l'acide sulfureux, de l'acide sulfurique, et des allumettes dont on plonge le bout dans du soufre fondu.

3. L'acide sulfurique. — Ce liquide, qu'on appelle vulgairement *vitriol*, est formé par la combinaison du soufre et de l'oxygène. Il est incolore et inodore[1], d'aspect huileux (on l'appelle encore, à cause de cela, *huile de vitriol*), et très dangereux à manier parce qu'il brûle.

4. C'est l'un des corps les plus employés dans l'industrie, pour la préparation des principaux acides, des sulfates de soude, de fer, de cuivre, etc.

5. Le phosphore. — C'est un corps solide, incolore, qui a la propriété d'être lumineux dans l'obscurité.

---

1. *Incolore* signifie qui n'a pas de couleur, comme l'eau; *inodore*, qui n'a pas d'odeur.

Il est extrêmement dangereux à manier, parce qu'il s'enflamme avec une grande facilité et que ses brûlures sont très graves; pour les guérir on les lave avec de l'eau dans laquelle on a délayé de la magnésie, ou versé quelques gouttes d'ammoniaque. Il est employé dans la fabrication des allumettes; lorsqu'elles ont été soufrées, on plonge le bout dans une pâte inflammable composée de phosphore, de sable fin et de colle-forte. C'est un poison excessivement violent, qui fait mourir quand on en absorbe, même en petite quantité.

6. Feux follets. — L'urine, les os et le cerveau renferment du phosphore; la décomposition de ces matières organiques phosphorées, principalement de la substance du cerveau, produit de l'hydrogène phosphoré, gaz qui a la propriété de s'enflammer spontanément au contact de l'air: c'est lui qui forme les *feux follets* qu'on voit quelquefois, le soir, dans les cimetières, et qui sortent des fentes de la terre: il est évident que, si l'une de ces fentes va jusqu'à la rivière et qu'un nigaud la suive, il tombera le nez dans l'eau sans que ce soit la faute du feu follet.

7. L'acide phosphorique. — Il est composé de phosphore et d'oxygène. C'est une espèce de poudre blanche, inodore, qui se produit quand le phosphore brûle dans l'air.

Il a peu d'usages, mais il entre dans la composition de certains corps appelés *phosphates*, qui jouent un grand rôle en agriculture.

Applications à l'agriculture.

SOMMAIRE. — 8, Emploi du soufre pour guérir l'*oïdium* de la vigne, du sulfure de carbone pour combattre le *phylloxera*. — 9. Utilité des sulfates: de fer, pour détruire la cuscute et la mousse; de cuivre, pour préserver le blé de la carie et combattre le mildiou. — 10. Importance des phosphates.

8. Le soufre. — Le soufre en poudre est très employé

pour combattre une maladie de la vigne causée par une espèce de champignon appelé *oïdium;* ce remède est surtout préventif[1].

Il faut donner trois soufrages : le premier lorsque les bourgeons commencent à se développer ; le deuxième une huitaine de jours avant la floraison, et le troisième lorsque les grains sont un peu gros.

Combiné avec le carbone, le soufre forme un liquide appelé *sulfure de carbone,* qu'on emploie pour faire périr le phylloxera.

9. Les sulfates. — L'acide sulfurique entre dans la composition des sulfates de chaux (voy. page 139), de fer, de cuivre, etc., qui ont une certaine importance en agriculture.

Le *sulfate de fer,* qu'on nomme encore *couperose verte,* est surtout utilisé pour la destruction de la *cuscute,* plante parasite[2] qui vit sur la luzerne et sur le trèfle. On arrose avec une dissolution qui en contient 1 kilogramme par hectolitre d'eau ; ordinairement un arrosage suffit pour faire périr cette plante. On l'emploie aussi en poudre, à la dose de 200 kilogrammes à l'hectare, au printemps, pour détruire les mousses qui infestent[3] les prairies naturelles. Le *sulfate de cuivre,* ou *couperose bleue,* sert à préserver le blé de la *carie* et du *charbon*[4] par l'opération du sulfatage, et à combattre le *mildew* ou *mildiou,* espèce de champignon qui s'attaque surtout aux feuilles de la vigne et les fait tomber, ainsi que les raisins : comme le soufrage, ce traitement est également préventif et se fait à peu près aux mêmes époques.

---

1. *Préventif* veut dire, dans ce cas, qui est appliqué avant l'apparition de la maladie, dans le but de la *prévenir*, de l'empêcher de se déclarer.

2. *Parasite* signifie qui vit sur un autre être et à ses dépens : le pou est un animal parasite qui vit aux dépens des enfants malpropres.

3. *Infester* veut dire ici qui nuit aux prairies, les rend stériles.

4. *Carie,* maladie dans laquelle les grains de blé sont transformés en poussière par une espèce de champignon. Le *charbon* est une maladie analogue, ainsi appelée parce que l'épi est couvert d'une poussière noirâtre.

Pour sulfater un hectolitre de blé, on l'arrose avec une dissolution de 250 grammes de sulfate de cuivre dans cinq litres d'eau chaude et on le remue avec une pelle de bois ; on peut le saupoudrer ensuite avec 2 kilogrammes de chaux éteinte.

10. Les phosphates. — Les phosphates de chaux ont une grande importance en agriculture, parce qu'ils fournissent aux plantes l'un des principes fertilisants qui manquent le plus dans les terres : l'acide phosphorique. Beaucoup de plantes, les céréales surtout, ne pourraient croître dans un terrain qui ne contiendrait pas ces sels en quantité suffisante.

Applications à l'hygiène.

Sommaire. — 11. Utilité du soufre pour guérir la gale. — 12. Emploi de l'acide sulfureux pour détruire les punaises, désinfecter les vêtements des malades, enlever les taches et éteindre les feux de cheminée. — 13. Asphyxie causée par l'acide sulfhydrique des fosses d'aisances : ce qu'il faut faire. Précautions à prendre. — 14. Empoisonnement par les acides : sulfurique, azotique, phosphorique ; premiers soins à donner ; contre-poisons. — 15. Usages du sulfate de fer. — 16. Utilité du phosphate de chaux.

11. Le soufre. — Il est très utile en hygiène pour guérir une maladie désagréable, la *gale*, qui cause des démangeaisons insupportables, et qui est occasionnée par un tout petit animal à huit pattes appelé *sarcopte* de la gale : on se frotte avec une pommade soufrée, qui débarrasse de ces parasites en les faisant périr.

12. Il sert en outre, sous forme d'acide sulfureux, pour détruire les punaises, désinfecter les vêtements et les objets de literie des malades, surtout dans les maladies contagieuses. Pour enlever les taches de vin ou de fruits sur une serviette, une nappe, etc., il suffit de faire brûler du soufre à l'entrée d'un petit cône en papier, en plaçant au-dessus de l'extrémité de ce cône la partie tachée, préalablement imbibée d'eau, parce que ce gaz, étant très soluble dans l'eau, il s'en déposera une plus grande quantité sur la tache ; on lave ensuite à grande eau.

Enfin, on utilise la propriété que possède l'acide sulfureux de ne pas entretenir la combustion, pour éteindre un feu de cheminée ; on n'a qu'à faire brûler du soufre en poudre dans le foyer, que l'on a fermé hermétiquement avec un drap mouillé. Voici ce qui se passe. L'acide sulfureux se formant par la combustion du soufre, cette combustion prend l'oxygène de l'air, de sorte qu'il ne reste que l'azote, gaz non comburant ; et comme l'air de la cheminée, qui ne se renouvelle pas, est privé de son oxygène, le feu ne tarde pas à s'éteindre.

13. Mais l'un des composés du soufre, l'*acide sulfhydrique* (formé par la combinaison du soufre et de l'hydrogène) a un inconvénient : c'est un gaz asphyxiant. Il se dégage des fosses d'aisances et fait quelquefois périr les ouvriers qui descendent dans ces fosses ; pour les rappeler à la vie, on leur fait respirer, par intervalles, le chlore qui se dégage du chlorure de chaux, que l'on a arrosé avec du vinaigre, en ayant soin d'aller doucement, car le chlore est lui-même dangereux à respirer : il décompose l'acide sulfhydrique. On donne ensuite les mêmes soins que pour les autres asphyxies (voy. pages 25 et 54). Il est prudent, pour éviter ces accidents, de faire disparaître ce gaz avant de descendre dans la fosse, en y jetant du chlorure de chaux.

14. L'acide sulfurique, de même que l'acide azotique, est un poison très violent. Lorsqu'une personne a avalé un de ces acides, on commence, comme dans tous les cas d'empoisonnement, par la faire vomir en lui faisant boire de l'eau tiède et en lui chatouillant la gorge avec les barbes d'une plume de volaille ; puis on délaye un blanc d'œuf dans un verre d'eau qu'on lui fait prendre. Ensuite, quand on est sûr que l'empoisonnement est causé par l'un ou l'autre de ces deux acides, on racle du savon que l'on fait dissoudre dans une certaine quantité d'eau ; on en fait boire au malade, et on lui en donne des lavements. Pour l'empoisonnement par l'acide phosphorique (qui est causé quelquefois par les allumettes), on fait vomir en donnant à boire de l'eau sucrée, dans laquelle on a mis une cuillerée à café de *térébenthine*, ou, à défaut, six ou sept blancs d'œufs battus. Ces premiers soins sont donnés en attendant l'arrivée du médecin.

15. Le sulfate de fer. — Il sert, avec la *noix de galle*[1], à fabriquer l'encre, et est employé comme désinfectant pour enlever la mauvaise odeur des excréments humains qui, ensuite, peuvent être utilisés comme engrais.

16. Le phosphate de chaux. — Il sert à former, avec le carbonate de chaux, la matière dure et résistante des os de notre corps.

EXERCICES DE RÉDACTION
PRÉPARATOIRES A L'EXAMEN DU CERTIFICAT D'ÉTUDES

I. — Asphyxie par les fosses d'aisances.

Vous supposerez que lorsqu'on a vidé la fosse des lieux d'aisances de l'école, il s'est produit un accident (ce qui est arrivé plusieurs fois), et qu'un ouvrier, étant descendu sans avoir pris de précautions, est tombé asphyxié.

Vous raconterez cet accident dans une lettre à l'un de vos camarades, en disant comment on a fait pour retirer cet ouvrier et les soins particuliers qu'on lui a donnés pour le rappeler à la vie ; vous indiquerez ce qu'il aurait fallu jeter dans la fosse (avant d'y descendre) pour faire disparaître l'acide sulfhydrique. Vous ajouterez ce que votre instituteur vous a expliqué sur le soufre et ses composés : l'acide sulfureux, l'acide sulfurique et les sulfates, au point de vue de leurs applications à l'agriculture et à l'hygiène.

II. — Les feux follets.

Simplice, l'un de vos camarades, qui n'a pas fréquenté l'école

---

1. *Noix de galle*, excroissance en forme de boule produite sur les feuilles d'un chêne de l'Asie Mineure par les piqûres d'insectes qui y déposent leurs œufs.

régulièrement et qui est peu instruit, vous a raconté qu'un soir, passant très tard auprès du cimetière, il a eu grand'peur; il a vu un *revenant* ! qui dansait devant lui et qui l'a entraîné dans un fossé plein d'eau, où ce revenant l'a fait tomber, et ensuite a disparu. Les autres élèves se sont moqués de lui en disant que c'était un *feu follet* qu'il avait vu. Simplice, qui ne connaît pas cela, ne veut pas les croire; mais votre instituteur, qui a entendu la conversation, lui dit qu'il n'y a pas de revenants et lui fait comprendre ce que c'est qu'un feu follet.

Dans une lettre à votre cousin, vous racontez cette histoire, en ajoutant ce que vous savez sur le phosphore et ses composés : l'acide phosphorique et les phosphates, surtout au point de vue de leur utilité en agriculture et en hygiène.

XII. — LA CHAUX. LA POTASSE ET LA SOUDE. LE SEL

—

SOMMAIRE. — 1. Ce que c'est que la chaux; chaux vive, chaux éteinte, lait de chaux. — 2. Où l'on trouve la chaux. — 3. Sa fabrication; four à chaux. — 4. La chaux hydraulique : sa propriété de durcir dans l'eau. — 5. Propriétés de la potasse et de la soude; comment on les obtient. — 6. Ce que c'est que le sel ou *chlorure de sodium*. Sel gemme et sel marin. Les marais salants.

1. La chaux. — La chaux est un corps solide, blanc, qui est très avide d'eau : c'est la *chaux vive*. Lorsqu'elle est mise en contact avec ce liquide, elle l'absorbe en produisant un bruit semblable à celui d'un fer rouge plongé dans l'eau, puis elle s'échauffe considérablement, et une partie de l'eau est transformée en vapeur; ensuite elle se fendille, augmente de volume et tombe en poussière : on l'appelle alors *chaux éteinte*.

Si l'on y ajoute encore de l'eau, on obtient une pâte grasse qui est employée, mélangée avec le sable, pour la fabrication du mortier : la chaux, au contact de l'air,

---

1. *Revenant*. Esprit qu'on supposait revenir de l'autre monde, ce qui est faux, car les morts ne reviennent pas.

prend à celui-ci son acide carbonique pour former du carbonate de chaux, qui devient très dur.

La chaux éteinte délayée dans l'eau donne un liquide blanc nommé *lait de chaux*.

2. Elle n'existe pas à l'état naturel ; on la trouve principalement dans les carbonates de chaux ou *calcaires*,

Fig. 25. — Four à chaux.

ainsi que dans le *plâtre* ou sulfate de chaux, et dans le phosphate de chaux.

Le carbonate de chaux est l'un des corps les plus répandus : c'est lui qui constitue les pierres à chaux, la craie, le marbre et la pierre à bâtir.

3. Pour extraire la chaux du carbonate de chaux, on chauffe la pierre calcaire, à une température élevée, dans des fourneaux en briques réfractaires. On remplit le fourneau ou *four à chaux* (*fig*. 25) de couches formées de pierres et de houille mélangées ; on allume par en bas, et toute la masse s'enflamme. La chaleur décompose le carbonate de chaux en acide carbonique, qui se dégage dans l'atmosphère, et en chaux, qui tombe au fond ; on la retire et on la remplace par de nouvelles couches de calcaire et de combustible, que l'on introduit par le haut, de sorte que la fabrication n'est jamais interrompue.

4. Lorsque la pierre calcaire contient de 15 à 30 p. 100 d'argile, elle donne la chaux *hydraulique*, ainsi appelée parce qu'elle a la propriété de durcir sous l'eau : c'est pourquoi on s'en sert pour construire les piles d'un pont, pour faire un puits, une citerne, et en général pour les travaux de maçonnerie établis dans l'eau.

La chaux est très employée dans l'industrie ; elle est également utilisée en agriculture et en hygiène.

5. **La potasse. La soude.** — Ce sont des corps solides, blancs, très solubles dans l'eau, et qui ont la propriété d'absorber l'humidité de l'air, dans laquelle ils se dissolvent, surtout la potasse. Ce sont des caustiques énergiques, c'est-à-dire qu'ils brûlent la peau et les matières avec lesquelles on les met en contact, principalement la potasse.

On les obtient par la décomposition des carbonates de potasse et de soude qu'on trouve, le premier dans les cendres du bois et des plantes terrestres, le second dans celles des plantes marines, et que l'on fabrique artificiellement en grande quantité, grâce à un procédé très simple inventé par un Français nommé Leblanc. Ces carbonates sont vendus dans le commerce sous le nom de *cristaux*.

6. **Le sel.** — Le *sel de cuisine* ou *chlorure de sodium* est blanc, sans odeur, et possède une saveur particulière ; il est très répandu dans la nature. On le trouve au sein de la terre en amas considérables, dans des mines que l'on exploite comme celles de houille : on l'appelle *sel gemme*. Il existe aussi en dissolution dans l'eau de la mer, d'où on l'extrait en amenant l'eau salée dans des bassins peu profonds (*fig.* 26) nommés *marais salants*, qui sont établis sur les côtes de la Méditerranée et de l'Océan. Le vent

et la chaleur du soleil font évaporer cette eau, de sorte
que le sel se dépose au fond des bassins d'où on le retire

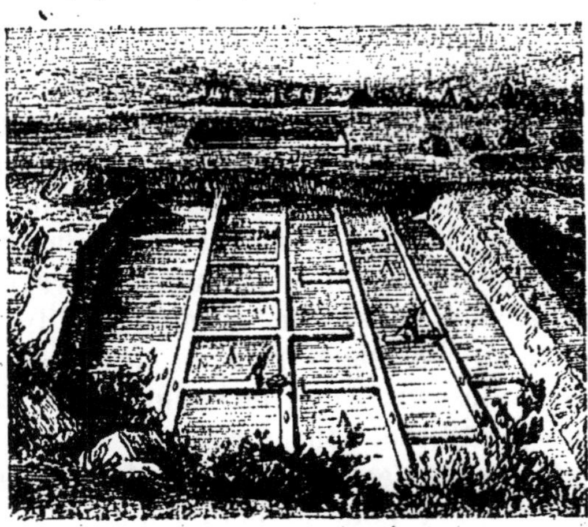

Fig. 26. — Marais salants.

chaque jour, et dont on forme des tas sur le bord des
réservoirs : on l'appelle *sel marin*.

Applications à l'agriculture.

Sommaire. — 7. Utilité de la chaux : comme amendement ; comme
engrais ; pour faire périr les larves des insectes nuisibles ; pour
désorganiser les matières végétales, etc. — 8. Importance de
ses composés : carbonate de chaux (marne) comme amendement ; sulfate de chaux (plâtre) comme stimulant ; phosphate
de chaux, comme engrais. — 9. Engrais azotés, engrais potassiques. — 10. Propriété de la potasse et de la soude. — 11. Emploi du sel sur les prairies et pour la nourriture des bestiaux.

7. La chaux est très employée en agriculture pour
amender les terres siliceuses et argileuses, auxquelles elle
est indispensable, car toutes les plantes cultivées en contiennent. On en met une quantité qui varie de 40 à 80 hectolitres par hectare, d'après la nature des récoltes qu'on
veut obtenir, la composition des terrains et la quantité
qui s'y trouve déjà : en général, on en met plus dans les

sols argileux et humides que dans les terres légères.
L'hectolitre pèse 75 kilogrammes et coûte environ 1 franc.
Les effets du chaulage durent de six à huit ans.

La chaux agit surtout comme amendement, mais elle
contribue aussi à la nourriture des végétaux, en leur
fournissant la quantité de calcaire qui leur est nécessaire;
elle fait périr les œufs et les larves d'une foule de petits
insectes nuisibles, et prévient la rouille ainsi que la carie
du blé. Mais ce qui la rend précieuse, c'est la propriété
qu'elle possède de désorganiser les matières végétales et
de rendre solubles des substances organiques difficilement
décomposables, qu'elle transforme en principes assimilables que les plantes absorbent facilement.

Elle est encore utilisée, sous forme de lait de chaux,
pour le chaulage [1] des grains qu'on veut préserver de la
carie et du *charbon*, et pour le badigeonnage des arbres
fruitiers, opération qui fait périr les mousses ainsi que les
œufs et les larves des insectes nuisibles. Enfin, on sème de
la chaux en poudre autour des semis, et même dessus,
pour en éloigner les insectes et autres parasites.

8. Ses composés, le carbonate, le sulfate, et surtout le
phosphate de chaux, jouent également un rôle très important en agriculture : comme la chaux, ils servent à la fois
d'engrais et d'amendements. Le premier existe en grande
quantité à l'état naturel dans le sein de la terre ; on l'emploie le plus avantageusement sous forme de *marnes* (qui
contiennent de 50 à 90 p. 100 de carbonate de chaux) à
une dose dix fois plus forte que la chaux, soit 40 à 80 mètres cubes à l'hectare, au lieu de 40 à 80 hectolitres ; les
effets du marnage se font sentir pendant une quinzaine
d'années. C'est après avoir été dissous par l'eau de pluie
chargée d'acide carbonique qui le rencontre dans la terre,
qu'il est absorbé par les racines pour concourir à la nutrition des plantes.

Le sulfate de chaux, ou plâtre, est un stimulant, c'est-

---

1. *Chaulage*, opération qui consiste à tremper les grains dans un
lait de chaux qu'on obtient en délayant 3 kilogrammes de chaux vive
dans 8 litres d'eau pour un hectolitre de blé.

à-dire, qu'il active la végétation des plantes fourragères artificielles, sur lesquelles on le répand au printemps, le matin à la rosée, à la dose de 300 à 400 kilogrammes à l'hectare. Le plâtre cru coûte de 3 francs à 3^{fr},50 les 100 kilogrammes; le plâtre cuit est un peu plus cher.

(Quant au phosphate de chaux, qui est le plus important, voy. page 150 : *Engrais phosphatés*.)

9. Les composés de la potasse et de la soude sont très utiles comme engrais; les principaux sont : le sulfate de potasse, le chlorure de potassium et surtout le nitrate de soude. (Voy. page 151 : *Engrais potassiques*, et page 147 : *Engrais azotés*.)

10. De même que la chaux, la potasse et la soude ont la propriété d'activer la décomposition de certaines matières organiques, qui n'éprouveraient aucun changement sans cela : c'est à cause de cette propriété qu'on stratifie[1] les fougères, les pailles, les feuilles, les herbes, les débris de légumes, etc., avec de la chaux vive, ou bien qu'on les arrose avec une lessive de soude ou de potasse. Mais il faut bien se garder de mêler ces substances avec toutes sortes d'engrais, car si on mélangeait de la chaux, par exemple, avec de la poudrette ou du fumier, il se produirait un dégagement considérable d'ammoniaque qui serait perdue.

11. Le sel est utilisé en agriculture pour les prairies, sur lesquelles on en répand de 100 à 300 kilogrammes à l'hectare, suivant la nature du sol, à la condition de n'en pas abuser, car il rendrait la terre infertile : il donne aux fourrages une saveur qui en augmente la qualité. D'ailleurs, les bestiaux aiment beaucoup le sel, et il est utile de le mélanger à leur nourriture dans la proportion de 1 p. 100 : ils mangent avec plus de plaisir et se portent beaucoup mieux.

---

1. *Stratifier* veut dire arranger, disposer par couches.

Applications à l'hygiène.

Sommaire. — 12. Emploi du lait de chaux comme peinture économique. — 13. Utilité des sels de chaux. — 14. Le chlorure de chaux désinfecte et assainit les locaux. — 15. La potasse sert comme *pierre à cautère*. — 16. Applications des composés de la potasse et de la soude. — 17. Utilité du chlorate de potasse, de l'eau de Javel. — 18. Le savon : sa fabrication, son emploi. — 19. Fabrication du verre. — 20. Emploi du bicarbonate de soude. — 21. Empoisonnement par la chaux, la soude ou la potasse : contre-poison à donner. — 22. Importance du sel, qui est absolument nécessaire à notre santé et à notre constitution ; c'est un antiseptique.

12. Le *lait de chaux* est très employé, en guise de peinture économique, pour blanchir une fois par an, à l'intérieur et même à l'extérieur, les murs des locaux destinés à l'habitation de l'homme ou des animaux domestiques. Cette couche blanche durcit au contact de l'air, parce qu'elle lui prend de l'acide carbonique et devient du carbonate de chaux.

13. Les sels de chaux jouent un certain rôle en hygiène ; le carbonate et le phosphate sont nécessaires à la formation de nos os, tandis que le sulfate est très nuisible à la santé : les eaux qui en contiennent, comme celles des puits de Paris, ne sont pas potables.

14. Le chlorure de chaux est très utile au point de vue hygiénique : il a la propriété, grâce au chlore qu'il renferme, de détruire les miasmes et de désinfecter l'air, les lieux d'aisances, etc. ; il est même bon de l'employer pour assainir les écuries, les étables, les bergeries et les poulaillers. Voici ce qui se passe. En présence de l'acide carbonique ou de l'acide sulfhydrique, le chlore, qui est un gaz verdâtre, se dégage et détruit ces acides dangereux. (Voy. page 132.)

15. La potasse, étant un caustique très énergique, est utilisée en médecine sous le nom de *pierre à cautère*[1].

---

1. *Caustique, cautère,* mots de la même famille signifiant qui *cautérise,* c'est-à-dire qui brûle.

16. Les composés de la potasse et de la soude ont beaucoup d'applications en hygiène ; ce sont : le chlorate de potasse, les carbonates de soude et de potasse, et le bicarbonate de soude.

17. Le chlorate de potasse est employé en médecine pour le traitement des muqueuses de la bouche et de la gorge, les rhumes, etc., sous forme de pastilles ou en potion gommeuse, ou encore dissous dans une assez grande quantité d'eau.

C'est aussi avec un mélange de potasse et de chlore qu'on fait l'*eau de Javel* (ainsi appelée parce qu'on en fabrique beaucoup dans le quartier de Javel, à Paris), destinée au blanchissage du linge, qu'elle brûle quand on en abuse. C'est un poison.

18. Savons. — Outre leur emploi dans la lessive (voy. page 57), les carbonates de potasse et de soude servent (mélangés avec des huiles d'olive de qualité inférieure et d'œillette) à la fabrication des savons. La potasse donne des savons mous ; la soude, des savons durs. On ajoute au savon de toilette des substances aromatiques [1]. Dans le nettoyage des mains et du visage, les parcelles de la substance malpropre sont entourées par le savon, détachées de la peau et entraînées avec l'eau dont on se sert pour se laver.

19. Le carbonate de soude et le carbonate de potasse sont encore utilisés dans la fabrication du verre, que l'on obtient en les faisant fondre avec du sable et de la chaux ou de la craie ; le premier est employé en bien plus grande quantité que le second, parce qu'il coûte moins cher.

20. Le bicarbonate de soude sert comme médicament dans les maladies d'estomac.

21. Mais comme bien d'autres choses, si la chaux, la soude et la potasse sont utiles, elles ont aussi des inconvénients : ce sont des poisons, lorsqu'elles sont absorbées par inadvertance [2]. Comme contrepoison [3], on fait boire

---

1. *Aromatique*, qui a de l'arome, c'est-à-dire une odeur agréable.
2. *Par inadvertance*, par défaut d'attention, sans le faire exprès.
3. *Contrepoison*, substance qui détruit l'effet du poison.

en grande quantité de l'eau fortement vinaigrée, ou mêlée à du jus de citron.

22. Tout le monde sait que nous ne pourrions pas nous passer de sel pour assaisonner nos aliments : il est utile à notre santé, en excitant l'appétit et en favorisant la digestion. C'est un antiseptique[1] excellent et celui qui convient le mieux pour la conservation des aliments, tels que morues, sardines, jambons, etc. : il empêche le développement des germes des microbes qui décomposeraient ces substances. Aussi nous est-il absolument nécessaire : si nous en étions privés pendant quelques années, nous serions dévorés tout vivants par les vers qui se trouvent dans nos intestins, et que le sel empêche de se développer.

EXERCICES DE RÉDACTION
PRÉPARATOIRES A L'EXAMEN DU CERTIFICAT D'ÉTUDES

I. — La chaux.

Vous avez remarqué, lors de la construction d'une maison, comment les maçons s'y sont pris pour faire du mortier; vous direz ce que vous avez vu en expliquant ce qui se passe quand on verse de l'eau sur la chaux et comment on l'obtient dans les fours à chaux. Vous ajouterez ce que vous savez sur les applications de la chaux et des sels de chaux à l'agriculture et à l'hygiène.

II. — L'enfant malpropre.

Il y avait, dans votre école, un enfant pauvre dont les mains et le visage étaient couverts de crasse; votre instituteur avait beau l'envoyer se nettoyer à la pompe, cela ne servait à rien. Vous avez eu l'idée, un jeudi que ce camarade était venu faire une commission chez vous, de lui offrir un morceau de savon

---

1. *Antiseptique*, qui empêche la putréfaction, c'est-à-dire la décomposition des aliments, et, en général, des substances organiques.

pour se laver les mains, en lui disant que cela ferait disparaître la crasse; il ne voulait pas le croire. « Essaye, lui avez-vous dit, tu verras. » Il essaya en effet et fut tout surpris du résultat. Alors vous lui avez expliqué ce que c'est que le savon, comment on le fabrique, et quelles sont les propriétés de la potasse et de la soude.

Vous racontez cela dans une lettre à l'un de vos amis en reproduisant la leçon que vous avez faite à votre condisciple sur le savon, ses propriétés et son utilité; vous direz ensuite ce que vous savez sur la potasse et la soude, ainsi que sur l'emploi des sels de chaux, de potasse et de soude en agriculture (marne, plâtre), et en hygiène (chlorate de potasse, eau de Javel, bicarbonate de soude).

III. — Le sel, les marais salants.

Un écolier, qui habite les bords de l'Océan (ou de la Méditerranée), répond à un de ses amis qui l'a prié de lui faire la description d'un marais salant, dont on lui a parlé à l'école. Il lui rappelle ensuite ce que c'est que le sel, quels sont ses usages en agriculture et quelle est son importance dans notre alimentation.

XIII. — LES ENGRAIS. LE FUMIER. LE PURIN

Engrais : azotés, phosphatés, potassiques.

SOMMAIRE. — 1. Importance de la question des engrais. — 2. Le fumier. Le purin. — 3. Moyen de se procurer une fosse à purin pour *vingt sous*. — 4. Confection du fumier. — 5. Engrais complémentaires. — 6. *Engrais azotés*; différentes formes de l'azote. — 7. Prix du kilogramme d'azote. — 8. Plantes auxquelles conviennent ces engrais. — 9. Nitrate de soude. — 10. Guano. — 11. La *nitrification* : microbes nitrificateurs. Sidération. — 12. Perte en azote nitrique après la moisson : moyen de l'éviter par la culture dérobée d'une légumineuse. — 13. Comment on peut *cultiver* ces microbes. — 14. Importance de la nitrification. — 15. *Engrais phosphatés*. — 16. Prix du kilogramme d'acide phosphorique. — 17. Culture pour lesquelles on emploie ces engrais. — 18. Phosphates fossiles. — 19. Superphosphates : solubles à l'eau ou au citrate. —

1. La question des engrais est une des plus importantes pour l'agriculture, tout le monde le reconnaît, et il serait superflu de démontrer que le cultivaeur, s'il tient à maintenir la fertilité de ses champs, doit leur restituer, au moyen des engrais, les principes nutritifs que les récoltes ont enlevés. Ce que l'on connaît moins, c'est la nécessité de donner aux terres les engrais qui leur conviennent le mieux d'après leur nature et celle des récoltes que l'on veut obtenir : c'est là le point capital et, il faut bien le dire, l'une des causes de l'infériorité de notre agriculture, parce que beaucoup de cultivateurs ne sont pas assez instruits; ils tâtonnent, vont un peu au hasard, et finalement ne retirent pas de leur travail et de l'argent qu'ils ont dépensé tout le fruit qu'ils pourraient espérer s'ils possédaient une instruction scientifique un peu plus étendue.

2. Le fumier est, sans contredit, le meilleur des engrais, parce qu'il renferme à peu près tous les éléments nécessaires à la nutrition des plantes; malheureusement on n'en produit pas en quantité suffisante, de sorte qu'on est obligé de recourir aux engrais dits *complémentaires.* Et encore faut-il s'entendre quand on dit que le fumier est le meilleur engrais, car sa composition est assez complexe : est-ce la paille qui lui donne sa valeur nutritive, ou bien le jus qu'on appelle *purin?* Poser la question, c'est la résoudre. On se moquerait, avec raison, d'un cultivateur qui, pour fumer son champ, y enfouirait des bottes de paille : et cependant, quand on y réfléchit, on reconnaît que c'est ainsi que procède celui qui laisse perdre le purin au lieu d'en arroser son fumier, et qui ne met ainsi dans ses terres qu'un fumier sec et sans valeur, de la paille en un mot. Que dirait-il si sa femme, après avoir mis le pot-au-feu, s'avisait, au moment de tremper la soupe, de jeter le bouillon et de le remplacer par de l'eau ? Il se fâcherait, la traiterait d'insensée, et il aurait raison. Eh bien ! il fait quelque chose d'analogue en laissant le purin s'en aller soit dans les fossés qui bordent la route, soit dans la mare où s'abreuvent les bestiaux, qu'il empoisonne. Les agronomes ont constaté qu'il se perd ainsi en France, chaque année, pour plus d'un demi-milliard de francs d'engrais ; j'ai calculé que cela représente, pour le plus petit domaine, une perte d'au moins *cinquante francs*, qui peut s'élever à 100, 150 et 200 francs, suivant l'importance de la ferme. Un agriculteur qui se trouve dans ces conditions-là, et auquel il faudrait pour 200 francs d'engrais alors qu'il ne peut disposer que d'une somme de 100 francs, aurait la quantité d'engrais nécessaire s'il recueillait son purin au lieu d'en laisser perdre pour 100 francs. Je sais bien que beaucoup de cultivateurs reconnaissent l'utilité du purin et la nécessité de le recueillir ; ce qui les arrête, c'est la dépense assez élevée qu'occasionne la construction d'une fosse à purin.

3. Mais il y a un moyen bien simple de la remplacer ; c'est de scier en deux une barrique à pétrole, ou à huile, qu'on peut se procurer pour 2 francs dans chaque village : on aura ainsi un grand baquet qui, placé dans un trou creusé au-dessous du tas de fumier, formera la fosse à purin. On se servira, pour arroser le fumier avec le purin ainsi recueilli, d'un vieux seau, ou d'une casserole hors d'usage. L'autre baquet sera placé au-dessous de l'ouverture par laquelle s'écoule, dans certains domaines, le purin des étables ou des écuries. Il est bon, pour éviter l'évaporation de l'ammoniaque, de placer dessus un couvercle en bois, facile à fabriquer.

Le purin restant après que le fumier a été suffisamment arrosé est répandu, mélangé à trois ou quatre fois son volume d'eau, sur les prairies naturelles ou artificielles, dont il accroît le rendement dans une proportion considérable.

4. On dit, et c'est vrai, qu'on peut se faire une idée de l'intelligence et de l'instruction du cultivateur par la manière dont il soigne son tas de fumier.

Un point très important, c'est le choix de son emplacement; on doit éviter surtout qu'il soit lavé par la pluie ou les eaux de la cour. On le dépose dans une fosse, ou bien sur une surface rectangulaire bien nivelée A B C D (*fig.* 27), que l'on rend imperméable en la recou-

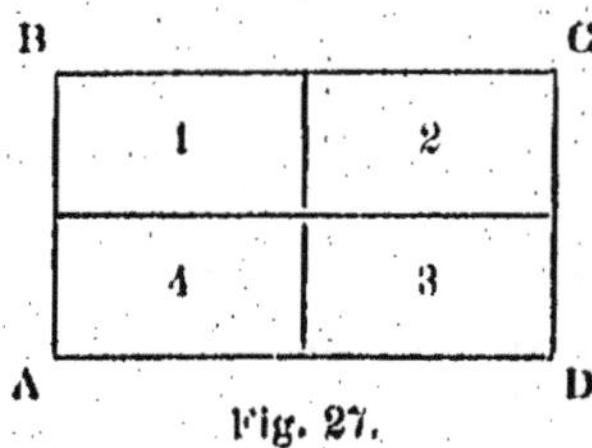

Fig. 27.

vrant d'une couche d'argile ou terre glaise ; on établit autour une rigole également glaisée [1] qui conduit le purin dans la fosse, ou dans le baquet. On entoure le tas de fumier, en dehors des rigoles, d'un petit talus destiné à empêcher les eaux d'y arriver. Il faut bien se garder de garnir immédiatement tout l'emplacement A B C D; on le divise en quatre parties, au moins, et on couvre d'abord le rectangle n° 1 jusqu'à 1^m,50 ou 2 mètres de haut, puis successivement les n°s 2, 3 et 4, jusqu'à la même hauteur, de façon à ne former qu'un seul monceau, que l'on recouvre d'une épaisse couche de terre végétale tassée [2] en tous sens contre le fumier et à laquelle on peut mélanger du plâtre cru en poudre : cela empêche l'évaporation de l'ammoniaque.

Ce qui est important aussi, c'est d'enfouir le fumier aussitôt qu'il est déposé dans les champs : quand il est enfoui, il ne perd rien, tandis qu'auparavant on voit les tas fumer : cette fumée, c'est l'ammoniaque (le meilleur de l'engrais), qui s'en va dans l'atmosphère et qui est perdue pour le sol.

5. Les engrais *complémentaires*, qu'on appelle encore *commerciaux*, et même *chimiques*, se divisent, d'après la nature de l'élément fertilisant qu'ils renferment, en engrais : *azotés*, *phosphatés*, et *potassiques*.

---

1. *Glaiser* signifie enduire de glaise.
2. *Tassé* veut dire ici pressé.

ENGRAIS AZOTÉS

6. Ces engrais sont ainsi appelés parce que leur élément principal est *l'azote*, qu'ils renferment combiné avec d'autres substances : il est plus ou moins soluble suivant celles avec lesquelles il est combiné. Ainsi, dans le *nitrate de soude*, où il se trouve à l'état d'*azote nitrique*, il est très soluble : c'est pourquoi on l'emploie au printemps, en couverture. Dans le *sulfate d'ammoniaque*, où il existe sous forme d'*azote ammoniacal*, il est un peu moins soluble et est mis, à cause de cela, en automne, en semant le blé. Enfin, dans les matières organiques non décomposées : corne, sang, viande, tourteaux, laine, etc., où il est à l'état d'*azote organique*, il est encore moins soluble, et est donné avant le labour.

7. L'azote est certainement le principal élément fertilisant du sol, c'est aussi celui qui coûte le plus : le prix du kilogramme varie de 1 à 2 francs environ, suivant que l'azote est plus ou moins assimilable, c'est-à-dire plus ou moins soluble.

8. Les engrais azotés conviennent plus particulièrement aux céréales (blé, seigle, orge, avoine), aux prairies naturelles, au colza, au chanvre, au navet, à la carotte et aux betteraves.

9. Nitrate de soude. — Cet engrais, qu'on nomme aussi *azotate de soude*, vient du Chili et du Pérou (Amérique du Sud), qui en renferment des quantités considérables. Il contient environ 16 p. 100 d'azote, c'est-à-dire que, dans 100 kilogrammes de nitrate de soude (qui valent de 26 à 28 francs), il y a 16 kilogrammes d'azote. On en met 150 à 200 kilogrammes à l'hectare, au printemps, en ensemençant, ou en couverture sur les céréales semées à l'automne.

10. Guano. — Le guano renferme plusieurs éléments fertilisants : l'azote (8 à 10 p. 100), l'acide phosphorique (10 à 12 p. 100) et la potasse (2 p. 100). On l'emploie à la dose de 200 kilogrammes environ à l'hectare pour la plupart des cultures.

NITRIFICATION

11. Nous venons de voir que c'est à l'état d'*azote nitrique*, comme dans le *nitrate de soude*, que l'azote est directement assimilable; les savants ont trouvé, après de remarquables recherches, qu'ordinairement les matières organiques, les sels ammoniacaux, les engrais azotés, et l'azote lui-même devaient, pour devenir également assimilables, être transformés en *acide nitrique*, et celui-ci en *nitrate* par sa combinaison avec une base telle que la potasse, la soude ou la chaux : c'est cette transformation qu'on appelle *nitrification*. Des expériences scientifiques très importantes ont démontré que cette nitrification a lieu principalement, sous l'influence d'organismes microscopiques, aux dépens de l'azote de l'air qui se trouve dans le sol : c'est un fait d'une importance capitale, puisqu'il permet de prendre de l'azote à l'atmosphère (qui en est une source inépuisable), afin de restituer au sol une partie de celui que les récoltes lui ont enlevé.

En outre, ces petits organismes (que l'on considère comme des *bactéries*, c'est-à-dire des espèces de champignons microscopiques, et que l'on appelle *microbes nitrificateurs*) attaquent les racines de certaines plantes, celles des légumineuses : trèfle, luzerne, sainfoin, etc., sur lesquelles ils se développent en formant de petits tubercules ou nodosités[1]. Ce sont eux qui nitrifient[2] l'azote atmosphérique, que les racines absorbent sous forme de *nitrate* soluble et qui va nourrir toute la plante. Il en résulte que les légumineuses accumulent l'azote qu'elles ont emprunté à l'air et qu'elles constituent, sous le nom d'*engrais vert*, une excellente fumure azotée, si on les enfouit *en vert*, au moment de leur floraison : cette opération est connue sous le nom de *sidération*.

---

1. *Nodosité* signifie renflement en forme de *nœud*.
2. *Nitrifier* veut dire changer en azote *nitrique*, c'est-à-dire en acide nitrique, puis en nitrate.

12. Tout engrais azoté organique ou ammoniacal se transformant, grâce aux microbes, plus ou moins rapidement en azote nitrique, il en résulte que celui-ci, qui est très soluble, se trouve entraîné par les eaux de pluie dans le sous-sol, où il est perdu après la moisson. Un savant français, M. Dehérain, de l'Institut, a trouvé que du mois d'août au mois d'octobre la nitrification produit, surtout si le temps est humide, plus de 40 kilogrammes d'azote représentant près de 300 kilogrammes de nitrate de soude, soit une perte sèche, par hectare, de 80 francs environ. Quel est le remède ? Voici celui qu'il indique, et qui est bien simple : c'est de pratiquer, immédiatement après l'enlèvement du blé ou de l'avoine, une culture dérobée composée d'une légumineuse, de préférence la vesce, que l'on enfouit en vert lorsqu'on prépare la récolte suivante. Cette culture dérobée emmagasine les nitrates qui se sont formés, pour en composer une matière organique qui restera telle pendant tout l'hiver et ne se décomposera qu'au printemps, au moment où les jeunes plantes seront levées et prêtes à profiter des nitrates que produira la décomposition de la légumineuse enfouie. Il a constaté que celle-ci recueille ainsi près de 150 kilogrammes d'azote par hectare. En déduisant les 50 kilogrammes provenant des engrais restés dans le sol, nous avons 100 kilogrammes d'azote empruntés à l'atmosphère et représentant 600 kilogrammes de nitrate de soude !

Il y a encore un autre moyen. C'est de semer du trèfle dans une céréale, de l'enterrer au commencement de mai de l'année suivante et de semer des haricots, par exemple, en ajoutant au sol de la potasse et du phosphate de chaux. La récolte de haricots sera plus que suffisante pour payer la dépense occasionnée par les engrais, et comme elle n'aura pas pris d'azote à la terre, tout l'azote emmagasiné par le trèfle, grâce à la *nitrification*, servira à nourrir le blé qui remplacera les haricots. On a calculé que la quantité d'azote fournie au blé par le trèfle enfoui dans le sol équivaut à 20 000 kilogrammes de fumier à l'hectare et permet d'obtenir 35 hectolitres de froment qui n'auront exigé aucune dépense d'engrais.

N'est-ce pas admirable, ces moyens que la science met à la disposition de l'agriculteur pour produire, à peu de frais, des récoltes plus abondantes que celles qu'il obtient actuellement avec des dépenses assez élevées ? Mais encore faut-il qu'il sache en quoi ils consistent, et combien peu de cultivateurs les connaissent ! Et cependant, quels résultats merveilleux s'ils étaient appliqués en France !

13. Ce qui est très remarquable, c'est qu'on peut *cultiver*[1] ce microbe nitrificateur, qui est le même pour presque toutes les légumineuses : c'est une application de la méthode découverte par notre grand savant Pasteur. Il en résulte qu'il suffit de mettre, dans un sol qui n'a jamais produit de légumineuse, de la terre en ayant déjà porté et qui contient par conséquent un grand nombre de bactéries : on peut semer de 100 à 400 kilogrammes de cette terre à l'hectare, car souvent la récolte augmente avec la quantité de terre répandue. Il faut avoir soin de labourer le terrain assez profondément, attendu que la présence de l'oxygène est nécessaire pour que la nitrification ait lieu.

14. Cette question de la *nitrification* est d'autant plus importante qu'elle permet aux agriculteurs d'envisager l'avenir avec confiance, parce que, actuellement, c'est la seule ressource sur laquelle on puisse compter pour remplacer le nitrate de soude, dont les gisements du Chili et du Pérou seront probablement épuisés avant l'année 1920.

ENGRAIS PHOSPHATÉS

15. L'élément principal de ces engrais est, comme leur nom l'indique, l'*acide phosphorique*.

16. Le prix du kilogramme de cet acide varie de 0 fr, 20 à 0 fr, 80 : plus il est soluble, plus il est cher.

---

1. *Cultiver* veut dire ici qu'on peut multiplier ces microbes et en faire produire un nombre considérable.

17. Ces engrais servent dans la culture du sarrasin, du maïs, des topinambours et des choux, ainsi que dans celle des céréales, des navets et des betteraves, en combinant leur emploi avec celui des engrais azotés.

Les principaux sont : les phosphates fossiles ou naturels, et les superphosphates. On utilise aussi les phosphates précipités, les scories de déphosphoration et la poudre d'os.

18. Phosphates fossiles. — Ce sont des phosphates de chaux enfouis dans la terre et qui se trouvent surtout dans les départements de la Somme, de l'Oise, des Ardennes, de la Meuse et du Lot ; ils contiennent, suivant leur provenance, de 15 à 40 p. 100 d'acide phosphorique. On les répand, pulvérisés, à la dose de 600 à 900 kilogrammes par hectare, à l'automne.

19. Superphosphates. — Ce n'est autre chose que les phosphates minéraux que l'on a traités par l'acide sulfurique pour les rendre plus assimilables et qui renferment de 14 à 18 p. 100 d'acide phosphorique. Ils sont de deux sortes : les superphosphates *solubles au citrate d'ammoniaque* et les superphosphates *solubles à l'eau*. Les premiers sont moins solubles que les seconds ; c'est pourquoi on les met à l'automne, à raison de 500 à 600 kilogrammes à l'hectare, tandis que les autres ne sont répandus qu'au printemps à la dose de 400 à 500 kilogrammes.

20. Emploi du phosphate de chaux et du nitrate de soude. — Le nitrate de soude, mis seul, occasionne souvent la *verse* du blé, c'est-à-dire que l'épi étant trop lourd et la tige pas assez résistante, les céréales versent, sont couchées sur la terre par le vent ou la pluie. En combinant son emploi avec celui du phosphate de chaux, cet inconvénient n'est pas à craindre, et de plus on obtient une augmentation de récolte qui donne de 100 à 120 francs de bénéfice net à l'hectare.

ENGRAIS POTASSIQUES

21. Ce sont des engrais dont la base est la *potasse.*

22. Cette substance, qui est toujours soluble, vaut de 0ᶠʳ,40 à 0ᶠʳ,50 le kilogramme.

23. Elle convient à la plupart des légumineuses : pois, fèves, haricots, trèfle, luzerne, sainfoin, vesce, etc., ainsi qu'à la pomme de terre, au lin, et à la vigne surtout dans les sols calcaires.

Les principaux engrais potassiques sont : le chlorure de potassium, le sulfate de potasse et le chlorure de sodium.

24. Chlorure de potassium. — On retire le chlorure de potassium des varechs[1] ou des eaux de la mer. On l'utilise à la dose de 100 kilogrammes à l'hectare, mélangé à d'autres engrais ; il contient moitié de son poids de potasse, mais il n'est pas très assimilable ; il coûte 22 à 24 francs les 100 kilogrammes.

25. Sulfate de potasse. — Cet engrais renferme environ moitié de son poids de potasse ; il est plus cher que le chlorure de potassium, mais il vaut beaucoup mieux parce que son action est plus prompte.

(Pour le chlorure de sodium ou sel de cuisine, voy. page 139.)

ENGRAIS COMPLETS OU MIXTES

26. Enfin, le commerce livre à l'agriculture, sous le nom d'*engrais complets* ou *mixtes*, certains produits qui doivent donner des résultats magnifiques, mais dont il faut se méfier. Il est bon de ne les acheter, comme tous les autres d'ailleurs, qu'à la condition que le marchand indique sur sa facture : 1° le prix du kilogramme d'azote, d'acide phosphorique et de potasse ; 2° le titre de l'engrais, c'est-à-dire la quantité de principes fertilisants qu'il contient par 100 kilogrammes ; et 3° le degré de solubilité de l'azote et de l'acide phosphorique, c'est-à-dire les différentes formes sous lesquelles ils se trouvent. Les principaux sont : le phospho-

---

1. *Varech* ou *varec*. C'est une plante marine, c'est-à-dire qui croît dans la mer, près des côtes.

guano, et les engrais complets pour céréales et prairies, pour racines, et pour la vigne.

27. Le phospho-guano. — Il renferme habituellement 3 p. 100 d'azote ammoniacal et 12 p. 100 d'acide phosphorique soluble au citrate. C'est un engrais complémentaire qui peut servir pour la plupart des cultures, à raison de 300 à 400 kilogrammes à l'hectare.

28. Engrais complets. — Pour céréales et prairies, l'engrais complet contient 5 p. 100 d'azote ammoniacal, 10 d'acide phosphorique soluble au citrate, et 8 de potasse : il s'emploie à l'automne pour le blé, au printemps sur les prairies naturelles. Pour racines, il dose 4 p. 100 d'azote nitrique, 5 d'acide phosphorique et 8 de potasse : il se répand lors de l'ensemencement ou de la plantation. Pour la vigne, il renferme 3 p. 100 d'azote nitrique, 8 d'acide phosphorique, et 14 de potasse. On les met à la dose de 400 kilogrammes environ à l'hectare.

29. Il est facile de trouver le prix d'un engrais. Prenons par exemple le phospho-guano ; la facture porte, comme dosage, 3 p. 100 d'azote ammoniacal à 1^{fr},60 le kilogramme et 12 p. 100 d'acide phosphorique soluble au citrate à 0^{fr},65 le kilogramme :

3^{Kg} d'azote	à 1^{fr},60 coûtent 1^{fr},60 $\times$ 3 =	4^{fr},80
12^{Kg} d'acide phosphorique à 0^{fr},65 —	0^{fr},65 $\times$ 12 =	7^{fr},80
Les 100^{Kg} de phospho-guano	—	12^{fr},60

les 85 kilogrammes (100—15) d'autres matières n'ont aucune valeur.

CONSIDÉRATIONS SUR L'EMPLOI DES ENGRAIS

30. Il convient de remarquer que ce sont des indications générales qui viennent d'être données, et que pour l'emploi d'un engrais, quel qu'il soit, le cultivateur doit, avant tout, tenir compte de la nature du sol.

Le meilleur procédé pour connaître la composition d'un terrain, c'est évidemment d'en faire faire l'analyse chimique. Comme beaucoup de petits cultivateurs hésitent à s'imposer cette dépense, je vais indiquer un moyen très simple, et à la portée de tout le monde, pour savoir quels sont les engrais qui conviennent aux différentes sortes de terres d'après les récoltes qu'on veut leur demander.

31. Petits champs d'essais. — Après avoir fait l'analyse approximative du sol par le procédé pratique que j'indique pages 28 et 29 de mon petit livre d'agriculture (voy. la note, page 19), on prend, dans un champ que l'on veut ensemencer en blé, une bande de terre de 10 mètres de large et d'une quarantaine de mètres de long, dont la surface est bien horizontale, et que l'on divise en quatre parties égales de chacune 1 are, comme l'indique la figure ci-dessous.

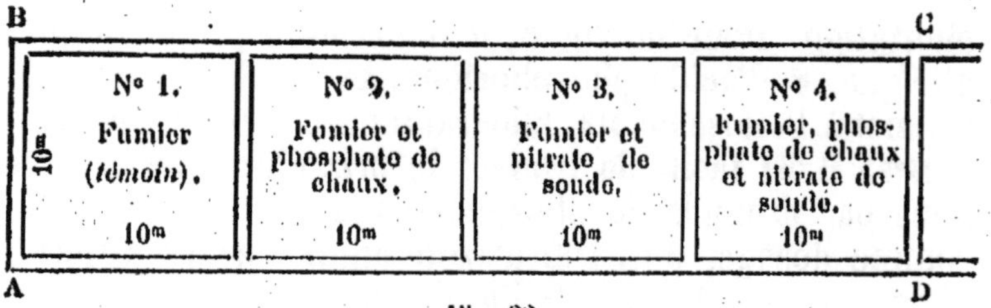

Fig. 28.

On donne à ces carrés une fumure ordinaire en ayant soin de mettre sur chacun d'eux la même quantité de fumier et de les ensemencer en blé le même jour et dans les mêmes conditions. Le carré n° 1, qui servira de témoin, ne recevra que du fumier ; le n° 2 aura, en outre, 8 kilogrammes de phosphate de chaux (ou 4 kilogrammes de superphosphate) ; sur le n° 3 on répandra, au printemps, $1^{Kgr},500$ de nitrate de soude ; enfin sur le n° 4 on mettra 8 kilogrammes de phosphate (ou 4 kilogrammes de superphosphate) et, en outre, au printemps, $1^{Kgr},500$ de nitrate de soude. En multipliant par 100 le produit du grain et de la paille fournis par chaque carré, ainsi que la dépense occasionnée par les engrais commerciaux, on aura, pour un hectare, en comparant les résultats donnés par chacun des carrés n°ˢ 2, 3 et 4, à ceux du témoin (carré n° 1), d'une part l'augmentation de rendement dû à l'emploi des engrais chimiques, et de l'autre le prix de revient de cette augmentation : la différence sera le bénéfice net. Il est évident qu'on pourrait augmenter le nombre des carrés pour expérimenter d'autres engrais; par exemple, remplacer dans le n° 5 le phosphate (ou le superphosphate) du n° 4 par les scories de déphosphoration si la terre est argileuse, et dans le n° 6 l'engrais phosphaté et le nitrate du n° 4 par l'engrais complet. On pourrait aussi exécuter des expériences comparatives sur les semis en lignes et sur les semis à la volée.

On comprend qu'il est facile de faire les mêmes essais pour les autres cultures importantes de la région : pommes de terre, betteraves, carottes, topinambours, haricots, colza, etc., en ayant soin de réserver toujours un carré comme témoin et d'essayer les différents engrais qui conviennent le mieux pour chacune de ces cultures, d'après la composition du sol. Il me semble même qu'il serait prudent de faire des essais de ce genre pour la reconstitution de nos vignobles en cépages américains. On planterait, dans chaque nature de terrain, cinq ou six pieds de riparias, de rupestris, de solonis, de jacquez, etc., qu'on grefferait avec les cépages français de la contrée, et l'on verrait, au bout de quelques années, quels sont ceux qui réussiraient le mieux : je crois qu'en procédant de cette façon on s'éviterait des déboires, ainsi que des pertes d'argent qui pourraient être considérables.

32. Un moyen de bien appliquer les engrais. — Enfin il y a un moyen d'appliquer les engrais d'une manière rationnelle : c'est de les restituer aux terres d'où ils proviennent.

D'après ce principe on mettra, dans les terrains qui ont produit des céréales, les pailles ayant servi de litière et les excréments des animaux qui ont mangé le grain ; dans les champs où l'on a cultivé des plantes oléagineuses, les tourteaux provenant des graines ; dans les prairies naturelles ou artificielles, le fumier des bestiaux qui ont consommé le foin. On fumera les vignes avec le marc du raisin; les poiriers et les pommiers à cidre avec le marc des poires et des pommes, auquel on aura mêlé un peu de chaux, etc. On ajoutera ensuite les engrais complémentaires qui seront reconnus nécessaires.

EXERCICES DE RÉDACTION
PRÉPARATOIRES A L'EXAMEN DU CERTIFICAT D'ÉTUDES

I. — Une visite à une ferme bien tenue.

Après une leçon sur les engrais, votre instituteur vous a conduits dans une ferme bien tenue. Le fermier vous a fait visiter lui-même ses écuries, ses étables, etc., vous a expliqué les soins qu'on donnait au fumier, puis vous a montré comment il a divisé l'emplacement de son tas de fumier et établi une fosse à purin économique.

Vous racontez cette visite à l'un de vos camarades, fils d'un cultivateur d'une commune voisine, en lui expliquant tout ce que vous avez vu concernant la confection du fumier; vous ajouterez ce que le fermier et votre instituteur vous ont dit sur la question des engrais, particulièrement sur le fumier, la somme que représente la perte du purin, etc.

II. — Les engrais.

Exposez de votre mieux les leçons que votre maître vous a faites sur les engrais azotés et la nitrification, les engrais phosphatés, les engrais potassiques et les engrais complets ou mixtes.

III. — Application d'une leçon d'agriculture.

A la suite d'une leçon de votre instituteur sur l'emploi des engrais et les petits champs d'essais, vous avez décidé votre père, qui est cultivateur, à faire l'année dernière les essais indiqués dans la figure 28, mais il vous a dit que ce serait vous qui feriez les calculs relatifs à l'augmentation de dépense et de rendement à l'hectare.

Dans une lettre à votre cousin, vous rendez compte de ce que votre père a fait et des résultats obtenus.

HISTOIRE NATURELLE

DEUXIÈME PARTIE

L'HOMME. LES ANIMAUX

I. — L'HOMME

1. L'étude des sciences se divise en deux parties : 1° celle des *sciences physiques*, comprenant la *physique* et la *chimie*, et formant la première partie de cet ouvrage; 2° celle des *sciences naturelles*, ou *histoire naturelle*.

2. L'histoire naturelle est l'histoire de tous les êtres qui existent dans la nature; ils appartiennent à trois grandes catégories, nommées aussi les trois *règnes* de la nature : 1° les *animaux*, ou *règne animal;* 2° les *végétaux*, ou *règne végétal;* 3° les *minéraux*, ou *règne minéral.* Elle comprend donc trois divisions : 1° celle des animaux, qui forme la deuxième partie de ce livre; 2° celle des végétaux (appelée *botanique*), qui en constitue la quatrième partie; et 3° celle des minéraux, qui en est la troisième partie. (La *botanique*[1] a été placée à la fin pour être étudiée pendant la saison des fleurs.)

---

1. *Botanique* veut dire étude des plantes.

3. L'homme et les animaux, ainsi que les végétaux, sont des êtres animés : ils grandissent, vivent et meurent ; les minéraux sont des corps bruts ou inanimés : ils ne vivent pas. Mais les animaux sont supérieurs aux végétaux, parce qu'ils peuvent se mouvoir et sentir.

Le corps de l'homme est constitué à peu près comme celui des autres animaux tels que le singe, le chien, etc., mais l'homme possède, de plus, l'intelligence et la raison, qui l'élèvent infiniment au-dessus d'eux.

4. Description du corps de l'homme. — Il est composé de deux moitiés symétriques, qu'on nomme *la droite* et *la gauche*.

SQUELETTE

5. Notre corps comprend trois parties : 1° la *tête ;* 2° le *tronc ;* 3° les *membres.* L'ensemble des os qui les constituent forme ce qu'on appelle le *squelette.*

6. La tête. — On y distingue deux parties : la *face,* nommée encore la *figure* ou le *visage,* et le *crâne,* recouvert par les cheveux. La face contient presque tous les organes des sens : les oreilles, les yeux, le nez et la bouche.

Le crâne, *a* (*fig.* 29), est une espèce de boîte osseuse destinée à contenir et à protéger un organe très important, le *cerveau.*

7. Le tronc. — La tête est soutenue par le *cou, b,* qui l'unit au tronc. La partie la plus importante du tronc est l'*épine dorsale*[1], appelée aussi la *colonne vertébrale, bd,* parce qu'elle est composée d'une série de petits os nommés *vertèbres,* empilés les uns sur les autres. Chaque vertèbre est percée d'un trou, et l'ensemble de ces trous forme une espèce de canal dans lequel est logée la *moelle épinière.*

De chaque côté des vertèbres du *dos* (qui est la continuation du cou), part un os plein, recourbé en forme

---

1. *Dorsal,* qui appartient au dos.

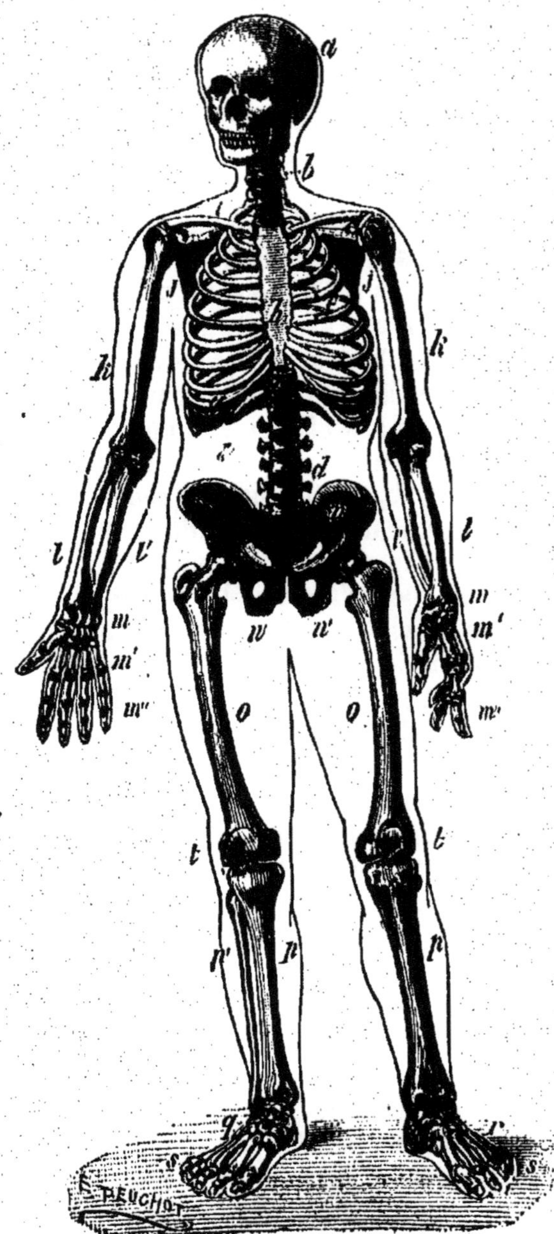

Fig. 20.

d'arc et nommé *côte*, *f*. Nous avons douze paires de côtes; elles se réunissent en avant à un os plat et long appelé *sternum*, *h*.

L'espace renfermé par les côtes se nomme la *poitrine*, qui est plus large en bas qu'en haut, et dans laquelle sont placés le *cœur* et les *poumons*.

8. Les membres. — Les membres, au nombre de deux paires, se divisent en membres *supérieurs*, ou *antérieurs*, et en membres *inférieurs*, ou *postérieurs*.

9. Les membres supérieurs. — Chacun d'eux comprend : l'*épaule*, le *bras*, l'*avant-bras* et la *main*. L'épaule s'appuie sur la partie supérieure de la poitrine; elle contient deux os : la *clavicule*, *i*, en avant, l'*omoplate* en arrière. A la suite de l'épaule vient le bras, dont le seul os, l'*humérus*, *k*, se termine au *coude;* puis l'avant-bras, *l*, qui renferme deux os, et enfin la main, *m*, jointe à l'avant-bras par le *poignet*. La partie de la main qui fait suite au poignet s'appelle la *paume;* l'autre partie est formée par les cinq *doigts*, composés chacun de trois *phalanges*, excepté le *pouce*, qui n'en a que deux.

10. Les membres inférieurs. — Leur disposition est analogue à celle des membres supérieurs. Chacun d'eux comprend : la *hanche*, la *cuisse*, la *jambe* et le *pied*. La hanche correspond à l'épaule; la cuisse, au bras; la jambe, à l'avant-bras; le pied, à la main.

Les hanches sont deux os plats et larges, *n*, qui sont attachés à la colonne vertébrale et font une espèce de ceinture osseuse nommée le *bassin*, destinée à soutenir et à protéger les organes renfermés dans le ventre. La cuisse n'a qu'un os, le *fémur*, *o;* la jambe en a deux, dont l'un, le *tibia*, *p,* est en avant et forme avec la cuisse l'articulation[1] du *genou*, où se trouve un os appelé *rotule*. Le pied est terminé par cinq doigts ayant chacun trois petites phalanges, sauf le pouce, qui n'en a que deux.

11. Composition des os. — Les os contiennent

----

1. *L'articulation*, c'est-à-dire la jointure.

deux substances : l'une, *minérale*, formée de carbonate
et surtout de phosphate de chaux ; l'autre, *organique*,
composée en grande partie de *gélatine* (que l'industrie
emploie comme colle forte).

12. Les muscles. — Nos divers mouvements sont
exécutés par les os avec l'aide des *muscles* qui les entou-
rent. Ceux-ci renferment des filaments *nerveux*, sous l'influence desquels ils se contractent, c'est-à-dire se raccour-
cissent. Un muscle est constitué par un amas de fibres
ou filaments, vulgairement désigné sous le nom de *chair*
ou *viande*. Il est attaché, par ses deux extrémités, aux os
qu'il doit faire mouvoir.

SYSTÈME NERVEUX

13. On nomme *système nerveux* l'ensemble du *cerveau*,
de la *moelle épinière* et des *nerfs*. C'est ce qu'il y a de plus
important et de plus délicat dans notre corps ; c'est par le
système nerveux que s'exerce la *sensibilité*, c'est-à-dire la
faculté que nous avons de percevoir les impressions extérieures par l'intermédiaire des *sens*.

14. Le cerveau. — Il est formé d'une substance
molle et délicate, renfermée dans le crâne ; c'est le siège
de l'intelligence, des idées et de la volonté, en un mot,
de nos plus belles facultés.

La *moelle épinière*[1] est une espèce de cordon de substance nerveuse qui part du cerveau et qui est logée dans
le canal de la colonne vertébrale.

15. Les nerfs. — Ce sont des filaments blancs qui
naissent du cerveau et de la moelle épinière et qui se ré-
pandent dans toutes les parties du corps, qu'ils mettent
ainsi en communication avec le cerveau. Parmi ces nerfs,
les uns transmettent les ordres du cerveau aux muscles
pour les faire *mouvoir* : on les appelle, à cause de cela,

---

1. *La moelle épinière.* Elle est ainsi appelée parce qu'elle est logée
dans l'*épine* dorsale.

nerfs *moteurs*[1]; les autres communiquent au cerveau les impressions ou *sensations* qu'ils ont reçues (la douleur causée par une piqûre ou une coupure, par exemple) : on leur donne le nom de nerfs *sensitifs*. Ce sont ces derniers qui se rendent dans les organes des sens et qui nous font voir, entendre, etc.

ORGANES DES SENS

16. Nous avons cinq *sens*, qui sont comme des portes ouvertes sur le monde extérieur et qui nous permettent, grâce à des organes spéciaux, de nous rendre compte de ce qui s'y passe. Ce sont : la *vue*, l'*ouïe*, l'*odorat*, le *goût* et le *toucher*.

La vue a pour *organes* les *yeux*; l'ouïe, les *oreilles*; l'odorat, le *nez*; le goût, la *langue*; enfin le toucher, la

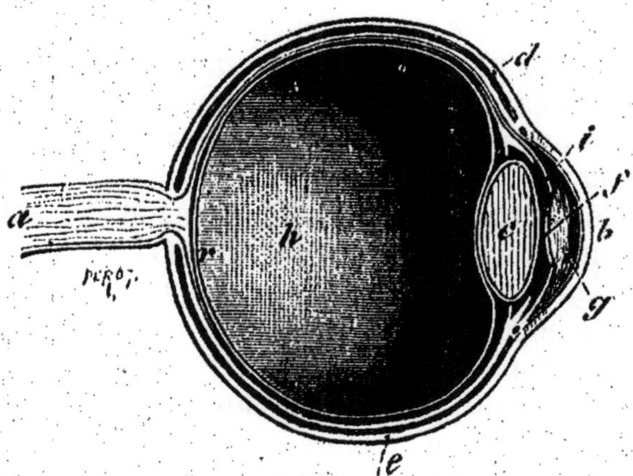

Fig. 30. — Coupe de l'œil : *b*, cornée transparente; *d*, cornée opaque; *i*, iris; *f*, pupille; *c*, cristallin; *a*, nerf optique; *r*, rétine; *e*, membrane noire; *g*, partie antérieure de l'œil remplie d'eau; *h*, partie postérieure remplie d'une gelée transparente.

peau et particulièrement la *main*, ou plutôt l'extrémité des *doigts*.

17. Organe de la vue. L'œil. — L'œil ressemble à une boule un peu bombée en avant. Il est tapissé intérieu-

---

1. *Moteur*, qui imprime le mouvement.

rement par une membrane nerveuse nommée *rétine*, qui est formée par le nerf *optique*[1]. Il est enveloppé par une membrane résistante, opaque (désignée sous le nom de *blanc* de l'œil), qui devient, en avant, transparente : elle se nomme alors la *cornée*. En arrière de la cornée se trouve une espèce d'écran ou cercle coloré, l'*iris*, percé d'une ouverture appelée la *pupille*, qui laisse entrer la lumière dans l'œil. Derrière l'iris est un corps transparent ayant la forme d'une lentille bi-convexe[2] et qu'on nomme le *cristallin*.

18. Mécanisme de la vision. — La lumière entre dans l'œil par la pupille et, en traversant le cristallin, elle est réfractée[3] de manière à former l'image réelle de l'objet, qui va se peindre sur la rétine; celle-ci en transmet l'impression au cerveau par l'intermédiaire du nerf optique.

19. Organe de l'ouïe. L'oreille. — C'est un organe très compliqué, dont la partie extérieure s'appelle le *pavillon*, espèce de cornet qui aboutit au *conduit auditif*[4] situé à l'intérieur de l'oreille. Celui-ci est fermé en dedans par une espèce de peau de tambour tendue ou membrane nommée *tympan*, qui transmet au nerf auditif et celui-ci au cerveau les vibrations que lui communiquent les sons qu'elle reçoit.

20. Organe de l'odorat. Le nez. — Il est divisé, par une espèce de cartilage[5] ou de cloison verticale, en deux parties appelées les *fosses nasales*, qui s'ouvrent au dehors par les *narines*. Elles sont tapissées intérieurement par une membrane recevant les ramifications du nerf qui transmet au cerveau les odeurs, bonnes ou mauvaises, apportées par l'air que nous respirons.

---

1. *Nerf optique*, c'est-à-dire nerf de la vision; *optique* signifie : qui a rapport à la vision.
2. *Convexe* veut dire bombé : *bi-convexe*, qui est bombé des deux côtés, comme une loupe.
3. *Réfracté* signifie dévié, détourné de sa direction.
4. *Auditif*, qui appartient à l'ouïe.
5. *Cartilage*. C'est une espèce de tissu solide, élastique et flexible.

21. Organe du goût. La langue. — Le goût perçoit les saveurs au moyen de la langue, qui est recouverte d'une membrane muqueuse[1] présentant un grand nombre de petites éminences. Pour que les saveurs puissent être perçues, il faut que les substances qui les contiennent soient dissoutes : les corps insolubles sont insipides[2].

22. Organe du toucher. La peau. — C'est une enveloppe assez épaisse qui entoure le corps et qui est sillonnée par un grand nombre de filaments nerveux, grâce auxquels nous ressentons les impressions extérieures de froid, de chaud, etc. C'est surtout la peau recouvrant l'extrémité des doigts qui est sensible et qui nous permet, en palpant un corps, c'est-à-dire en le prenant dans notre main, de nous rendre compte de sa forme, de son étendue, de sa dureté, de son poids, etc.

C'est dans la peau que se trouvent les glandes produisant la sueur, qui s'échappe par les milliers de petites ouvertures appelées *pores*, dont notre peau est percée.

Applications à l'hygiène.

SOMMAIRE. — 23. Comment se forment les os. — 24. Utilité de la gymnastique. Maladies des muscles. — 25. Funestes effets du tabac et de l'alcool sur le cerveau. — 26. Hygiène de la vue. — 27. Soins à donner aux oreilles. — 28 Hygiène de l'odorat. — 29. Sensibilité de la langue. — 30. Hygiène de la peau.

23. Chez les tout jeunes enfants, les os contiennent seulement la matière organique; la substance pierreuse ne se forme que progressivement.

24. Les exercices répétés développent les muscles, les fortifient et donnent de l'agilité aux membres; c'est pour

---

1. *Muqueuse.* On appelle ainsi les membranes qui tapissent les cavités du corps ouvertes au dehors.
2. *Insipide* veut dire qui n'a pas de saveur, pas de goût.

cela que les exercices de gymnastique sont très utiles : ils font agir tous les muscles du corps; c'est, en outre, la meilleure préparation au métier de soldat.

Les muscles sont le siège de certaines douleurs qu'on appelle des *rhumatismes*, et dont on souffre quand on est vieux; c'est surtout le froid humide qui les cause : voilà pourquoi vous ferez bien d'éviter de conserver vos habits quand ils seront mouillés, de vous reposer sur la terre ou de coucher dans un endroit humide.

25. Le cerveau est un organe excessivement délicat : on doit donc le ménager et éloigner avec soin tout ce qui pourrait le fatiguer ou l'user, car il s'use comme les autres organes. L'abus des plaisirs, l'usage du tabac, de l'alcool et surtout de l'absinthe[1], l'ivrognerie, etc., ont des conséquences très graves et amènent, soit la perte de la mémoire ou de l'intelligence, soit l'imbécillité ou la folie : il est très important pour les enfants de ne pas prendre l'habitude de fumer, ni de boire de l'eau-de-vie ou des liqueurs alcooliques.

26. L'œil est un organe très sensible. Il faut éviter tout ce qui pourrait le fatiguer, comme de lire lorsque la lumière est insuffisante; une lumière trop vive peut aussi affaiblir la vue.

27. La propreté veut qu'on se lave les oreilles tous les jours; il est bon, de temps à autre, d'ôter avec précaution la matière jaunâtre qui se forme dans le conduit auditif, mais on ne doit jamais se servir d'une allumette, dont le bout phosphoré peut s'enflammer dans l'oreille et causer des accidents très graves qui ont quelquefois amené la mort. On fait bien, lorsqu'on est sujet aux maux de dents ou qu'on craint le froid à la tête, de mettre dans les oreilles un peu d'ouate, que l'on imbibe d'huile d'amandes douces si l'on a quelque tendance à devenir sourd.

28. Certains enfants prennent la mauvaise habitude de se fourrer les doigts dans le nez, ce qui, d'abord, n'est

---

1. *Absinthe*, liqueur faite avec une plante aromatique très amère, qui contient du poison.

pas propre; il faut qu'ils sachent, en outre, que cela occasionne des maux qu'il est très difficile de guérir. D'autres s'introduisent, soit dans le nez, soit dans les oreilles, des pois ou des haricots, ou des noyaux de cerises, etc. : tout cela est dangereux et peut amener de graves accidents.

29. La langue ne veut pas être mise en contact avec quelque chose de trop chaud ou de trop froid; il convient aussi d'habituer les enfants à se nourrir d'aliments légèrement épicés, à boire peu de vin et jamais d'eau-de-vie.

30. Nous avons vu, au chapitre de l'eau, quels sont les soins de propreté qu'exige la peau; il a été dit aussi qu'il est prudent d'éviter, lorsque la peau est couverte de sueur, de se mettre dans un courant d'air ou de se coucher au frais, dans la crainte d'un refroidissement. Il ne faut pas oublier que la suppression brusque de la sueur cause des rhumatismes, ou des maladies soit des intestins, comme la colique, soit des poumons, comme les fluxions de poitrine.

EXERCICES DE RÉDACTION
PRÉPARATOIRES A L'EXAMEN DU CERTIFICAT D'ÉTUDES

I. — Le corps humain.

Faites la description de votre corps; vous en indiquerez les différentes parties, ainsi que les principaux organes : squelette, muscles, système nerveux, et vous direz à quoi ils servent.

II. — Les organes des sens.

Vous avez appris que votre jeune frère néglige les soins de propreté et prend de mauvaises habitudes, comme de se fourrer les doigts dans le nez, de se nettoyer les oreilles avec une allumette, d'y introduire des haricots, ou bien de rester dans un courant d'air quand il a chaud, etc.; il s'est même laissé entraîner par ses camarades, un dimanche, dans un cabaret où il a bu la goutte et fumé une cigarette.

Vous supposerez que vous n'habitez plus la maison paternelle, et vous écrivez à votre frère une lettre dans laquelle vous lui faites des reproches affectueux, en lui montrant les dangers auxquels il s'expose; pour qu'il observe mieux vos recommandations, vous lui donnez préalablement quelques explications sur la formation des os, sur la délicatesse du cerveau et sur les organes des sens. Vous terminez en lui faisant connaître l'utilité de la gymnastique, qu'il dédaigne.

II. — L'HOMME *(suite)*

Fonctions de nutrition.

Sommaire. — 1. Ce qu'on appelle *fonctions de nutrition*. — 2. La *respiration*. — 3. Les poumons; la trachée-artère; les bronches. Le larynx. La plèvre; la pleurésie. — 4. Mouvements respiratoires. — 5. Ce que devient l'air que nous respirons. — 6. Chaleur animale. — 7. La *circulation*. — 8. Le cœur. — 9. Comment se fait la circulation. — 10. Ce que c'est que le sang. — 11. La *digestion*. — 12. Description de l'appareil digestif. — 13. La bouche. — 14. Les dents; la salive. — 15. L'estomac. — 16. Digestion intestinale.

1. Les principales fonctions de notre corps sont celles qui ont pour but d'entretenir la vie : on les appelle *fonctions de nutrition*. Ce sont : la *respiration*, la *circulation* et la *digestion*.

1° RESPIRATION

2. Le premier besoin que nous éprouvons, et le plus impérieux, c'est celui de *respirer*. A chaque instant, en effet, nous sommes obligés d'*aspirer* de l'air, que nous introduisons dans notre poitrine, puis de l'*expirer*, c'est-à-dire de le rejeter au dehors : ce double mouvement a lieu une quinzaine de fois par minute.

3. Poumons. — Les principaux organes de la *respiration* sont les *poumons*; nous avons deux poumons, qui sont logés, ainsi que le cœur, dans la poitrine, l'un à droite, l'autre à gauche (*fig.* 31). C'est une masse spongieuse, c'est-à-dire qui ressemble à une éponge pleine d'air, et dont le *mou de veau* donne une idée assez exacte. Les poumons communiquent avec l'air extérieur par une espèce de tuyau appelé *trachée-artère*, qui se divise en deux canaux nommés *bronches*, qui, à leur tour, se subdivisent en une foule de petits tubes enchevêtrés les uns dans les autres (*fig.* 32). La trachée-artère s'ouvre dans l'arrière-bouche; sa partie supérieure forme une espèce de renflement appelé *larynx*, qui est l'organe de la voix.

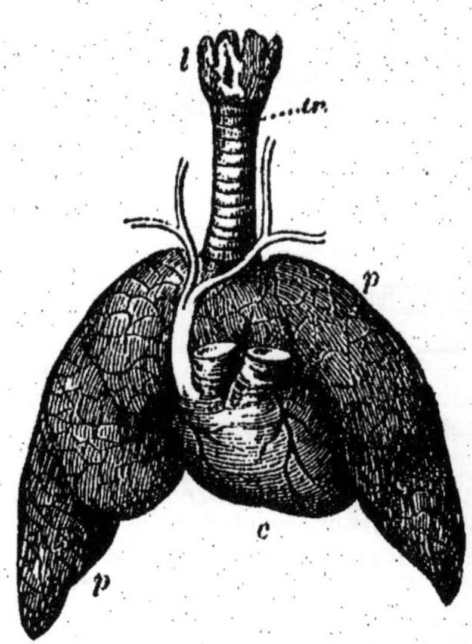

Fig. 31. — Poumons de l'homme : *l*, larynx; *tr*, trachée-artère; *p*, poumon; *c*, cœur.

Les poumons sont entourés par une membrane nommée la *plèvre*, dont l'inflammation produit une maladie appelée *pleurésie*.

4. Mouvements respiratoires. — La respiration comprend deux mouvements : l'*inspiration*, ou introduction de l'air dans la poitrine, et l'*expiration*, ou expulsion de l'air contenu dans les poumons. Pendant l'inspiration les côtes se soulèvent et la poitrine se dilate, c'est-à-dire s'a-

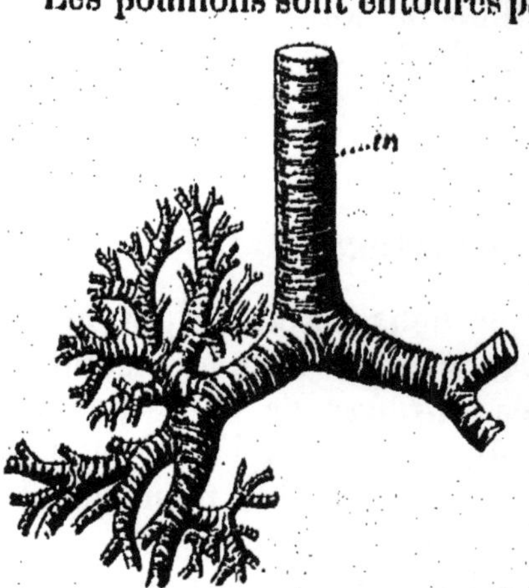

Fig. 32. — Trachée-artère et ramifications des bronches.

grandit : alors l'air y pénètre; pendant l'expiration, qui

a lieu immédiatement après, les côtes s'abaissent et la poitrine se rétrécit : alors l'air, se trouvant comprimé, est expulsé au dehors.

5. L'air que nous avons aspiré pénètre dans toutes les cellules des poumons, d'où il passe dans le sang, qui le dissout. Il s'en va ensuite avec lui dans tous nos organes, où son oxygène, rencontrant du carbone et de l'hydrogène, les *brûle*, c'est-à-dire se combine avec eux pour former de l'acide carbonique et de l'eau. C'est donc dans nos tissus que se produit l'acte le plus important de la respiration, c'est-à-dire la *combustion* du carbone et de l'hydrogène par l'oxygène. Le sang ramène cet acide carbonique et cette eau dans les poumons qui, par l'expiration, les rejettent au dehors. Il est facile de constater que l'air expiré contient ces produits; il n'y a qu'à souffler sur une glace : elle est ternie par la buée ou vapeur d'eau qui s'y dépose. De même en soufflant, avec une paille ou un tuyau de pipe, dans de l'eau de chaux, celle-ci est troublée par le carbonate de chaux insoluble qu'y forme l'acide carbonique.

6. Chaleur animale. — La combustion du carbone (ou de l'hydrogène) par l'oxygène produit, nous le savons, de la *chaleur*. Cette combustion a lieu dans toutes les parties de notre corps; il en résulte une chaleur à laquelle on a donné le nom de *chaleur animale* ou *chaleur vitale*[1], et qui se maintient, hiver comme été, toujours à la même température de 38° environ.

La respiration est donc une véritable *combustion lente*, qui produit même une chaleur assez élevée.

2° CIRCULATION

7. Nous venons de voir que le sang entraîne l'air avec lui dans toutes les parties de notre corps; cela s'appelle la *circulation*.

---

1. *Vital* signifie qui entretient la *vie*.

8. Cœur. — Le principal organe de la circulation est le *cœur*, placé au milieu de la poitrine entre les deux poumons. C'est un muscle creux, gros comme le poing, qui a la propriété de se contracter et de se dilater alternativement. Il est divisé par une cloison verticale en deux moitiés qui ne communiquent pas entre elles et nommées, l'une le *cœur droit*, l'autre le *cœur gauche*; chaque moitié comprend deux cavités communiquant l'une avec l'autre par un trou muni d'une espèce de soupape : celle qui se trouve au-dessus s'appelle *oreillette*, et l'autre, *ventricule*.

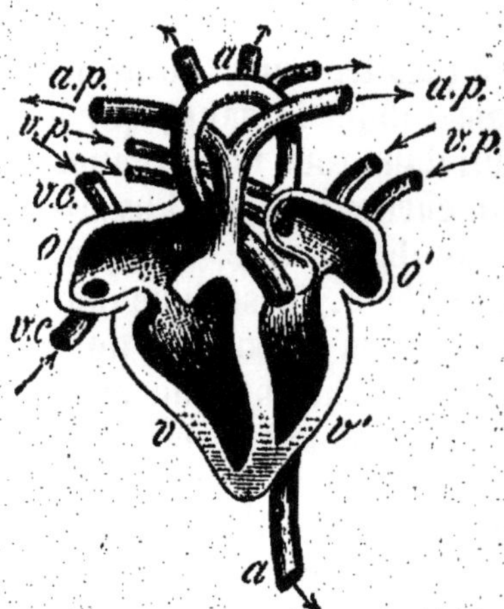

Fig. 33. — Cavités du cœur.

Cœur droit : o, oreillette droite; v, ventricule droit; v c, veines caves versant le sang dans l'oreillette; a p, artères pulmonaires conduisant le sang aux poumons.

Cœur gauche : o', oreillette recevant le sang des veines pulmonaires v p; v', ventricule lançant le sang dans l'artère aorte a : cette artère est recourbée en crosse.

9. Le sang part du ventricule gauche *b* (*fig.* 34) et se rend dans l'*artère aorte*, dont les ramifications *c* vont le porter dans les *vaisseaux capillaires*[1] *d*, d'où il passe dans les *veines e*. Celles-ci le ramènent à l'état de sang *veineux* dans l'oreillette droite *h*, qui l'envoie dans le ventricule droit *l*; ce dernier le lance dans l'artère *pulmonaire f*, qui le conduit dans les vaisseaux capillaires des poumons. Là il se débarrasse de son acide carbonique, exhalé par l'expiration, et se revivifie au contact de l'air pur qui pénètre à chaque inspiration et dont il dissout l'oxygène; il change de couleur : de noir qu'il était, il devient rouge et est ramené par les veines *pulmonaires g* dans

---

1. *Vaisseaux capillaires.* Ils sont ainsi appelés parce qu'ils sont fins comme des cheveux; *capillaire* vient d'un mot latin signifiant *cheveu*.

l'oreillette gauche *a*, d'où il passe dans le ventricule gauche *b*, qui le lance dans l'artère aorte pour recommencer son perpétuel voyage de circulation[1]. On le nomme alors sang *artériel*. L'aorte *a* (*fig.* 33) se divise en artères de plus en plus petites, qui portent le sang dans toutes les parties du corps pour les nourrir. (La figure 34 n'est pas tout à fait exacte : elle a simplement pour but de faire comprendre le mécanisme de la circulation.)

Les artères et les veines sont des tubes ou tuyaux qui diffèrent en ce sens que les veines ont des parois minces et flexibles s'affaissant si on les coupe, de sorte qu'elles se ferment promptement; tandis que les artères sont raides et restent ouvertes lorsqu'on les coupe, ce qui fait que le sang continue à couler si l'on n'a pas soin de lier le membre au-dessus de la coupure, ou de comprimer fortement la plaie avec un tampon de linge : elles sont presque toujours situées à l'intérieur des membres ou des organes, ce qui est fort heureux, car cela les préserve des accidents; la coupure d'une artère est beaucoup plus dangereuse que celle d'une veine.

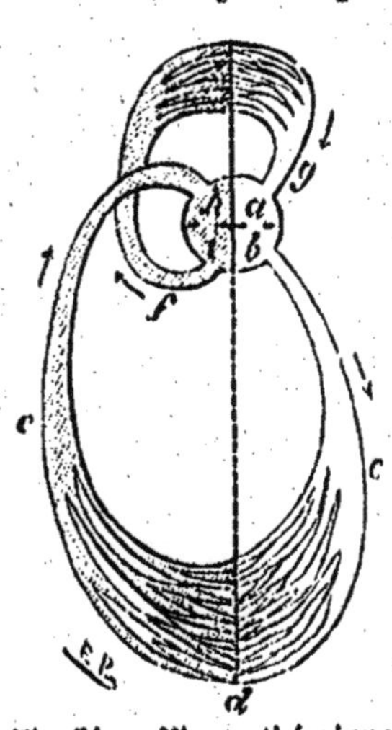

Fig. 34. — Figure théorique représentant la circulation du sang chez l'homme.

10. Sang. — Le sang est un liquide formé d'*albumine*[2], dans lequel il y a une quantité considérable de corpuscules[3] rouges, ronds et aplatis, invisibles à l'œil nu, et qu'on appelle *globules*. Ce sont ces globules rouges qui vont, avec le sang artériel, porter l'oxygène dans tous

---

1. *Circulation* vient du mot *cercle* et veut dire mouvement *circulaire*, en rond : le sang parcourt, en effet, continuellement le même cercle.

2. *Albumine*, substance analogue au blanc de l'œuf, qui se coagule par la chaleur.

3. *Corpuscule*, corps très petit.

nos organes; ils passent ensuite dans le sang veineux, qui se charge de l'acide carbonique provenant de la combustion du carbone par l'oxygène pour s'en débarrasser dans les poumons.

3° DIGESTION

11. Le sang, avons-nous dit, s'en va dans toutes les parties du corps pour les nourrir; la nourriture qu'il leur donne lui est fournie par l'une des plus importantes fonctions de nutrition : la *digestion*. On peut dire que la digestion est l'opération par laquelle les aliments sont transformés en sang.

12. Appareil digestif. — La digestion se fait dans le *canal digestif*, appelé aussi *appareil digestif*. Il commence à la *bouche a* (*fig.* 35), qui se continue par l'*arrière-bouche b*; celle-ci communique avec un tuyau nommé *œsophage c*, qui débouche dans l'estomac d; à la suite de l'estomac se trouve l'*intestin*

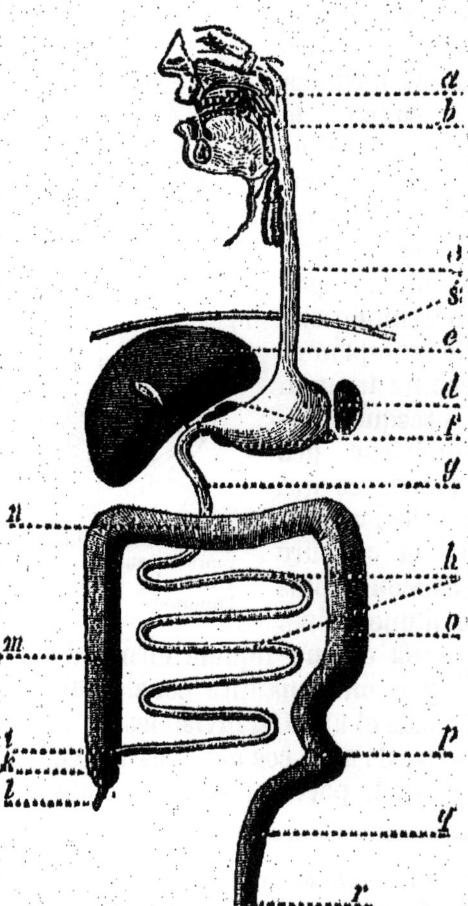

Fig. 35. — Le tube digestif et ses principales annexes (figure théorique).

grêle[1] *g*, *h*, *i*, puis le *gros intestin k*, *m*, *n*, *o*, *p*, *q*, *r*. A cet appareil sont annexés des organes appelés *glandes*, qui sécrètent différents liquides nécessaires à la digestion; ce sont : les *glandes salivaires*, le *foie c* et le *pancréas f*.

13. La bouche. — Nous introduisons les aliments dans notre *bouche*. C'est une cavité formée par les joues, les mâchoires et les lèvres; elle renferme la *langue*, les *glandes salivaires* et les *dents*.

14. Les dents. — Elles sont formées d'une ma-

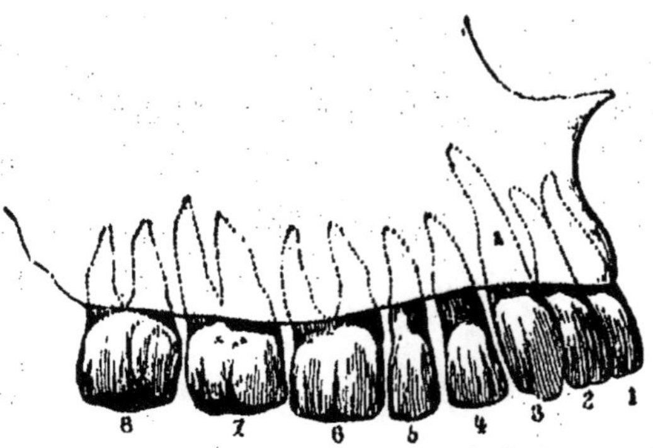

Fig. 36. — Dents de la mâchoire supérieure. — 1, 2, dents incisives; 3, canine; 4, 5, petites molaires n'ayant qu'une racine; 6, 7, 8, grosses molaires à deux, trois racines.

tière pierreuse nommée *ivoire*, recouverte, à la partie supérieure, d'une substance très dure et très cassante appelée *émail*. Elles ont différentes formes, d'après lesquelles on les divise en *incisives*, en *canines* et en *molaires*. Les *incisives*, ou dents de devant, sont ainsi nommées parce qu'elles servent à *couper* les aliments, attendu qu'elles sont amincies et tranchantes; les *canines*, placées à gauche et à droite des incisives, sont pointues comme les crocs du *chien;* les *molaires* sont larges et font l'office de *meules* pour broyer les aliments. Chacune des deux moitiés d'une même mâchoire (*fig.* 36) renferme le même nombre et les mêmes sortes de dents.

---

1. *Grêle* veut dire ici petit, étroit. L'*intestin grêle* est ainsi appelé parce qu'il est beaucoup moins large que le *gros intestin*.

L'homme en a trente-deux (seize à chaque mâchoire : quatre incisives, deux canines et dix molaires). Les enfants, jusqu'à l'âge de sept ans environ, n'en ont que vingt, appelées *dents de lait*, qui tombent et sont

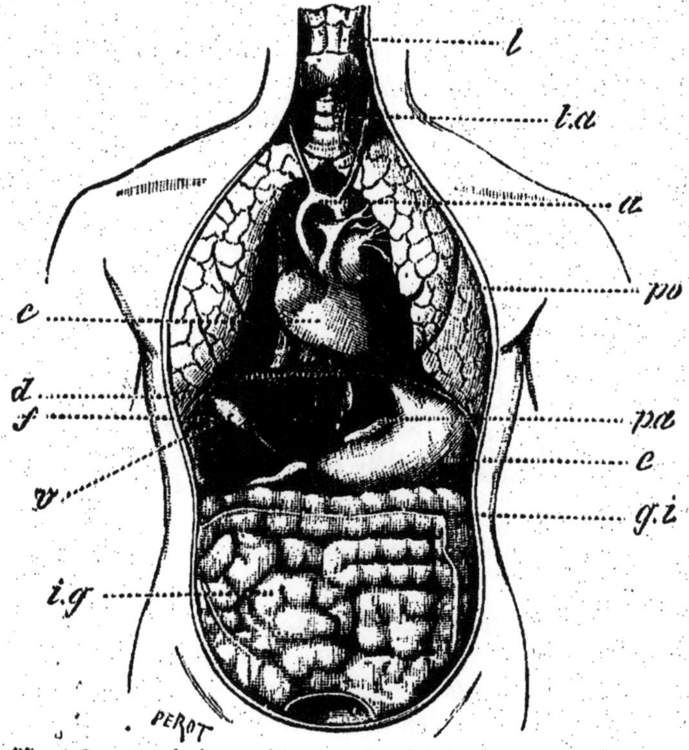

Fig. 37. — Organes de la nutrition. — *Respiration* : *l*, larynx ; *t a*, trachéeartère ; *p o*, poumons ; *d*, diaphragme. — *Circulation* : *c*, cœur ; *a*, artère aorte. — *Digestion* : *e*, estomac ; *p a*, pancréas ; *f*, foie ; *i g*, intestin grêle ; *g i*, gros intestin.

remplacées par d'autres. Les quatre dernières molaires n'apparaissent qu'entre vingt et trente ans : c'est pourquoi on les nomme *dents de sagesse*.

Lorsque les aliments ont été bien broyés et divisés par les dents, ils sont humectés par la *salive* (sécrétée par les glandes *salivaires*) qui les réduit en une espèce de pâte grossière, et qui possède la propriété de transformer en *sucre* la *fécule* du pain et des autres aliments *féculents*.

Cette pâte est conduite par la langue dans l'*arrière-bouche;* de là elle passe dans l'*œsophage,* puis dans l'*estomac.*

15. L'estomac. — Il est placé (ainsi que les intestins, le foie et le pancréas) dans le *ventre,* qui est séparé de la poitrine par une membrane musculaire nommée *diaphragme s* (*fig.* 35), s'élevant et s'abaissant alternativement pendant la respiration. L'estomac est une espèce de poche membraneuse, en forme de poire, couchée horizontalement du côté gauche. Sa membrane muqueuse sécrète un liquide très acide, appelé *suc gastrique,* qui a la propriété de dissoudre l'albumine, la viande et toutes les substances azotées.

16. Lorsque les aliments ont été *digérés* par l'estomac, ils forment une espèce de bouillie qui passe dans l'*intestin grêle.* Celui-ci reçoit un liquide nommé *suc pancréatique* sécrété par une glande grosse comme le poing, le *pancréas;* ce suc a la propriété de dissoudre les matières grasses telles que le beurre, l'huile et la graisse. L'intestin grêle reçoit, en outre, la *bile,* liquide verdâtre et amer qui vient aider le suc pancréatique à dissoudre les substances grasses et à achever la digestion; elle est sécrétée par une glande volumineuse, placée à droite, qu'on appelle le *foie.*

Quand tous les aliments ont été dissous, il en résulte un liquide blanc qui pénètre, par les petites ouvertures en nombre infini dont est percé l'intestin grêle, dans le sang, avec lequel il se mélange pour nourrir nos organes. La partie des aliments qui n'a pas été digérée est rejetée au dehors, sous forme d'excréments, après avoir traversé le gros intestin.

Comme on le voit, la *respiration* purifie le sang, la *circulation* le transporte partout où sa présence est utile, et la *digestion* lui fournit, grâce aux aliments, les matériaux nécessaires à l'entretien de nos organes, car ceux-ci s'usent et se renouvellent continuellement.

Applications à l'hygiène.

Sommaire. — 17. Nécessité de l'air pur pour la transformation du sang veineux en sang artériel. Utilité de la gymnastique et des jeux. — 18. Le pouls; la fièvre. — 19. Saignement de nez. — 20. Soins qu'exigent les dents. — 21. Nécessité de manger lentement et de bien diviser les aliments. — 22. L'intempérance : indigestion, gastrite, colique.

17. Nous avons vu, en parlant de l'air, combien il est nécessaire que celui que nous respirons soit toujours pur; l'étude que nous venons de faire de la respiration et de la circulation nous fait comprendre pourquoi. S'il n'est pas pur, c'est-à-dire s'il ne contient pas une quantité suffisante d'oxygène, la transformation du sang veineux en sang artériel se fait d'une manière incomplète, de sorte que les globules du sang ne reçoivent pas assez d'oxygène pour entretenir la vie dans nos organes : il en résulte des maladies de langueur, telles que l'*anémie*, ou des maladies de poitrine si communes et trop souvent mortelles (surtout la terrible *phtisie*), et enfin, dans certains cas, la mort par *asphyxie*. La gymnastique est très utile parce qu'elle donne de la force aux muscles qui font mouvoir les côtes, ce qui développe la poitrine, c'est-à-dire en augmente la capacité et permet à l'air de pénétrer en plus grande quantité dans toutes les cellules des poumons; il en est de même des jeux de toutes sortes : c'est pourquoi il faut, enfants, pendant les récréations, vous livrer au jeu avec toute l'ardeur de votre âge, vous n'en travaillerez que mieux en classe.

Il est aussi de votre intérêt, vous le savez, d'entretenir la peau de votre corps très propre, car elle est percée d'une multitude de petits trous que la malpropreté bouche, de telle sorte que l'air y entre alors difficilement; c'est préjudiciable à votre santé, attendu qu'il s'effectue une autre respiration par toute la surface de la peau : la preuve, c'est que, si l'on recouvre d'un enduit imperméable (de goudron, par exemple) le corps d'un homme ou d'un animal, celui-ci, au bout d'un certain temps, meurt asphyxié.

18. Le sang, avons-nous dit, circule, c'est-à-dire qu'aussitôt arrivé dans les oreillettes il passe dans les ventricules, d'où il est lancé dans les vaisseaux sanguins qui le conduisent aux poumons et dans tous nos organes ; ces mouvements ont lieu, chez l'homme, de soixante à quatre-vingts fois par minute et se répètent dans les artères, où l'on peut les constater, surtout au poignet : c'est ce qu'on appelle *tâter le pouls*. Cette constatation donne au médecin des indications sur l'état d'un malade, car, lorsqu'on a la fièvre, les pulsations[1] sont beaucoup plus rapides : cent à cent trente par minute.

19. Saignement de nez. — Lorsqu'il n'est pas fréquent, on ne doit pas chercher à le faire cesser, parce qu'il préserve, assez souvent, d'une *congestion cérébrale*[2], à moins que l'enfant ou la personne qui en est atteinte n'ait une constitution faible et délicate : dans ce cas, il faut l'arrêter le plus vite possible. Pour cela, on fait tenir la tête droite, les bras élevés ; on rafraîchit le front et la narine avec un mouchoir imbibé d'eau froide et on place entre les épaules un objet froid, une clef, un morceau de marbre, ou une compresse d'eau fraîche.

20. Tout le monde sait combien les dents sont utiles pour broyer et diviser les aliments : il faut donc en avoir bien soin, les laver chaque matin et même après chaque repas avec une brosse à dents enduite d'une pâte ou d'une poudre dentifrice, ou de charbon pulvérisé. C'est d'autant plus nécessaire que lorsqu'elles ne sont pas soignées elles se gâtent, ce qui cause de vives douleurs.

21. Les enfants, et même quelques grandes personnes ont la mauvaise habitude de manger trop vite, c'est-à-dire d'avaler les aliments avant qu'ils soient complètement divisés et réduits en pâte : il est dangereux d'agir ainsi parce que l'estomac, obligé à un surcroît de travail,

---

1. *Pulsation*, battement des artères qui constitue le *pouls*.
2. *Cérébral*, qui a rapport au *cerveau*.

finit par être malade. Ce n'est pas ce que l'on mange qui nourrit, mais ce que l'on digère; et, pour que les aliments soient digérés, il est nécessaire de les bien mastiquer et de les diviser complètement. Cela est tellement vrai que l'homme qui avale vite consomme beaucoup plus et est moins fort que celui qui mange lentement et broie complètement ses aliments.

22. D'accord avec le proverbe : *il faut manger pour vivre et non vivre pour manger*, l'hygiène recommande de ne pas faire d'excès. Celui qui mange trop s'expose à une *indigestion*, qui fait beaucoup souffrir; de plus, il impose à la muqueuse de l'estomac un travail fatigant, susceptible de produire dans cette membrane une inflammation nommée *gastrite*, maladie très difficile à guérir.

L'intestin grêle peut aussi être malade si l'on mange des fruits verts ou acides : cela donne des *coliques*.

EXERCICES DE RÉDACTION
PRÉPARATOIRES A L'EXAMEN DU CERTIFICAT D'ÉTUDES

I. — Histoire d'une bouchée de pain.

Racontez l'histoire d'une bouchée de pain et d'une bouchée de viande depuis le moment où vous les mettez dans votre bouche; vous indiquerez les organes par où elles passent et les différentes transformations qu'elles subissent. Vous direz ensuite quelles sont les règles d'hygiène qu'il faut observer pour éviter des maladies aux différents organes de l'appareil digestif.

II. — Utilité de la gymnastique.

Votre cousin, qui est indolent, vous a écrit que pour ne pas faire de gymnastique il a dit à sa mère que cela lui donnait des battements de cœur (ce qui n'est pas vrai) ; grâce à ce prétexte, il a obtenu d'être dispensé de la leçon de gymnastique, ce dont il est tout fier.

Vous lui écrivez pour lui montrer son erreur; vous lui faites voir combien la gymnastique est utile pour développer la poitrine, et, pour mieux le convaincre, vous lui décrivez les organes de la respiration en lui faisant connaître comment ils fonctionnent.

III. — La circulation du sang.

Un de vos camarades, qui n'a jamais étudié l'histoire naturelle, ne veut pas croire que nous avons du sang rouge et du sang noir.

Vous lui écrivez pour lui expliquer comment le sang artériel se change en sang veineux et par quel phénomène celui-ci, de noir qu'il était, redevient rouge, c'est-à-dire du sang artériel. Pour qu'il vous comprenne mieux, vous lui faites la description des organes de la circulation en lui expliquant à quoi ils servent; vous lui dites que la coupure d'une artère est beaucoup plus dangereuse que celle d'une veine, et vous lui indiquez ce qu'il faut faire pour arrêter l'écoulement du sang dans ce cas, ainsi que lorsqu'on saigne du nez.

IV. — Les dents.

Dites quelles sont les différentes sortes de dents, à quoi elles servent, les soins qu'elles exigent, etc.

III. — LES ALIMENTS. LES BOISSONS FERMENTÉES. LA FERMENTATION. CONSERVATION DES MATIÈRES ALIMENTAIRES.

Sommaire. — 1. Les aliments : ce que c'est. — 2. Leur division : 1º aliments *azotés* ou *réparateurs;* 2º aliments *combustibles* ou *respiratoires.* — 3. Principaux principes azotés : *albumine, caséine, gluten.* — 4. Aliments combustibles : *graisse, fécule, sucre.* — 5. *Boissons :* l'eau et les boissons fermentées. — 6. *La fermentation.* Ce que c'est : transformation du sucre en alcool et en acide carbonique. — 7. Son importance : fabrication du pain; fermentation putride; nitrification. — 8. *Conservation des matières alimentaires.* — 9. Différents procédés. — 10. 1º Par le froid. — 11. 2º Par l'expulsion de l'air et la chaleur. — 12. Comment on peut faire des conserves de petits pois. — 13. 3º Par les antiseptiques : sel, vinaigre, eau-de-vie, acide carbonique. — 14. Conservation des œufs.

1. On nomme *aliments* les substances qui servent à la

nutrition, c'est-à-dire à la nourriture de notre corps, après avoir été digérées.

2. Ce qui fait la valeur principale des aliments, c'est la présence de l'*azote*; c'est pourquoi on les divise en deux grandes catégories : 1° les aliments *azotés*, aussi appelés *réparateurs* parce qu'ils *réparent* nos organes, c'e..-à-dire leur fournissent ce qui est nécessaire pour se développer et se renouveler; 2° les aliments *combustibles*, qu'on nomme aussi *respiratoires*, et qui sont composés surtout de charbon et d'hydrogène que l'oxygène *brûle* pendant l'acte de la *respiration*.

3. Les principes azotés les plus importants sont : l'*albumine*, contenue dans la viande et dans le blanc d'œuf; la *caséine*, qui se trouve dans le lait ainsi que dans le fromage ; et le *gluten*, contenu dans le pain, et avec lequel on fabrique les pâtes alimentaires telles que le vermicelle, le macaroni, etc. Les légumes secs : haricots, lentilles, etc., renferment aussi une grande quantité de principes azotés, ce qui les rend très nourrissants.

4. Les aliments combustibles comprennent : 1° les aliments *gras* comme l'huile, le beurre, la graisse ; et 2° les aliments *féculents* tels que la farine des céréales, la pomme de terre, etc., auxquels on pourrait ajouter ceux qui contiennent du *sucre*.

Tous les aliments renferment de l'oxygène, de l'hydrogène et du charbon; quelques-uns ont, en plus, de l'azote.

Les œufs, le lait, le pain même, contenant à la fois les différents principes nutritifs, constituent des *aliments complets*.

5. Boissons. — L'eau est la boisson par excellence pourvu qu'elle soit potable (voy. chapitre III, page 50).

Outre ce liquide naturel, nous consommons d'autres boissons, dites *fermentées* ou *alcooliques*, dont les principales sont : le *vin*, le *cidre* et la *bière*.

6. La fermentation. — Sous l'influence de la *fermentation* produite par une infinité de petits êtres vivants appelés *ferments*[1], le sucre contenu dans les raisins et dans les pommes se transforme au contact de l'air : 1° en *acide carbonique*, qui se dégage ; 2° en *alcool*, qui reste dans le vin ainsi que dans le cidre, auxquels il donne leur force. Dans la fabrication de la bière, la fécule se change d'abord en sucre, puis celui-ci subit la transformation qui vient d'être indiquée pour le vin et le cidre.

7. La *fermentation*, si bien étudiée par notre grand savant Pasteur, est l'un des phénomènes les plus importants et les plus répandus. Ainsi, dans la fabrication du pain, c'est la fermentation produite par la petite quantité de *levain*[2] ajoutée à la pâte qui transforme la fécule, ou amidon, en sucre, et celui-ci en alcool et en acide carbonique (c'est cet acide qui, en cherchant à s'échapper, produit les trous qu'on remarque dans le pain, et qui le rendent plus léger, par conséquent d'une digestion plus facile). C'est aussi la fermentation qui fait aigrir le lait, rancir le beurre, pourrir le bois, etc. ; enfin les matières organiques se décomposent sous l'influence de la fermentation, qu'on qualifie alors de *putride*, parce qu'elles sont en *putréfaction*, c'est-à-dire pourries.

De même, la *nitrification* (voy. chapitre XIII, n° 11) est une véritable *fermentation*.

Dans tous ces exemples, les ferments appartiennent au règne végétal, sauf dans la fermentation *putride*, où ils proviennent du règne animal.

8. Conservation des matières alimentaires. — Ce que nous venons de dire de la fermentation indique le moyen à employer pour l'empêcher de se produire, c'est-à-dire pour prévenir la décomposition des substances organiques qui nous servent d'aliments : c'est de tuer le ferment ou d'en suspendre la vie, soit par une température trop basse ou trop élevée, soit par l'action de ma-

---

1. *Ferments.* Ce sont des végétaux ou des animaux microscopiques dont les germes se trouvent dans l'air.

2. *Levain.* C'est de la pâte aigrie, qui renferme beaucoup de ferments.

tières qu'on appelle *antiseptiques*, parce qu'elles empêchent la putréfaction.

9. Pour que les ferments agissent, c'est-à-dire pour que la fermentation ait lieu, il faut une certaine température, de l'eau et la présence de l'oxygène : par conséquent il sera nécessaire, pour conserver les substances alimentaires, de les mettre à l'abri d'une ou de plusieurs de ces conditions. De là différents procédés de conservation dont les principaux sont : le *froid*, l'*expulsion de l'air* et l'*emploi des antiseptiques*.

10. Aujourd'hui que l'industrie a trouvé le moyen de produire le froid économiquement, on peut conserver pendant longtemps le poisson et la viande, même des cadavres entiers d'animaux de boucherie.

11. Le procédé le plus simple et le plus employé, qu'on appelle (du nom de son inventeur) procédé *Appert*, c'est l'expulsion de l'air. Les conserves de légumes frais (petits pois, asperges, etc.), de thon, de saumon, de homard, etc., ainsi que les sardines à l'huile, jouent un très grand rôle dans l'alimentation.

12. On peut faire soi-même des conserves de petits pois. Voici comment il faut s'y prendre. On choisit des bouteilles en verre très épais que l'on n'emplit pas tout à fait de petits pois fraîchement écossés ; on les tasse en frappant le fond sur la table, et on les ferme avec des bouchons que l'on assujettit avec un collet en fil de fer. On les place debout dans une chaudière contenant assez d'eau pour qu'elles y baignent jusqu'au goulot, et on les sépare avec du foin, de la paille, ou de vieux linges. Ensuite, on chauffe doucement, de manière que l'eau bouille pendant deux heures environ ; on laisse le feu s'éteindre et les bouteilles se refroidir lentement : on ne les retire que le lendemain.

Pour conserver des asperges, il faut prendre des flacons ayant une ouverture assez large. Pour les tomates, on les fait cuire pendant cinq minutes, en ayant soin de les remuer continuellement ; ensuite on les passe au tamis en écrasant la pulpe de manière à en faire une purée que l'on met dans des bouteilles, comme les petits pois, et que l'on fait bouillir pendant une demi-heure seulement.

13. Enfin on se sert des *antiseptiques*, dont les principaux sont : le *sel*, le *vinaigre*, l'*alcool*, l'*acide carbonique*, etc. C'est le sel qui est le plus employé. A la campagne, on conserve le porc d'une année à l'autre en superposant des couches de sel et de morceaux de viande.

14. Conservation des œufs. — Un produit qu'il est très important de conserver, ce sont les *œufs* qui, en hiver, se vendent fort cher. Pour cela, il faut empêcher l'air de pénétrer à l'intérieur par les petits trous ou *pores* invisibles et très nombreux dont la coque est percée. Il y a des personnes qui les mettent dans la cendre : c'est un mauvais procédé parce que celle-ci ne bouche pas complètement les trous, de sorte que l'air entre dans les œufs et les fait gâter. Voici le moyen à employer. On les recouvre d'un enduit formé d'huile et de cire, ou bien on les plonge pendant quelques heures dans de l'eau salée, et, quand ils sont secs, on les met par lits superposés dans du son, de la cendre, ou de la sciure de bois. Un autre procédé, et c'est peut-être le meilleur, consiste à les déposer un par un dans un petit baril contenant un lait de chaux assez épais (1 kilogramme de chaux dissous dans une dizaine de litres d'eau) auquel on a ajouté quelques centièmes de sucre ; on peut ne les y laisser que quelques jours et les conserver comme il vient d'être dit : la coque s'est recouverte d'une légère couche de chaux qui bouche les trous.

Il faut avoir soin de les placer dans un endroit sec, où la température soit de 6 à 10°, et se rappeler que la gelée les fait gâter.

Applications à l'hygiène.

Abus des boissons alcooliques et du tabac.

SOMMAIRE. — 15. Utilité de la cuisson des aliments ; sa nécessité pour la viande, surtout celle de porc. — 16. *Abus des boissons alcooliques.* Ses funestes effets sur le cerveau et sur l'estomac. — 17. *Abus du tabac.* Ses effets sont très dangereux pour les enfants.

15. La plupart de nos aliments ont besoin d'être cuits ; ils sont alors plus faciles à digérer. C'est même absolument nécessaire pour la viande, surtout celle du porc, car cet animal est sujet à une maladie causée par des milliers de petits vers appelés *trichines*, qui rongent sa chair ; ils peuvent également dévorer celle de l'homme, et le faire mourir après des souffrances atroces. C'est pourquoi le jambon, la charcuterie et la viande de porc, doivent être soumis à une cuisson suffisante pour tuer les trichines.

D'une manière générale, la cuisson purifie, assainit les aliments, et nous préserve de l'absorption de certains animaux parasites vivants, surtout de ceux qu'on nomme *vers intestinaux*, dont la présence occasionne des maladies.

16. Abus des boissons alcooliques. — Ce qui est par-dessus tout funeste à la santé, c'est l'abus du vin et surtout de l'eau-de-vie, qu'on devrait plutôt appeler l'*eau de mort ;* car, bien loin d'entretenir la vie et encore moins de la prolonger, elle l'abrège et la rend même insupportable par le triste cortège de maladies qu'elle traîne avec elle. C'est principalement sur le cerveau qu'elle agit ; elle le détériore en affaiblissant les plus belles facultés de l'intelligence : l'ivrognerie fait perdre la mémoire et la raison, abrutit l'homme et le dégrade au point de le faire descendre au-dessous des animaux.

L'alcool n'attaque pas seulement le cerveau, il agit aussi sur l'estomac par son action irritante ; alors celui-ci ne peut plus fonctionner, la gastrite et les maladies de foie arrivent, l'appétit n'existe plus, et le malheureux *alcoolique*, pour se donner une force passagère, absorbe des quantités de plus en plus considérables de mauvaise eau-de-vie qui l'empoisonne, l'abrutit et finalement le fait mourir prématurément après lui avoir fait endurer toutes sortes de souffrances : il se figure être poursuivi par des ennemis imaginaires, le délire de la persécution s'empare de lui et le pousse au suicide ou au crime.

17. Abus du tabac. — Il en est à peu près de même du tabac à fumer, qui contient un poison tellement violent, la *nicotine*, qu'une goutte suffit pour tuer un chien ; ce poison agit également sur le cerveau, en faisant perdre d'abord la mémoire et en affaiblissant graduellement les autres facultés intellectuelles. Il détériore aussi l'estomac et trouble la digestion, fait perdre l'appétit, altère le sens du goût et fait gâter les dents, etc. L'abus du tabac a une conséquence redoutable : c'est la soif que l'on éprouve quand on a beaucoup fumé et qui fait contracter l'habitude de la boisson. Mais voilà, c'est le défaut à la mode ; il est de bon ton d'avoir un cigare ou une cigarette à la bouche, voire même une pipe. L'abus du tabac est mauvais pour les hommes : à plus forte raison pour les enfants, dont les organes ne sont pas encore formés et dont il entrave le développement. On peut même dire que pour eux l'usage du tabac est très dangereux : il les rend paresseux et moins intelligents.

EXERCICES DE RÉDACTION
PRÉPARATOIRES A L'EXAMEN DU CERTIFICAT D'ÉTUDES

I. — Les aliments les plus agréables ne sont pas toujours les meilleurs.

Un de vos camarades, qui habite une ferme isolée, étant venu vous voir l'année dernière et ayant aperçu toutes sortes de friandises dans la boutique d'un pâtissier, n'a pu s'empêcher de soupirer, en vous disant : « Comme cela doit être bon, ces gâteaux et ces bonbons, et que les enfants riches sont heureux de pouvoir s'en payer tant qu'ils en veulent ! »

A cette époque, vous pensiez à peu près comme lui ; mais, depuis la leçon que votre instituteur vous a faite sur la valeur nutritive des aliments, vous avez changé d'avis. Vous écrivez cela à ce camarade en essayant de lui faire comprendre ce que votre maître vous a expliqué, et en faisant ressortir la valeur de ces vulgaires légumes secs : haricots, lentilles, etc., qui sont si utiles à la campagne aussi bien qu'à la ville, et qu'on est tenté de dédaigner. Vous lui direz également que les boissons fermentées ne valent pas la bonne eau claire et limpide que lui fournit en abondance la source qui se trouve auprès de sa ferme, et vous lui expliquerez ce que vous savez sur la fermentation.

II. -- Conservation des petits pois et des œufs.

Votre cousin, qui a quitté l'école de bonne heure, étant venu faire le carnaval chez vous, votre mère, pour le régaler, a fait cuire la dernière bouteille de petits pois que vous aviez conservés; il ne s'attendait point à cela et vous a témoigné son étonnement en s'en allant. Vous lui avez répondu que c'étaient des petits pois de votre jardin, et que les œufs qu'il avait mangés étaient également conservés; il n'en a voulu rien croire et vous a dit en vous quittant que vous étiez un farceur.

Vous lui écrivez pour le faire revenir de son erreur; vous lui dites ce que vous avez fait en vous appuyant sur les explications que votre maître vous a données relativement à la conservation des substances alimentaires; enfin vous lui décrivez les procédés que vous avez employés pour la conservation des petits pois et des œufs.

III. — L'ivrognerie.

Un jour, en vous rendant à l'école, vous avez vu un homme d'un certain âge qui riait, chantait, gesticulait et faisait toutes sortes de grimaces; il était ivre.

Vous écrivez à l'un de vos amis pour lui dire les sentiments que ce spectacle vous a inspirés; vous raconterez tout ce que vous avez vu, et, si vous n'avez jamais été témoin d'une scène semblable, vous imaginerez ce que la perte de sa raison a pu faire faire à ce malheureux; il vous sera facile de supposer quelle est sa conduite envers sa femme et ses enfants, les crimes qu'il peut commettre inconsciemment, etc. Vous terminerez en indiquant les terribles conséquences de l'abus des boissons alcooliques.

IV. — Le premier cigare.

Racontez sincèrement ce qui vous est arrivé lorsque vous avez essayé de fumer un cigare, ou une cigarette. Vous exposerez pourquoi vous avez fumé, ce que vous avez éprouvé, si vous avez ressenti du plaisir ou de la douleur, etc.; ensuite vous direz franchement ce que vous vous proposez de faire à ce sujet, c'est-à-dire si vous avez l'intention de continuer à fumer ou si vous êtes décidé à y renoncer, et pourquoi. Vous terminerez en faisant connaître les inconvénients de l'abus du tabac et ses effets sur le cerveau ainsi que sur l'estomac, etc.

IV. — LES ANIMAUX. CLASSIFICATION

SOMMAIRE. — 1. Division des animaux en *quatre embranchements* : vertébrés, annelés, mollusques, rayonnés. — 2. Ce qui caractérise chaque embranchement. — 3. Les *vertébrés* forment *cinq classes*. — 4. 1º Les *mammifères*. Division de la classe des *mammifères* en *ordres*. — 5. Ordre des bimanes : l'homme. — 6. Ordre des quadrumanes : les singes. — 7. Les insectivores : hérisson, taupe, etc. — 8. Les carnivores. — 9. Les herbivores. — 10. Les rongeurs. — 11. Les ruminants. — 12. Les pachydermes. — 13. Les mammifères marins. — 14. 2º Les *oiseaux*. L'œuf. — 15. Oiseaux de proie : diurnes et nocturnes. — 16. Les passereaux. — 17. Les grimpeurs. — 18. Les échassiers. — 19. Les gallinacés. — 20. Les palmipèdes. — 21. 3º Les *reptiles* : tortues, lézards, serpents. — 22. Ce qu'il faut faire pour guérir les morsures de vipère. Comment on distingue une vipère d'une couleuvre. — 23. 4º Les *batraciens* : grenouille et crapaud. — 24. 5º Les *poissons*. — 25. Les *annelés* : les insectes. — 26. Métamorphoses des insectes. Ce qui les caractérise. — 27. Les vers : dangers du ténia et de la trichine. — 28. Les *mollusques* et les *rayonnés*. — 29. Principaux mollusques. — 30. Principaux rayonnés.

1. Il existe un nombre si considérable d'animaux différents qu'il serait impossible de les connaître si l'on était obligé de les étudier individuellement : c'est pourquoi on les a groupés, d'après certaines ressemblances, certains *caractères*, en quatre grandes catégories appelées *embranchements ;* ce sont : 1º les *vertébrés ;* 2º les *annelés ;* 3º les *mollusques ;* 4º les *rayonnés*. Ces trois dernières sont souvent réunies sous la dénomination commune d'*invertébrés*.

2. Les *vertébrés* sont *caractérisés* par la présence de la colonne *vertébrale ;* les *annelés*, par les *anneaux* dont leur corps est formé ; les *mollusques*, par leur corps *mou ;* enfin les *rayonnés*, par la forme de leur corps dont les différentes parties ressemblent à des *rayons* qui partent d'un point central ou noyau.

Chacun de ces quatre embranchements comprend plusieurs groupes qu'on nomme des *classes*.

LES VERTÉBRÉS

3. L'embranchement des *vertébrés* est le plus important. Il se divise en cinq classes : les *mammifères*, les *oiseaux*, les *reptiles*, les *batraciens* et les *poissons*.

Les *mammifères* et les *oiseaux* sont des animaux à *sang chaud;* les *reptiles*, les *batraciens* et les *poissons*, sont des animaux à *sang froid :* il en est de même des trois autres embranchements. Il est facile de constater en prenant dans sa main soit une grenouille, soit un poisson, soit un ver de terre, soit une limace, qu'on ressent une impression de froid.

4. 1° Les mammifères. — Ils sont supérieurs à tous les autres animaux, et sont ainsi appelés parce qu'ils ont des *mamelles*.

La classe des mammifères se divise à son tour en un certain nombre de groupes nommés *ordres*, dont les principaux sont : les *bimanes*, les *quadrumanes*[1], les *insectivores*, les *carnivores*, les *rongeurs*, les *ruminants* et les *pachydermes*.

5. L'homme est le premier des mammifères; il forme à lui seul l'ordre des *bimanes* et peut être pris comme type de la classe des mammifères.

6. L'ordre des *quadrumanes* comprend, les *singes;* ce sont les animaux qui, par la conformation de leur corps, ressemblent le plus à l'homme. L'un des plus grands, l'*orang-outang* (*fig.* 38), est remarquable par sa force, qui le rend redoutable.

---

1. *Bimanes. Quadrumanes.* Le mot *manes* signifie *mains;* *bi* veut dire *deux*, et *quadru*, quatre. *Bimane* signifie donc qui a deux mains, et *quadrumane* qui en a quatre. Les animaux qui ont quatre pieds, comme les bestiaux, s'appellent des *quadrupèdes* (*pèdes* veut dire pieds); ceux qui n'en ont que deux, comme les oiseaux, sont des *bipèdes*. L'homme est *bimane* et *bipède*.

7. Les *insectivores*, comme leur nom l'indique, se nourrissent d'*insectes* ; ce sont : le *hérisson*, la *musaraigne* et la *taupe*, qui sont utiles à l'agriculture.

On peut rapprocher des insectivores les *chauves-souris*, qui se nourrissent aussi d'insectes nuisibles : c'est pour-

Fig. 38. — Orang-outang (hauteur : 1ᵐ,10).

quoi il ne faut pas les détruire. (Ce ne sont pas des oiseaux, comme on serait tenté de le croire.)

8. Les *carnivores*, ou *carnassiers*, sont ainsi appelés parce qu'ils dévorent la chair des autres animaux. Ce sont d'abord les *chats*, qui comprennent le *chat* proprement dit, le *lion* (surnommé le roi des animaux) (*fig.* 39), le *tigre* et le *jaguar* ; ensuite les *chiens* ; enfin, les *hyènes*, les *panthères*, les *ours*, etc. La plupart des animaux féroces habitent l'Asie, l'Afrique ou l'Amérique. En Europe, il y a le *loup*, le *renard*, qui se rapprochent du *chien;* la *fouine*, la *marte* ou *martre*, le *putois*, la *loutre*, etc. : tous ces animaux (sauf nos chats et nos chiens) sont nuisibles.

9. Les autres mammifères dont nous allons nous

Fig. 30. — Lion d'Afrique (hauteur : 1 mètre).

occuper sont *herbivores*, c'est-à-dire se nourrissent d'*herbe*.

10. L'ordre des *rongeurs* renferme le *lièvre*, le *lapin*, l'*écureuil*, le *rat*, la *souris*, le *campagnol*, le *loir*, la *marmotte*, etc. Ces animaux sont ainsi nommés parce que leurs dents sont disposées de manière à pouvoir *ronger* les plantes, les fruits, le bois même.

11. L'ordre des *ruminants* comprend les principaux de nos animaux domestiques, le *bœuf*, la *vache*, le *mouton*, la *chèvre;* et, en outre, de grands animaux tels que le *chameau*, le *lama*, la *girafe*, le *cerf*, le *renne*, etc. Ils sont ainsi appelés parce qu'ils *ruminent*, c'est-à-dire font passer de leur estomac dans leur bouche les aliments qu'ils ont déjà avalés, pour les broyer de nouveau et les digérer ensuite plus facilement.

12. On range dans l'ordre des *pachydermes*[1] : 1° l'éléphant (*fig.* 40), remarquable par sa trompe et ses deux énormes dents en ivoire, appelées *défenses ;* 2° le *cheval,*

Fig. 40. — Éléphant d'Asie.

l'*âne* et le *mulet ;* 3° le *porc* ou *cochon,* le *sanglier,* l'*hippopotame* et le *rhinocéros,* qui a sur le nez une corne très dure.

13. Les autres animaux de cette classe sont appelés

Fig. 41. — La baleine (longueur : 25 à 30 mètres).

mammifères *marins* ou *aquatiques,* parce qu'ils habitent la mer ; ils vivent à la surface de l'eau, mais non pas sous

---

1. *Pachyderme.* Ce mot est composé de deux parties : *pachy,* signifiant *épais,* et *derme,* qui veut dire *peau ;* un *pachyderme* est donc un animal à peau épaisse.

l'eau comme les poissons, avec lesquels on les confond quelquefois. Les principaux sont : le *phoque*, la *baleine* (le plus grand de tous les animaux) (*fig.* 41); le *cachalot*, etc.

14. 2° Les oiseaux. — Ils ont des ailes, leur corps est recouvert de plumes et leur tête terminée par un bec corné très dur; ils pondent des œufs. L'œuf est formé de trois parties : 1° une coquille pierreuse; 2° le *blanc* ou *albumine*, qui en est la partie la plus nourrissante; 3° le *jaune*, qui renferme le germe de l'oiseau. En soumettant un œuf à une température de 35 à 40° pendant une vingtaine de jours environ, il s'y forme un oiseau qui, après avoir absorbé le jaune et le blanc, perce la coquille d'un coup de bec. Ordinairement c'est la femelle qui donne à ses œufs la chaleur nécessaire en les couvant; mais on peut aussi les faire éclore par la chaleur artificielle dans des espèces de boîtes appelées *couveuses*.

Fig. 42. — Chat-huant.

Les principaux ordres de la classe des oiseaux sont : les *oiseaux de proie*, les *passereaux*, les *grimpeurs*, les *échassiers*, les *gallinacés* et les *palmipèdes*.

15. Comme leur nom l'indique, les *oiseaux de proie* se nourrissent de chair; les uns sont *diurnes*, c'est-à-dire chassent pendant le jour, et sont presque tous nuisibles, tels que l'*aigle*, surnommé le roi des oiseaux, le *busard*, l'*épervier*, l'*émerillon*, etc.; les autres sont *nocturnes*, c'est-à-dire sortent la nuit, tels que le *hibou*, la *chouette*, le *chat-huant* (*fig.* 42), le *grand-duc*, etc., qui sont très utiles parce qu'ils dévorent les rats, les souris et autres animaux nuisibles.

16. A l'ordre des *passereaux* appartiennent tous nos petits oiseaux utiles, qu'il ne faut jamais détruire, depuis le *roitelet* et la *mésange* jusqu'à l'*hirondelle*.

17. Les *grimpeurs* doivent leur nom à la disposition de leurs doigts, dont deux sont dirigés en avant, et les deux autres en arrière, ce qui leur permet de *grimper* très facilement; tels sont : le *perroquet*, le *coucou*, et le *pic*, qui détruit les insectes nuisibles logés dans le bois, mais qui fait des trous dans le tronc des arbres.

18. Les *échassiers* sont ainsi appelés parce que plusieurs d'entre eux ont de longues pattes, de sorte qu'ils semblent montés sur des *échasses;* tels sont : la *cigogne*, la *grue*, le *héron* « au long bec emmanché d'un long cou », qui, « Un jour, sur ses longs pieds, allait je ne sais où », a dit notre bon La Fontaine. La *bécasse* et la *bécassine* (dont la chair est très délicate), le *pluvier*, le *vanneau*, le *râle* et la *poule d'eau*, sont aussi des échassiers.

19. Les *gallinacés*[1] comprennent les oiseaux connus sous le nom de *gibier*, comme le *faisan*, la *perdrix*, la *caille*, et plusieurs de nos oiseaux de basse-cour, tels que la *poule*, le *dindon*, la *pintade*, le *pigeon*.

20. Les *palmipèdes* renferment aussi plusieurs oiseaux de basse-cour, l'*oie*, le *canard*, et un assez grand nombre d'autres oiseaux qui vivent sur les bords de la mer, tels que les *mouettes*, les *goélands*, etc. Ils ont les pieds *palmés*, c'est-à-dire que leurs doigts sont réunis par une espèce de membrane en forme de *palme*, qui leur permet de nager très facilement. (Consulter, pour plus de développements sur les animaux domestiques et les oiseaux de basse-cour, mon livre d'agriculture; voy. la note, page 19.)

21. 3° **Les reptiles**[2]. — Ce sont des animaux qui rampent; ils ont le corps nu, ou garni d'écailles. On distingue : 1° les *tortues*, dont le corps est recouvert d'une carapace très dure, et qui sont utiles; 2° les *lézards*, qui, en France, sont tout petits et nous rendent de grands ser-

---

1. *Gallinacés*. Ce nom vient d'un mot latin signifiant *poule*.
2. *Reptile* veut dire qui rampe.

vices parce qu'ils détruisent des animaux nuisibles à l'agriculture, mais dont certaines espèces géantes, comme le *crocodile* (*fig.* 43), sont redoutables ; 3° les *serpents*, qui n'ont pas de membres, tandis que les tortues et les lézards ont quatre pattes. Ils se divisent en *serpents venimeux* et en *serpents non venimeux*. Parmi les premiers, les plus dangereux sont : le *serpent à sonnettes* d'Amérique, et chez nous la *vipère*. On ne trouve en

Fig. 43. — Crocodile (longueur variable jusqu'à 8 mètres).

France, comme *serpent non venimeux*, que la *couleuvre*, qui est inoffensive, et utile parce qu'elle détruit les limaces, les limaçons et des insectes ; tandis que le *boa* d'Amérique, long de 8 à 10 mètres, est redoutable : il étouffe facilement un bœuf en s'enroulant autour de lui.

22. La morsure de la vipère est dangereuse et même mortelle. Pour la guérir, on suce la plaie (si l'on n'a pas d'écorchure dans la bouche), on la presse pour la faire saigner, on lie fortement le membre au-dessus de la morsure et on cautérise profondément la plaie avec un fer rougi à blanc, ou, à défaut, avec de l'ammoniaque ou de l'acide phénique ; ensuite on prend une boisson chaude à laquelle on ajoute un peu d'eau-de-vie ou 8 à 10 gouttes d'ammoniaque.

Il est utile de savoir distinguer une vipère d'une couleuvre. La vipère est noirâtre ; sa tête est plate, triangulaire, large en arrière, et a la forme d'un V renversé. Chez la couleuvre, la queue est plus longue et plus effilée, la tête est bombée et arrondie, couverte de plaques assez larges, tandis que celle de la vipère est garnie de petites écailles.

23. 4° Les batraciens [1]. — Les principaux sont : la *grenouille* et le *crapaud*. Ces animaux, qui sont très utiles et qu'on ne doit pas détruire, surtout le crapaud, subissent des transformations successives appelées *métamorphoses*. Il sort de l'œuf de la grenouille un petit animal *aquatique* [2] ayant une grosse tête (d'où son nom de *têtard*), et dont le corps est terminé par une longue queue. Plus tard apparaissent les quatre pattes en même temps que la queue diminue et finit même par disparaître : alors c'est une *grenouille*, c'est-à-dire un animal *aérien* [3]. Il en est de même pour le *crapaud*.

24. 5° Les poissons. — Ce sont des animaux exclusivement *aquatiques*, c'est-à-dire qui ne peuvent pas

Fig. 44. — La morue.

vivre ailleurs que dans l'eau ; ils ont la peau couverte d'écailles. Presque tous ont des nageoires, qui leur servent à diriger leurs mouvements.

Les organes de la respiration, appelés *branchies*, ne ressemblent pas aux poumons des animaux aériens ; ce sont des espèces de lames dont les bords sont découpés

---

1. *Batracien* vient d'un mot grec signifiant *grenouille*.
2. *Aquatique* veut dire qui vit dans l'*eau*, comme les poissons.
3. *Aérien* signifie qui vit dans l'*air*.

comme les dents d'un peigne, et qui servent aux poissons à respirer l'air dissous dans l'eau.

On les distingue en *poissons d'eau douce*, dont les principaux sont : l'*anguille*, la *carpe*, la *truite*, le *brochet*, et en *poissons de mer*, dont les plus connus sont : la *sardine*, le *hareng*, la *morue* (*fig.* 44) (qui, après avoir été séchée au soleil, est vendue chez les épiciers sous le nom de *merluche*); et, parmi les plus grands et les plus dangereux, le *requin*, qui peut atteindre jusqu'à 10 mètres de long.

LES ANNELÉS

25. Parmi les *annelés*, on distingue surtout les *insectes*, dont nous nous occuperons plus spécialement à cause de leur importance, car la plupart occasionnent chaque année de grandes pertes à l'agriculture.

A part l'*abeille*, le *carabe*, le *staphylin*, le *fourmi-lion*, le *ver luisant*, la *coccinelle*, la *libellule*, le *nécrophore* ou *fossoyeur*, qui sont utiles, presque toutes les

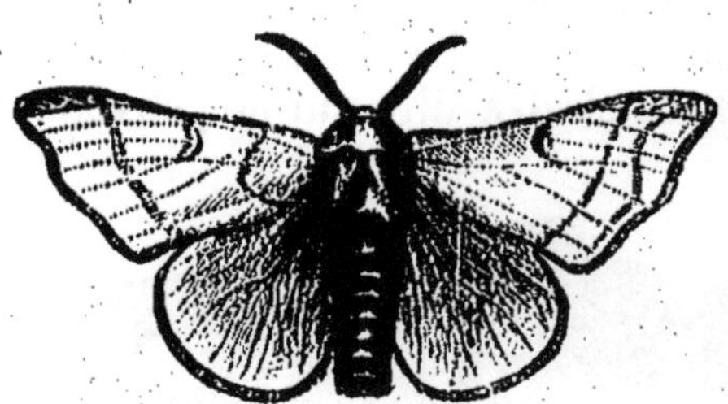

Fig. 45. — Papillon du ver à soie.

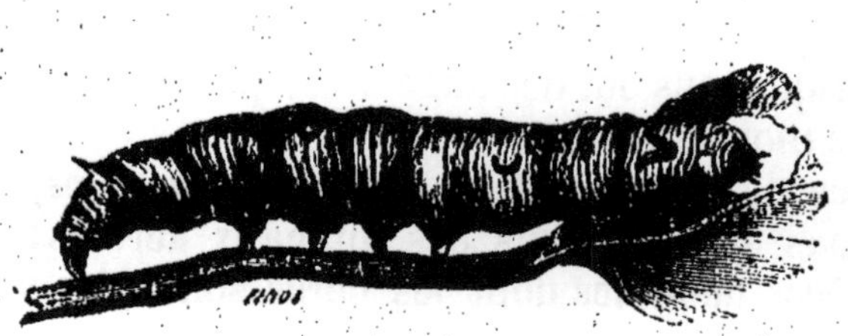

Fig. 46. — Ver à soie.

Fig. 47.

autres espèces (et elles sont nombreuses, il y en a plus de 200 000), sont nuisibles.

26. De même que la grenouille, les insectes ont des changements appelés aussi *métamorphoses*. Ainsi, le *papillon*, celui du ver à soie par exemple (*fig.* 45), pond des œufs tout petits, pas plus gros qu'une tête d'épingle ; de chaque œuf sort une chenille qui se nourrit de feuilles (*fig.* 46), et, après avoir changé quatre fois de peau, s'enferme dans un *cocon* où elle devient une *chrysalide* (*fig.* 47). Celle-ci, au bout d'un certain temps, est transformée en *papillon*, qui sort de son enveloppe.

Les cultivateurs savent le tort que leur font les *chenilles* ; c'est pourquoi il faut détruire impitoyablement tous les *papillons*, car, en tuant un papillon, on détruit toutes les chenilles auxquelles il aurait donné naissance, de même qu'en tuant un hanneton on détruit tous les vers blancs qu'il aurait produits. Mais on doit faire mourir promptement les animaux nuisibles et ne jamais les faire souffrir.

Ce qui caractérise les insectes c'est qu'ils ont tous six pattes. (L'araignée, qui en a huit, n'est pas un insecte.) La plupart ont des ailes, comme les *abeilles*, les *mouches*, les *papillons*, les *hannetons*, etc.; quelques-uns n'en ont pas : tels sont les *puces* et les *poux*, parasites dégoûtants, qui vivent aux dépens des enfants malpropres.

27. A l'embranchement des *annelés* appartiennent les *vers*, dont quelques-uns peuvent causer, chez l'homme, des maladies redoutables et même mortelles : tel est le *ténia* ou *ver solitaire*, dont les anneaux se détachent et sont rejetés au dehors avec les œufs qu'ils renferment. Si un mouton avale un seul de ces œufs, il en sort une larve qui va se loger dans le cerveau de l'animal et lui donne le *tournis :* c'est une maladie qui le fait *tourner* continuellement sur lui-même et le tue. Le porc est souvent rongé par des larves de ténias, qui se développent dans le corps de l'homme lorsque celui-ci mange de la viande de porc insuffisamment cuite; il en est de même d'un autre ver appelé *trichine*, ainsi que nous l'avons vu (page 184, n° 15).

LES MOLLUSQUES ET LES RAYONNÉS

28. Ces deux embranchements comprennent des animaux moins importants.

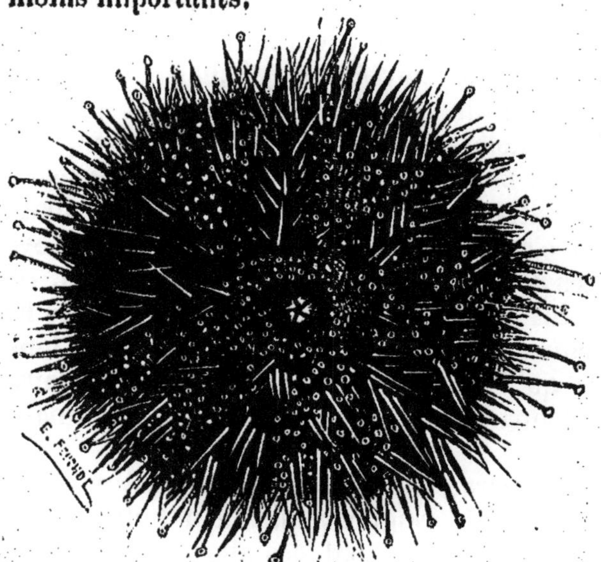

Fig. 48. — Oursin.

29. Parmi les *mollusques*, il n'y a guère à citer que la

Fig. 49. — Corail.

limace et le *limaçon*, qui sont nuisibles ; puis l'*huître* et la moule, qui sont utiles en ce sens qu'elles sont comestibles.

30. Enfin, au dernier rang des animaux, chez les *rayonnés*, on trouve l'*oursin* (*fig.* 48), qui ressemble à un gros marron encore recouvert de son enveloppe épineuse, le *polypier* (*corail*) (*fig.* 49), les *éponges* et les *infusoires*. Ces derniers sont tellement petits qu'on ne peut les voir qu'au microscope ; plusieurs espèces sont redoutables par le nombre considérable d'individus qu'elles renferment et qui peuvent occasionner des maladies terribles, telles que le charbon, la rage, que les beaux travaux de M. Pasteur ont appris à guérir.

Applications à l'agriculture.

Animaux utiles. Animaux nuisibles. Sociétés protectrices scolaires des oiseaux et des animaux utiles.

SOMMAIRE. — 31. Quelques animaux sont utiles, beaucoup sont nuisibles. — 32. Le cultivateur détruit ceux qui sont utiles, parce qu'il ne les connaît pas. — 33. Utilité des *Sociétés protectrices scolaires des oiseaux et des animaux utiles.* — 34. Rôle des élèves. — *Statuts.* — *Tableau des animaux utiles.* — *Tableau des animaux nuisibles.*

31. Parmi les animaux, les uns sont les auxiliaires et les amis de l'homme, tandis que les autres (et ce sont les plus nombreux) sont ses ennemis, dévorent une partie des récoltes qu'il a tant de peine à faire venir et lui font subir ainsi chaque année des pertes considérables.

32. On voit par là de quelle importance il est pour lui, non seulement de connaître les animaux nuisibles et les moyens de les détruire, mais aussi de savoir quels sont ceux qui défendent ses récoltes et qu'il a, par conséquent, le plus grand intérêt à protéger. Malheureusement, il faut bien le dire, l'ignorance, sous ce rapport, est tellement grande que, presque partout, on cloue cruellement à la porte des granges, tout vivants, le hibou, la chouette, la chauve-souris ; on tue sans pitié le hérisson, le crapaud, le lézard, beaucoup de petits oiseaux et des insectes que l'on ne connaît pas, tels que le carabe, le staphylin, la coccinelle, etc., alors que toutes ces bêtes si précieuses devraient être soigneusement respectées et protégées.

33. Le mal est tellement grand, encore aggravé par la rigueur de l'hiver de 1890-1891 — qui a fait mourir un si grand nombre de petits oiseaux que, si nous n'y prenons garde, nous sommes menacés, paraît-il, de leur disparition complète, — que je me suis décidé à organiser dans les écoles de l'arrondissement, en janvier 1892, de petites *Sociétés protectrices des oiseaux et des animaux utiles,* dont l'idée a été bien accueillie partout. C'est qu'en effet, comme je le disais aux instituteurs dans la lettre que je leur ai écrite à ce sujet : « L'enfant aime à protéger quelqu'un ou quelque chose : il aime aussi, malheureusement, à dénicher les oiseaux, et, en hiver, à les prendre avec des pièges; je crois qu'en faisant appel à ses bons sentiments nous pourrions le transformer en défenseur de ces utiles auxiliaires du cultivateur. Je vous adresse, dans ce but, accompagné de deux tableaux, un exemplaire des statuts qui ont été approuvés par M. le Préfet, sur la proposition de M. l'Inspecteur d'académie. Je profite de cette occasion pour vous prier, Monsieur l'Instituteur, de continuer à faire tout ce qui dépendra de vous afin de retenir à la campagne les fils de nos cultivateurs, en les détournant d'aller à la ville où ils ne feraient qu'augmenter le nombre des déclassés et des mécontents. Dites-leur bien que la vie des champs est infiniment meilleure et plus saine que le séjour à la ville, où les conditions matérielles de la vie sont beaucoup plus dures, et que la campagne offre des avantages et une tranquillité qu'on ne trouve pas à la ville. Faites-leur comprendre cela par des lectures choisies et par les promenades scolaires mensuelles, dans lesquelles vous leur apprendrez à lire dans ce grand livre de la nature en leur faisant observer tout ce qui les entoure : vous pouvez être assuré que vous leur inspirerez ainsi l'amour de la profession de cultivateur ainsi que le goût de la vie champêtre, et que vous aurez rendu un véritable service à votre pays. »

81. C'est surtout par les élèves que ces notions et cette connaissance des animaux utiles pourront pénétrer dans les campagnes : « Tout mal vient d'ignorance, » a-t-on dit, et c'est bien vrai. Il est évident que si le cultivateur savait que les petits oiseaux ainsi que le hibou, la chauve-souris, le hérisson et le crapaud lui rendent de si grands services, il ne les tuerait pas ; mais il ne le sait pas, on ne le lui a pas appris.

Je donne ci-contre, accompagnée d'un tableau des animaux utiles et d'un tableau des animaux nuisibles, une copie des statuts approuvés par M. le Préfet de la Vienne, en faisant remarquer que chacun peut les modifier comme il l'entendra, par exemple par l'adjonction de *membres honoraires* ou de *membres bienfaiteurs*, par la diminution ou l'augmentation du taux de la cotisation annuelle, etc.

Département de la Vienne.   Arrondissement de Montmorillon.

Ecole de ......

SOCIÉTÉ PROTECTRICE SCOLAIRE
DES OISEAUX ET DES ANIMAUX UTILES

STATUTS

ARTICLE 1er. — Il est fondé, dans l'intérêt de l'agriculture, par les élèves de l'école de ....., une *Société protectrice des oiseaux et des animaux utiles*, qui a pour but de protéger les oiseaux, ainsi que les autres animaux qui, tout en vivant en liberté, rendent des services à l'homme (particulièrement ceux que certains préjugés font considérer à tort comme nuisibles, tels que : la chauve-souris, la chouette, le chat-huant, le hérisson, etc.), et de détruire les animaux et les insectes nuisibles à l'agriculture.

ART. 2. — Font partie de cette Société, avec le consentement de leurs parents ou tuteurs, les enfants sachant lire et écrire âgés de sept ans au moins et de quatorze ans au plus, qui fréquentent l'école et qui s'imposent l'obligation de se conformer au présent règlement.

ART. 3. — Le taux de la cotisation annuelle est fixé à 0fr,10. En cas de dissolution, l'actif social sera employé à l'achat de livres d'agriculture pour la bibliothèque scolaire.

ART. 4. — L'association est administrée par un comité composé de l'instituteur, qui est le président et le trésorier de la société, (de l'instituteur adjoint), et de cinq membres élus au scrutin secret, à la majorité des suffrages; ils sont nommés pour un an et rééligibles. — Le comité choisit dans son sein un secrétaire qui tient un registre des délibérations du comité, un registre des recettes et des dépenses, et un cahier destiné à l'inscription des animaux et des insectes nuisibles détruits par chaque associé.

ART. 5. — Il sera affiché dans l'école deux tableaux : l'un indiquant les principaux oiseaux et animaux utiles, et l'autre, les principaux animaux et insectes nuisibles à l'agriculture. Chaque sociétaire en fera une copie, qui pourra être affichée chez lui.

ART. 6. — Les associés ne rechercheront jamais les nids d'oiseaux, dont il est expressément défendu d'enlever les œufs ou les petits, sous quelque prétexte que ce soit; il est également défendu de prendre ou détruire les oiseaux utiles. — Si par hasard un sociétaire découvre un nid (ou apprend qu'il en a été découvert un), il doit en informer immédiatement le président.

ART. 7. — Si un sociétaire détruit un nid, le président lui inflige une réprimande sévère. En cas de récidive, le comité, la première fois, le privera pendant un an de ses droits d'électeur et d'éligible, et la deuxième fois l'exclura de l'association. Il en sera de même pour la prise ou la destruction d'un ou de plusieurs oiseaux utiles.

ART. 8. — Il peut être délivré à tout élève quittant l'école après l'âge de treize ans, ou pourvu du certificat d'études, et qui fait partie de l'association, une attestation signée du président et du secrétaire, portant qu'à sa sortie de l'école il était membre de la *Société protectrice scolaire des oiseaux et des animaux utiles de ...*

ART. 9. — Une assemblée générale de l'association a lieu, chaque année, avant les vacances. Il est procédé, lors de cette réunion, à la distribution des prix et récompenses (livres d'agriculture et autres, livrets de caisse d'épargne, etc.), qu'il sera possible d'accorder aux plus méritants des sociétaires.

ART. 10. — Pour pouvoir obtenir une récompense il faudra avoir détruit, pendant l'année scolaire, un nombre de hannetons, de papillons et autres insectes nuisibles, qui sera fixé chaque année par le président, après avis du comité, et n'avoir pas déniché ni pris d'oiseaux utiles.

ART. 11. — Les discussions politiques et religieuses sont formellement interdites dans les réunions.

ART. 12. — En cas de modification aux statuts, la société devra se pourvoir d'une nouvelle autorisation administrative.

Montmorillon, le 14 décembre 1891.

L'Inspecteur primaire,

O. PAVETTE.

Vu pour autorisation.

Poitiers, le 22 décembre 1891.

Le Préfet de la Vienne,

Signé : MASTIER.

TABLEAU DES PRINCIPAUX OISEAUX ET ANIMAUX
UTILES

OISEAUX :

Le **hibou**, la **chouette** et le **chat-huant**	détruisent les rats, les souris, les mulots et les campagnols, qui font de grands ravages dans les récoltes.
L'**hirondelle**, la **mésange**, la **fauvette**, le **rossignol**, la **bergeronnette** ou **hoche-queue**, la **linotte**, le **roitelet**, le **rouge-gorge**, le **moineau**, le **pinson**, le **bouvreuil**, le **merle**, le **sansonnet** ou **étourneau**, le **coucou**, l'**engoulevent** ou **crapaud-volant**, le **chardonneret**, etc., et, en général, **tous les petits oiseaux**	détruisent les chenilles et une foule d'insectes nuisibles à l'agriculture.

INSECTES :

Le **carabe** ou **sergent**, le **staphylin**, le **fourmi-lion**, le **ver luisant**, la **coccinelle** ou **bête au bon Dieu**, la **libellule** ou **demoiselle**, le **grillon** ou **cri-cri**	sont des insectes utiles qui détruisent les pucerons, les fourmis, ainsi que toutes sortes de larves et de petits insectes nuisibles à l'agriculture.

AUTRES ANIMAUX :

La **chauve-souris**, le **hérisson**, la **musaraigne** et la **taupe** (qui n'est nuisible que dans les jardins et dans les prés)	détruisent une grande quantité d'insectes et de larves nuisibles à l'agriculture.
Le **lézard vert**, le **lézard gris**, la **couleuvre**, la **grenouille** et le **crapaud**	détruisent les limaces, les limaçons ou escargots, et beaucoup d'insectes nuisibles à l'agriculture.

Arrondissement de Montmorillon.   Ecole de ...

TABLEAU DES PRINCIPAUX ANIMAUX ET INSECTES
NUISIBLES

OISEAUX :

Le **busard**, l'**éper-vier**, l'**émerillon**, le **milan** { mangent les petits oiseaux utiles.

La **pie** et le **geai** { mangent les œufs et les petits des autres oiseaux.

INSECTES :

Le **hanneton** (l'un des insectes les plus nuisibles) { dévore les feuilles des arbres.

Sa larve, appelée **turc** ou **ver blanc** { mange, pendant les trois années qu'elle reste en terre, les racines des arbres et des plantes culti-vées dans les jardins.

Les œufs des **papillons** produisent des **chenilles** { qui dévorent les feuilles des arbres fruitiers et des légumes. Elles sont très nuisibles; il faut détruire les papillons.

La **courtilière** ou **taupe-grillon** { coupe les racines des plantes et des légumes.

Les **charançons** ou **calandres** { causent de grands dégâts dans les tas de blé, dans les greniers.

Les **altises** { s'attaquent aux plantes potagères, telles que choux, navets, radis.

Les **bruches** { dévorent l'intérieur des petits pois, des fèves et des lentilles.

Les **pucerons** Etc. { sucent la sève des arbres fruitiers.

AUTRES ANIMAUX :

Le **rat**, la **souris**, le **mulot** et le **campagnol** { dévorent les récoltes.

La **marte** ou **martre**, la **fouine** et le **putois** { font de grands ravages dans les basses-cours.

Le **loir** et le **lérot** { mangent les fruits dans les jardins et dans les vergers.

La **limace** et le **limaçon** ou **escargot** { dévorent les feuilles des légumes.

EXERCICES DE RÉDACTION
PRÉPARATOIRES A L'EXAMEN DU CERTIFICAT D'ÉTUDES

I. — La classification des animaux.

Faites connaître les principales divisions des animaux, d'abord en quatre embranchements, et celui des *vertébrés* en classes; vous direz ce que vous savez sur les principaux ordres des *mammifères*.

II. — Les animaux.

Exposez de votre mieux la leçon que votre instituteur vous a faite sur les oiseaux, les reptiles, les batraciens, les poissons, et les invertébrés (mollusques et annelés). Vous direz ce qu'il faut faire pour guérir la morsure d'une vipère, et comment on distingue une couleuvre d'une vipère, pourquoi il faut détruire les papillons, et quelle précaution on doit prendre lorsqu'on mange de la viande de porc, à cause du ténia et de la trichine.

III. — Une Société protectrice scolaire des oiseaux et des animaux utiles.

Il vient d'être fondé dans votre école une petite Société de ce genre.

Vous l'écrivez à votre cousin en lui faisant connaître les résultats de l'élection à laquelle il a été procédé pour la formation du comité. Vous lui dites quel est le but de cette société, les avantages qu'elle présente, les conditions à remplir pour en faire partie, etc., et vous l'engagez à s'occuper de l'organisation d'une société semblable dans son école.

IV. — Les oiseaux utiles.

Dites ce que vous pensez des cultivateurs qui clouent à la porte de leur grange le hibou, la chouette, le chat-huant, et qui prennent en hiver (avec des pièges ou des lacets de crin) un grand nombre de petits oiseaux utiles; vous nommerez, parmi ces derniers, ceux que vous connaissez, et vous indiquerez les services qu'ils rendent.

TROISIÈME PARTIE

LES MINÉRAUX

1. La partie solide de la terre que nous habitons est formée par une agglomération de corps bruts, pierres et métaux, qu'on appelle les *minéraux*.

2. La terre a la forme d'un globe ou d'une boule immense. La croûte solide est bien peu de chose par rapport à l'épaisseur du globe : on peut la comparer à la coquille d'un œuf, c'est-à-dire qu'il y a le même rapport entre la terre et sa croûte qu'entre un œuf et sa coquille. L'intérieur est rempli par une masse liquide en fusion, dont la température est tellement élevée que tous les corps que nous connaissons y fondraient : c'est ce qu'on nomme le *feu central*.

3. Ce qui prouve que notre globe est bien constitué ainsi, c'est d'abord l'existence des *volcans*, par lesquels s'échappe, de temps à autre, sous forme de *laves*, une partie de cette masse liquide, et ensuite l'accroissement de la température à mesure que l'on descend vers le centre de la terre : elle augmente de 1° par 33 mètres; c'est pour cela que les eaux provenant des puits artésiens et les eaux thermales sont d'autant plus chaudes qu'elles viennent d'une plus grande profondeur.

4. Les savants ont donné aux différentes parties dont

se compose l'écorce terrestre le nom de *terrains*, qu'ils ont divisés en deux catégories : 1° ceux qui ont paru les premiers et qui sont appelés, à cause de cela, *terrains primitifs*; 2° ceux qui, ensuite, ont été formés par dépôt dans le sein des eaux, et qui sont nommés pour cette raison *terrains aqueux*[1].

Ces terrains ne sont pas toujours horizontaux, ni parallèles. Les couches D (*fig.* 50), qui sont plus anciennes, ont été *soulevées* probablement par la force du feu cen-

Fig. 50. — Superposition de deux terrains d'âges différents (coupe de deux collines séparées par une vallée). — Les couches inclinées D ont entre elles une disposition concordante. Elles sont en discordance avec les couches horizontales B, plus modernes.

tral et ont été inclinées tout en restant parallèles. Ce sont des *soulèvements* de ce genre qui ont produit les montagnes. Les couches B, C, qui les recouvrent, ont été déposées ensuite par les eaux et sont restées horizontales.

5. Roches. — Les différentes substances constituant les terrains s'appellent des *roches*; on en distingue trois sortes : les roches *siliceuses*, *argileuses*, et *calcaires*.

6. Les *roches siliceuses* sont celles dans lesquelles domine la *silice*, matière composée d'oxygène et d'un autre corps simple nommé *silicium*; telles sont : les *pierres meulières*, le *silex* (ou pierre à fusil), qui se reconnaît à ce qu'il raye le verre, le *quartz*, etc. Ce sont des roches très dures, que le feu fait éclater à grand bruit, et sur lesquelles le vinaigre et les autres acides sont sans action.

---

1. *Aqueux* dérive d'un mot latin signifiant *eau*.

7. Les *roches argileuses* sont formées d'*argile*, substance molle, se pétrissant et se polissant entre les doigts, retenant l'eau et formant avec elle une pâte liante, facile à travailler. L'argile pure est blanche : tel est le *kaolin*, ou terre à porcelaine des environs de Limoges; quand elle n'est pas pure, elle est diversement colorée et sert de base à l'industrie de la *poterie :* on en fabrique aussi des tuiles, des briques, des tuyaux de drainage, etc. L'*ardoise* est une espèce de roche argileuse.

8. Les *roches calcaires* renferment du *carbonate de*

Fig. 51. — Porphyre.

chaux. Elles comprennent : les *marbres*, les *pierres de taille*, la *craie*, etc. On les reconnaît à ce qu'elles font effervescence avec les acides, c'est-à-dire que, si l'on verse du vinaigre ou un autre acide sur une roche calcaire, il se formera une espèce d'écume due au dégagement de nombreuses bulles d'acide carbonique; on les reconnaît encore à ce qu'elles se laissent rayer au couteau et se transforment en *chaux* quand on les calcine.

Le *sulfate de chaux* ou *gypse*, que l'on trouve en grande quantité dans le sol des environs de Paris, est une sorte de pierre tendre qui se laisse rayer à l'ongle, mais qui ne fait pas effervescence avec les acides : en le chauffant dans des fours spéciaux, on obtient le *plâtre*.

9. Les terrains *primitifs* forment près de la moitié de la croûte terrestre; les principales roches qui les composent sont surtout siliceuses et ont l'aspect cristallin[1]; ce sont : le *granit*, très dur, employé pour les constructions, pour le pavage des rues et le dallage des trottoirs; le *cristal de roche* (espèce de *quartz* transparent), qui est de la silice pure; le *porphyre* (*fig.* 51), dans lequel sont disséminés un grand nombre de cristaux; enfin les *basaltes*, qui existent en grande quantité en Auvergne et qui sont d'anciennes laves provenant des volcans éteints.

10. Les terrains *aqueux*, formés après les terrains *primitifs*, ont été divisés en quatre catégories superposées : 1° les terrains *primaires*; 2° les terrains *secondaires*; 3° les terrains *tertiaires*; et 4° les terrains *quaternaires*, ou d'*alluvion*, qui sont les derniers formés, et au-dessus desquels est la couche *arable* ou *végétale*. Les roches qui les composent sont principalement les calcaires, les argiles, les marnes, les grès, les sables.

C'est dans ces terrains que se trouvent les *fossiles*; il n'y en a pas dans les terrains primitifs.

11. Fossiles. — On nomme *fossiles*[2] les restes des végétaux ou des animaux qui ont été enfouis dans les différentes couches formant l'écorce terrestre. Dans les végétaux, ce sont les feuilles et le bois qui

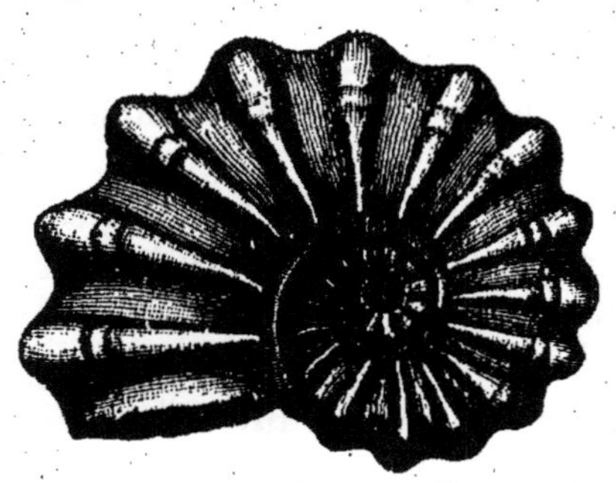

Fig. 52. — Ammonite, coquille que l'on trouve dans la craie de Rouen (espèce disparue).

---

1. *Cristallin*, c'est-à-dire qu'elles sont *cristallisées*.
2. *Fossile* veut dire *enfoui* dans la terre, comme dans une *fosse*.

se sont conservés ; dans les animaux, ce sont les parties dures, solides, comme les os et les coquilles.

12. C'est dans le terrain *primaire* qu'on rencontre les *ardoises*, exploitées dans les environs d'Angers, et au-dessus la *houille*. On en retire aussi quelques métaux, tels que le fer, le plomb, le cuivre, l'étain.

Les êtres vivants commencent à paraître, mais ils sont tout à fait inférieurs. Parmi les végétaux, il y avait surtout des *fougères* gigantesques, qui ont été enfouies et se sont transformées en houille. Comme animaux, il n'y avait que des polypiers, des mollusques, des poissons et quelques reptiles vivant dans les eaux.

13. Le terrain *secondaire* renferme des *grès*[1] (qui prédominent dans la partie de ce terrain appelée *jurassique*, parce qu'elle forme les montagnes du Jura), des argiles, du sel gemme, et surtout des calcaires, que l'on rencontre principalement en Champagne; il y a aussi des minéraux métalliques.

Comme fossiles, on peut citer l'*ammonite*, espèce de coquille enroulée sur elle-même (*fig.* 52), et surtout de grands reptiles, dont les uns ressemblaient à la baleine, et dont les autres volaient comme nos chauves-souris, avec des têtes énormes.

14. Dans le terrain *tertiaire* se trouvent des argiles, des sables, et surtout des calcaires tendres (pierre à bâtir et pierre à plâtre des environs de Paris) qui renferment d'innombrables coquilles fossiles (entre autres des *oursins*), ainsi que les restes de certains mammifères qui ont remplacé les reptiles de l'époque précédente.

Lors de la formation de ce terrain, la mer couvrait une partie de la France, notamment le bassin de Paris, dont le climat était aussi chaud que celui de l'Afrique.

15. Le terrain *quaternaire* est encore nommé terrain d'*alluvion*[2] parce qu'il a été formé par les dépôts de sable

---

1. *Grès*, espèce de pierre formée de grains de sable réunis par un mortier ou ciment généralement calcaire.
2. *Alluvion* vient d'un mot signifiant lavé par les eaux.

et de limon qu'ont laissés les eaux douces provenant des pluies abondantes qui sont tombées à cette époque.

Applications.

Excursions et petites collections. Musée scolaire.

SOMMAIRE. — 16. Étude intéressante à faire : visite d'une tranchée de chemin de fer, ou d'une carrière. — 17. Utilité de l'étude de l'histoire de la terre. — 18. Petites collections, Musée scolaire.

16. Voulez-vous, jeunes enfants, que je vous indique une étude très intéressante à faire? Allez, le jeudi ou le dimanche, visiter une tranchée du chemin de fer ou de la route, et examinez bien la disposition des différentes couches qui s'y trouvent. A défaut de tranchée, voyez une carrière de pierres, ou de marne, ou de sable, ou bien une excavation quelconque; creusez un peu la terre, et il est probable que vous trouverez des coquilles fossiles, des morceaux de *polypiers*, comme ceux de la figure 49, peut-être même des *oursins* (*fig.* 48), mais dont les *piquants* sont tombés.

17. C'est une étude encore peu connue que celle de l'histoire de la terre, cependant c'est une étude bien intéressante. Elle présente, d'ailleurs, une grande importance au point de vue agricole. Ainsi la composition du sol explique le régime des eaux : lorsque le terrain est calcaire, et par conséquent perméable, les eaux s'y infiltrent lentement et coulent doucement dans le fleuve, dont elles rendent le cours régulier; sur un terrain granitique imperméable, au contraire, elles glissent à la surface et forment des torrents impétueux qui font déborder les rivières et les fleuves. Elle fait également comprendre pourquoi tel terrain produit d'abondantes récoltes de céréales, tandis que tel autre ne convient qu'aux forêts ou aux pâturages.

18. Vous pourrez faire deux parts des différents minéraux que vous trouverez dans vos excursions : l'une que vous garderez, et l'autre que vous déposerez dans le musée scolaire, si utile pour vos leçons de sciences.

Plus tard, vous enrichirez ces petites collections avec les fleurs, les graines et les plantes que vous recueillerez pendant les herborisations, et dont nous allons nous occuper maintenant.

EXERCICES DE RÉDACTION
PRÉPARATOIRES A L'EXAMEN DU CERTIFICAT D'ÉTUDES

I. — Une petite collection.

La dernière fois que votre cousin est venu vous voir, vous lui avez montré votre petite collection de fossiles et de minéraux. Comme il n'est guère instruit, cela ne l'a pas beaucoup intéressé; il vous a même dit qu'il ne comprenait pas à quoi tout cela peut servir, en ajoutant qu'il avait vu, dans les carrières de son père, bien des coquilles à peu près semblables aux vôtres.

Vous lui écrivez pour le prier de vous ramasser toutes les coquilles dont il vous a parlé, et pour l'intéresser, vous essayez de lui faire comprendre, dans un langage très simple, la formation des différentes couches ou terrains qui composent l'écorce terrestre, ainsi que ce qu'on appelle *roches* et *fossiles*.

II. — Une excursion.

Vous écrivez à l'un de vos camarades, qui ne fréquente plus l'école, pour lui rendre compte d'une excursion que vous avez faite à une tranchée de chemin de fer (ou à une carrière). Vous lui faites connaître tout ce que vous avez vu, les incidents qui se sont produits, et les minéraux qui ont été trouvés; vous terminerez en lui indiquant les objets dont le musée scolaire s'est enrichi depuis qu'il a quitté l'école.

QUATRIÈME PARTIE

LES VÉGÉTAUX

I. — LA RACINE. LA TIGE.
LES FEUILLES. LA FLEUR. LE FRUIT.

Sommaire. — 1. Ce que c'est que les *végétaux*. — 2. L'étude des plantes est aussi agréable qu'utile. — 3. Composition d'une plante. — 4. La racine; ce que c'est. Le chevelu. — 5. Racine pivotante. — 6. Racine fasciculée. — 7. Racines aériennes. — 8. Plantes sans racines, ou plantes parasites. — 9. La tige; continuation de la racine; tronc, branches, rameaux, etc. — 10. Tiges herbacées. — 11. Tiges ligneuses. — 12. Tiges souterraines. — 13. Structure de la tige : moelle, bois, écorce. — 14. Son rôle. — 15. Les feuilles. — 16. Leur structure; leur rôle. — 17. Feuilles persistantes. — 18. Bourgeons. — 19. La fleur. — 20. Elle se compose de quatre parties : le calice, la corolle, les étamines et le pistil. — 21. La floraison. — 22. Fleurs à étamines et fleurs à pistil. Utilité des abeilles. — 23. Le fruit. — 24. Fruits charnus et fruits secs. — 25. La graine. — 26. Sa structure.

1. Les *végétaux* sont des êtres organisés, vivants, c'est-à-dire qui croissent, se développent et meurent.

2. L'étude des plantes est aussi agréable qu'utile, surtout à l'époque des fleurs; pour être fructueuse, elle doit être faite sur les plantes elles-mêmes.

3. Si l'on arrache, au moment où elle est fleurie, une *renoncule* ou *bouton d'or* (*fig.* 53), par exemple, on constate qu'elle se compose de différentes parties bien distinctes : d'abord la *racine*, qui la fixait dans la terre; puis la *tige*, garnie de *feuilles*, et enfin les *fleurs*, qui produisent les *fruits*.

4. La racine. — C'est la partie du végétal qui vit dans le sol, où elle puise les matières nutritives dont ce végétal a besoin pour se développer.

La racine principale donne naissance à d'autres plus

petites, dites racines *secondaires*, qui peuvent elles-mêmes
en porter d'autres encore plus petites, et ainsi de suite :
leur ensemble forme le *chevelu*.

5. Lorsque la racine principale s'enfonce beaucoup

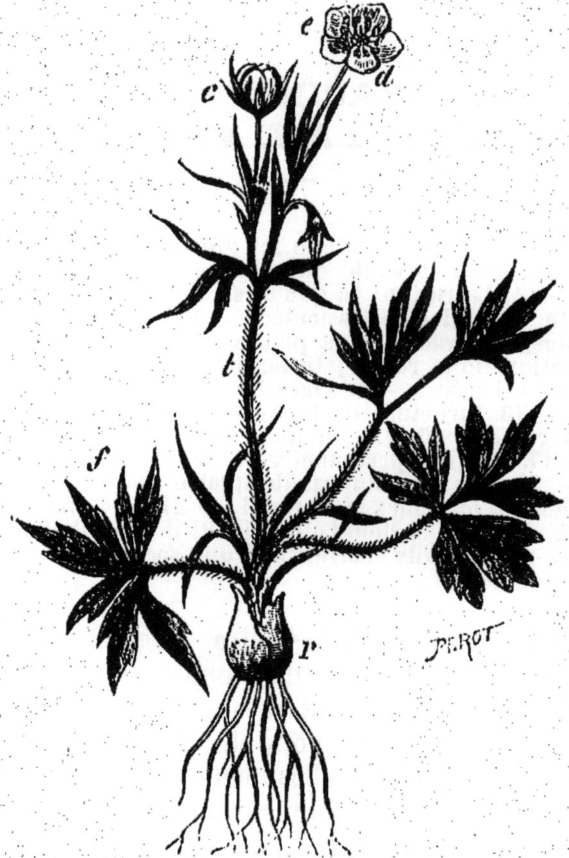

Fig. 53. — Bouton d'or (renoncule bulbeuse) : *r*, racine renflée ou bulbe;
t, tige couverte de poils; *f*, feuilles composées (celles qui avoisinent les
fleurs sont plus simples); *c*, calice entourant un bouton; *d*, corolle;
e, étamines.

dans le sol et que le *pivot* s'y développe considérablement,
on l'appelle racine *pivotante* (*fig.* 54) : telle est celle du
salsifis, du radis, du navet, de la carotte, de la betterave,
du poirier, du pommier, du peuplier, etc.

6. Si, au contraire, la racine principale s'allonge peu

et donne naissance à d'autres plus ou moins nombreuses qui s'étalent autour d'elle, on la nomme racine *fasciculée*[1] (*fig.* 55) : telle est celle du blé, de l'herbe, en un mot, des *céréales* et des *graminées*.

7. Certaines plantes ont des racines qui naissent sur la

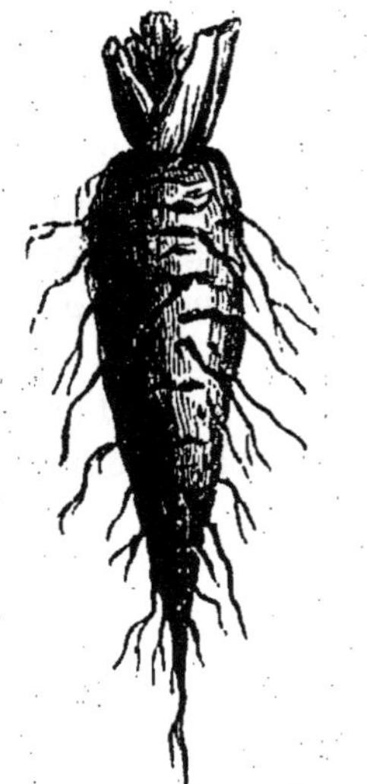

Fig. 54. — Racine pivotante.   Fig. 55. — Racine fasciculée.

tige et qu'on appelle, à cause de cela, racines *aériennes :* tel est le fraisier, dont les filets ou *coulants* produisent

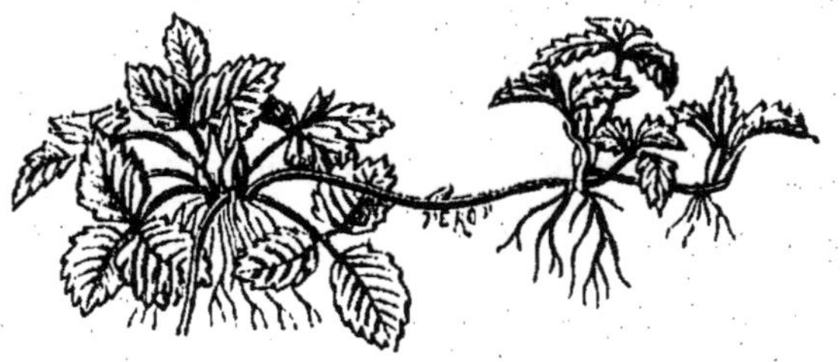

Fig. 56. — Fraisier.

des racines qui s'enfoncent dans le sol, au-dessous d'un petit bouquet de feuilles, et forment de nouveaux fraisiers.

---

1. *Fasciculé* veut dire qui est rassemblé en *faisceau,* en paquet.

8. Il y a même des plantes qui n'ont pas de racines et qu'on nomme plantes *parasites*, parce qu'elles vivent aux dépens des autres : tels sont le *gui*, qui croît sur le chêne et surtout sur le pommier; la *cuscute*, qui fait périr le trèfle et la luzerne.

9. La tige. — C'est la partie du végétal qui se développe dans l'air, en sens inverse de la racine, dont elle est la continuation.

De même que la racine, la tige principale (qui dans les arbres s'appelle *tronc*) donne naissance, par le développement des *bourgeons* dont elle est garnie, à d'autres plus petites nommées *branches*, qui se divisent en *rameaux*, et ceux-ci en *ramilles*.

10. Lorsque les tiges restent vertes comme l'herbe, on les appelle tiges *herbacées* : telles sont celles de la plupart des légumes et des fleurs.

11. Si, au contraire, elles deviennent dures comme le tronc des arbres (ce qui constitue le *bois*), on les nomme tiges *ligneuses*[1] : telles sont celles des arbres et des arbrisseaux[2].

12. De même qu'il y a des racines *aériennes*, il existe des tiges *souterraines*, comme celles du chiendent, de l'iris, de la pomme de terre : cette dernière a une tige tuberculeuse[3].

13. Si l'on examine une tige, le tronc d'un chêne, par exemple (*fig.* 57), on distingue, de dedans en dehors, plusieurs parties : la *moelle*, le *bois* et l'*écorce*.

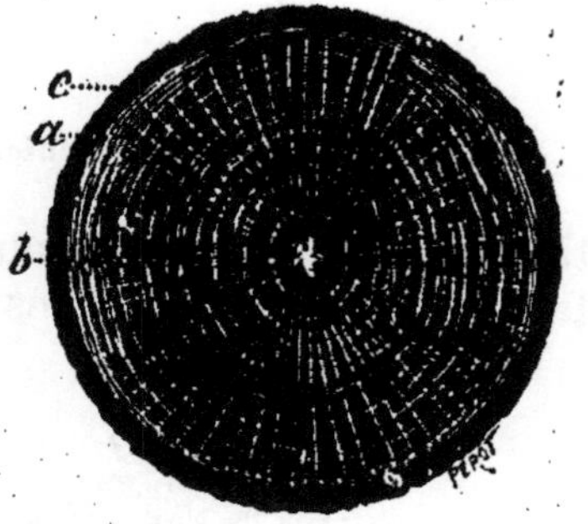

Fig. 57. — Section transversale d'un tronc de chêne.

c, écorce; *a*, aubier; *b*, bois.

La *moelle*, située tout à fait au centre, est molle et

---

1. *Ligneux* vient d'un mot latin qui signifie *bois*.
2. *Arbrisseau.* Ce mot s'emploie pour désigner un petit *arbre*.
3. *Tuberculeux* veut dire ici qui produit des *tubercules*; les pommes de terre que nous mangeons sont des tubercules.

blanche; ensuite vient le *bois*, recouvert par l'*écorce*, qui s'en sépare facilement.

Le bois contient deux parties : l'une, très dure, de couleur brune, entourant la moelle et appelée *cœur* (c'est le *bois* proprement dit); l'autre, moins foncée, plus tendre parce qu'elle est formée de bois nouveau, faisant suite au cœur et se terminant à l'écorce : on la nomme *aubier*. Chaque année il se forme une nouvelle couche de bois, entre l'écorce et l'aubier, de sorte qu'on peut calculer l'âge d'un arbre en comptant les couches ou cercles du tronc, comme on le voit dans la figure 57.

Chez certains arbres, l'écorce se développe beaucoup et, dans le *chêne-liège*, forme le liège, dont on fait les bouchons.

14. C'est par la tige que monte la sève *brute* pour se rendre des racines dans les feuilles, d'où elle redescend, sous le nom de sève *élaborée*, en abandonnant au végétal les matériaux nécessaires à son développement.

15. Les feuilles. — Ce sont des organes de couleur verte, qui naissent sur les tiges et les rameaux. Elles sont tantôt *simples*, comme dans le poirier (*fig.* 58), tantôt *composées*, comme dans le rosier, où les différentes parties qui les forment sont nommées *folioles* (*fig.* 59).

16. La partie principale de la feuille est une lame mince et large appelée *limbe, a* (*fig.* 58); à la suite se trouve généralement une queue nommée *pétiole, b*, qui est attachée au rameau. Les deux faces du limbe, de couleur différente, sont formées de cellules et percées d'un grand nombre de petites ouvertures nommées *stomates*, par lesquelles l'air pénètre dans la feuille. Les cellules sont remplies de petits grains de matière verte qui se forme sous l'influence de la lumière solaire, grâce à laquelle ils décomposent l'acide carbonique de l'atmosphère pour en fixer le carbone et en dégager l'oxygène. Pendant la nuit ce curieux travail de *nutrition* n'a pas lieu; il n'y a que la *respiration* qui continue à s'exercer, car elle se fait aussi bien la nuit que le jour, c'est-à-dire que les feuilles (comme les animaux) absorbent l'oxygène et rejettent l'acide carbonique, avec cette différence que, pendant le jour, la production d'acide carbonique est insensible, parce qu'elle est compensée par la décomposition de l'acide carbonique de l'air, effectuée par les feuilles; tandis que, pendant la nuit, le phénomène de respiration se produit seul. C'est pourquoi il est si dange-

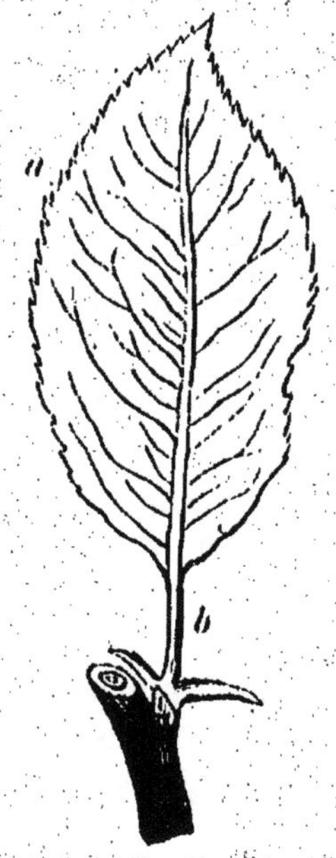

Fig. 58. — Feuille de poirier.
a, limbe; b, pétiole.

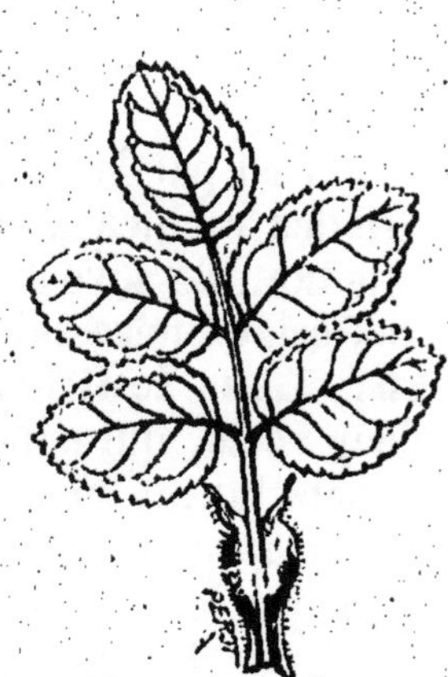

Fig. 59. — Feuille composée
du rosier.

reux de laisser des plantes ou des fleurs dans sa chambre à coucher : on s'expose à être asphyxié. L'expérience relative à la préparation de l'oxygène au moyen des plantes vertes (*fig.* 20, page 102) prouve bien ce qui vient d'être dit, à savoir que les feuilles (commes les parties vertes des végétaux) décomposent l'acide carbonique pour en absorber le carbone et en rejeter l'oxygène dans l'atmosphère, qu'elles assainissent.

Les feuilles sont donc à la fois des organes de *nutrition*, de *respiration* et de *transpiration*, car les stomates exhalent, sous forme de vapeur, l'eau en excès absorbée par les racines.

17. La plupart des feuilles tombent à l'automne; cependant il y en a qui restent plusieurs années, comme celles du laurier, du lierre, du buis et des *arbres verts*, tels que les pins et les sapins : on les appelle à cause de cela feuilles *persistantes*.

18. Bourgeons. — La feuille tombée est remplacée par un petit œil qui s'est développé à l'*aisselle* de cette feuille, c'est-à-dire à son point d'attache avec le rameau,

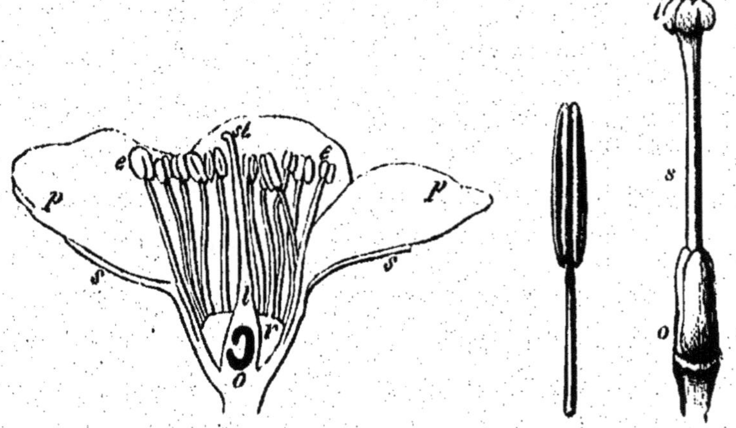

Fig. 60. — Coupe de la fleur du prunellier. *s*, sépale; *p*, pétale; *e*, étamines; *o*, ovaire; *l*, style; *st*, stigmate.

Fig. 61. Étamine.

Fig. 62. Pistil du lis. *o*, ovaire; *s*, style; *t*, stigmate.

et qu'on nomme *bourgeon;* c'est le germe d'un rameau qui, l'année suivante, portera à son tour des feuilles, ou bien des fruits, suivant que c'est un bourgeon *à feuilles* ou *à fruits*.

19. La fleur. — C'est l'organe qui sert à la production du *fruit*. Presque toutes les fleurs sont belles; toutes sont charmantes par la variété de leurs couleurs, de leurs formes, et quelques-unes par leur parfum : leur étude et leur culture sont très agréables.

20. Une fleur se compose généralement de quatre parties : 1° le *calice*, constitué par de petites feuilles vertes, réunies ou séparées, qu'on appelle *sépales;* 2° la *corolle*, formée de feuilles colorées qui sont aussi réunies ou séparées et qu'on nomme *pétales*; 3° les *étamines*, espèces de *filets* terminés à leur partie supérieure par un renflement appelé *anthère*, percé pour laisser sortir la poussière jaune qu'il renferme et qu'on nomme *pollen*; 4° le *pistil*, situé au milieu de la fleur, et composé de trois parties : l'*ovaire*, placé à la partie inférieure; le *style*, qui lui fait suite, et le *stigmate*, qui le termine. C'est l'ovaire qui, en grossissant, formera le *fruit*; il renferme les *ovules*[1], qui deviendront des *graines*. Le stigmate est un petit corps glanduleux[2] dont la surface est irrégulière et recouverte d'un liquide gluant destiné à retenir les grains de pollen.

Les étamines et le pistil sont les parties essentielles de la fleur : le calice et la corolle servent à entourer, à protéger ces organes délicats.

21. Au moment de la *floraison*, l'anthère de l'étamine s'ouvre pour laisser sortir le pollen, qui se dépose sur le stigmate du pistil et s'y attache : cela est absolument nécessaire pour que tous les ovules se développent et deviennent des graines. S'il pleut au moment de la floraison du blé ou de la vigne, l'eau lave les stigmates et fait tomber le pollen : alors les fruits *coulent* et la récolte est peu abondante.

22. Chose curieuse, il y a des fleurs qui ont des étamines, mais pas de pistil, ou un pistil, mais pas d'étamines; et quelquefois les unes et les autres se trouvent sur des pieds différents, comme dans le chanvre : le pied qui porte les fleurs à étamines est le chanvre mâle, celui qui a les fleurs à pistil (et qui produit la graine) est le chanvre femelle. Comment le pollen pourra-t-il, dans ces conditions, se déposer sur le stigmate? Il y sera porté par le vent et par les insectes, surtout les abeilles : c'est pourquoi il est si avantageux, pour obtenir d'abondantes récoltes, d'avoir des ruches.

---

1. *Ovaire, ovule*, sont composés du mot *ove* qui veut dire *œuf :* les ovules sont, en quelque sorte, les œufs de la plante, et l'ovaire est un réservoir d'œufs ou de graines.
2. *Glanduleux*, qui a la forme, qui est de la nature des glandes.

28. Le fruit. — Il est formé, avons-nous dit, par la fleur, ou plutôt c'est l'ovaire de la fleur qui s'est développé. A l'intérieur se trouvent les *graines*, *g* (*fig.* 63), qui, semées en temps convenable, donneront naissance à des végétaux semblables à ceux qui les ont produites.

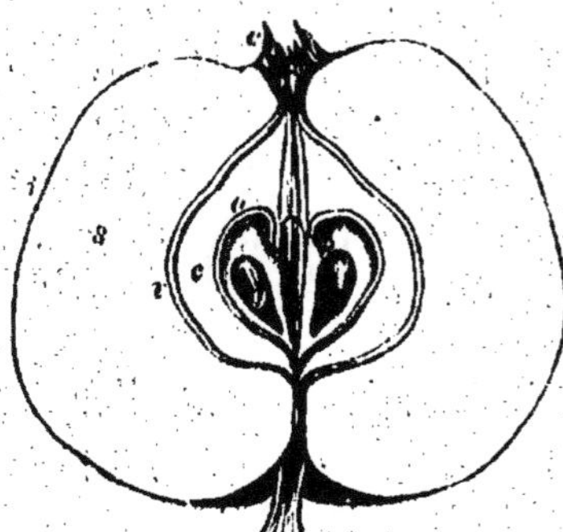
Fig. 63. — Fruit à pépins (pomme), coupe verticale.

24. On les distingue en fruits *charnus* et en fruits *secs*. Les premiers, comme la pomme, la poire, la cerise, la pêche, etc., renferment de la chair, que l'on mange ; les autres, comme les pois, les haricots, le colza, la renoncule, etc., ont une enveloppe sèche et mince, qui contient une ou plusieurs graines.

25. La graine. — C'est la partie du fruit destinée à reproduire un végétal de même espèce que celui auquel elle appartient : elle le renferme en germe, ce qui fait qu'elle présente une certaine analogie avec l'œuf des oiseaux.

26. Si l'on coupe une graine de haricot, par exemple, dans le sens de la longueur, on voit qu'elle est formée de deux parties appelées *cotylédons*, qui serviront de nourriture à la jeune plante lorsqu'elle commencera à se développer ; entre les cotylédons se trouve le *germe* du haricot, d'où sortiront : d'un côté la racine qui s'enfoncera en terre, et, de l'autre, la tige qui s'élèvera dans l'air.

Certaines graines, comme celles du blé, du lis, du poireau, n'ont qu'un seul cotylédon ; il y a même des plantes qui n'en ont pas du tout, comme les fougères, les mousses, les champignons : c'est ce qui fait la base de la *classification* des végétaux.

Applications à l'agriculture.

27. Les végétaux puisent leurs aliments (excepté le carbone, qu'ils prennent à l'acide carbonique de l'air) dans le sol, où la plupart de ces aliments sont dissous par l'eau, que les racines absorbent en grande quantité.

28. La racine. — Les savants ont constaté, à la suite d'expériences très remarquables, que la racine a la propriété de choisir, parmi les matières nutritives, celles qui lui conviennent le mieux ; que l'absorption de l'eau par les racines ne commence, pour chaque plante, qu'à une certaine température, et que cette absorption augmente avec la chaleur et la lumière : d'où la nécessité d'emmagasiner le plus d'eau possible par les labours profonds.

29. Il est facile de voir, par un exemple entre mille, combien il est avantageux pour le cultivateur de posséder quelques notions scientifiques élémentaires, en particulier pour établir un assolement rationnel : je prends la racine. S'il sait que le blé a des racines fasciculées, qui s'étalent à peu de distance de la surface du sol et ne prennent par conséquent que les substances nutritives se trouvant à la partie supérieure, il comprendra qu'il pourra semer après le blé une plante à racine pivotante, le navet par exemple, qui réussit très bien en culture dérobée, et qui ira puiser sa nourriture dans la partie de la terre où les racines du blé n'ont pas pénétré.

30. On a remarqué, chez la plupart des végétaux, qu'en coupant l'extrémité des racines, on en arrête le développement en longueur, mais on détermine la production de racines secondaires qui favorisent la reprise du végétal, lorsqu'on le transplante : c'est pourquoi l'on coupe l'extrémité des racines des arbres provenant de semis que l'on transplante au bout de quelques années, ainsi que de certains légumes qu'on repique, tels que les salades, les oignons, les poireaux, etc.; cela s'appelle le *rafraîchissement* des racines.

Comme les autres organes de la plante, la racine respire, c'est-à-dire absorbe de l'oxygène et dégage de l'acide carbonique ; dans une terre dépourvue d'air les racines périraient par asphyxie : d'où la nécessité des labours profonds et qui ameublissent complètement le sol.

81. La tige. — C'est, avons-nous dit, la continuation de la racine : la structure de l'une est analogue à celle de l'autre.

On en fait l'application en agriculture, ou plutôt en horticulture, pour reproduire certains végétaux au moyen de la *marcotte* et de la *bouture*. La partie de la tige mise en terre pousse des racines, et celle qui est dans l'air se couvre de bourgeons. C'est aussi en implantant une petite tige sur une autre, au moyen de la *greffe*, qu'on multiplie les bonnes espèces d'arbres fruitiers. Pour la manière de faire les *marcottes,* les *boutures* et les *greffes,* consulter mon petit livre d'agriculture, pages 107 et 108, 130 à 133. (Voy. la note, page 19.)

82. Les feuilles. — Leur présence est absolument nécessaire à la végétation de la plante, à cause de leur rôle important; ce sont elles, en effet, qui contribuent le plus à nourrir le fruit après la floraison, grâce aux matériaux qu'elles ont accumulés ; elles sont indispensables pour assurer la maturité des récoltes. C'est pourquoi, en principe, il ne faut pas *effeuiller* les végétaux, et si l'on en reconnaît l'utilité dans certains cas, pour quelques plantes, on doit le faire avec discernement.

83. La fleur. — On peut déposer soi-même le pollen sur le stigmate : c'est même par ce moyen que l'on obtient de nouvelles variétés de fleurs, de légumes, etc. Voici comment on fait. On choisit deux pieds d'une même plante, l'un à fleurs blanches, l'autre à fleurs colorées, rouges je suppose. Lorsque l'une des corolles blanches est développée, on en coupe les étamines sans toucher au pistil, et, deux ou trois jours après, lorsque le pollen commence à sortir, on coupe des anthères de fleurs rouges que l'on place sur le stigmate de la fleur blanche de manière à ce qu'un peu de pollen s'y fixe : on attache un brin de laine à cette dernière pour la reconnaître, on en met les graines à part, et celles-ci donneront des fleurs dont la corolle sera blanche et rouge.

84. Le fruit. — La production des fruits est une question très importante en agriculture : aussi doit-on chercher à obtenir les plus beaux et les meilleurs ; on y parvient très facilement par la *greffe*.

Il est regrettable que certains cultivateurs montrent, sous ce rapport, une véritable négligence. On voit dans les champs des arbres magnifiques, couvrant une large étendue de terrain (cerisiers, pommiers, poiriers, etc.) et ne donnant que des fruits petits, peu savoureux et d'une valeur insignifiante ; alors que par la greffe ils auraient pu, sans épuiser davantage le sol, produire des fruits volumineux et très bons à manger, par conséquent d'une grande valeur.

85. La graine. — On a remarqué, et c'est un fait certain, que les graines héritent des qualités et des défauts de la plante qui les a produites : ainsi, d'après une loi naturelle incontestable, les grains de blé provenant de petits épis donnent de petits épis, de même que ceux qui sont fournis par de beaux épis produisent de beaux épis. Il importe donc de choisir, au moment de la moisson, les plus beaux épis, sur les tiges les plus droites et ayant le mieux tallé, dans un carré où on a laissé le blé mûrir davantage ; on peut même couper les extrémités de chaque épi, attendu que les grains y sont moins gros.

C'est en choisissant avec soin les sujets les plus remarquables que l'on est parvenu à modifier très avantageusement la plupart des céréales, des légumes, des fruits et des fleurs.

Quant à la *germination* des graines, j'ai indiqué, dans la première partie, aux chapitres de *l'air* et de *l'eau*, toutes les conditions nécessaires pour qu'elle réussisse.

Nota. — Les *applications à l'hygiène* sont reportées un peu plus loin, au chapitre des *plantes utiles*.

EXERCICES DE RÉDACTION

PRÉPARATOIRES A L'EXAMEN DU CERTIFICAT D'ÉTUDES

I. — Description d'une plante.

Vous supposerez que vous avez une plante devant vous ; faites-en la description, c'est-à-dire indiquez clairement toutes les parties dont elle se compose depuis la racine jusqu'à la graine, en ayant soin de faire connaître leurs fonctions.

II. — Application de l'étude des végétaux à l'agriculture.

Vous voulez être cultivateur ; exposez, dans un langage clair et simple, comment vous appliquerez les notions que vous avez acquises à l'école, concernant le rôle des différentes parties de la plante, particulièrement dans l'assolement, dans la transplantation des végétaux, dans leur multiplication, dans la création de nouvelles variétés de fleurs et de légumes, dans le choix des semences pour la culture du blé, etc.

III. — Multiplication des végétaux.

Un de vos camarades a vu chez vous un rosier. Vous lui en avez envoyé une branche avec des racines, et vous lui faites, dans une lettre, toutes sortes de recommandations pour que la branche devienne, elle aussi, un joli rosier.

II. — CLASSIFICATION DES VÉGÉTAUX. LES PRINCIPALES FAMILLES DE PLANTES.

—

Sommaire. — 1. Division des végétaux en trois embranchements : dicotylédones, monocotylédones, acotylédones. — 2. Familles de plantes. — 3. 1º *Dicotylédones*. Principales familles : légumineuses, crucifères, ombellifères, rosacées (ont une corolle à plusieurs pétales libres); solanées, labiées, composées (ont une corolle à pétales soudés en un seul); amentacées et conifères (n'ont pas de corolle). — 4. Légumineuses. — 5. Crucifères. — 6. Ombellifères. — 7. Rosacées. — 8. Solanées. — 9. Labiées. — 10. Composées. — 11. Amentacées. — 12. Conifères. — 13. 2º *Monocotylédones*. Principales familles. — 14. Graminées. — 15. Liliacées. — 16. 3º *Acotylédones* : fougères, mousses, champignons.

1. Nous avons vu, dans le chapitre précédent, que la *classification* des plantes est basée sur ce fait que certaines d'entre elles n'ont pas de *cotylédons* et que les autres en ont un ou deux. De là trois grandes divisions : 1º les végétaux dont la graine renferme deux cotylédons et qu'on appelle *dicotylédones*; 2º ceux dont la graine n'en a qu'un et qui sont nommés *monocotylédones*; 3º ceux qui n'en ont pas et qu'on appelle *acotylédones*[1].

2. Chacun de ces trois embranchements a été divisé en groupes nommés *familles de plantes*, dont les *fleurs*, les *fruits*, les *graines*, ont certaines ressemblances. Nous ne nous occuperons que des principales. On comprend la nécessité d'une classification quand on songe qu'il y a près de 100 000 espèces de végétaux.

On les divise encore en plantes *alimentaires*, *fourragères*, *industrielles* (consulter, pour leur culture, mon petit livre d'agriculture pages 55 à 74; voy. la note,

---

[1] *di, mono, a*   } *cotylédones*. *Di* veut dire deux; *mono*, un; *a*, ici, est privatif, et indique qu'il n'y a pas de cotylédons.

page 19); enfin en plantes *médicinales* et en plantes *nuisibles*, qui seront décrites à la fin de ce chapitre.

1° DICOTYLÉDONES.

3. Cet embranchement renferme plusieurs familles importantes : les *légumineuses*, les *crucifères*, les *ombellifères*, les *rosacées* (les fleurs de toutes ces plantes ont une corolle à plusieurs pétales libres); les *solanées*, les *labiées*, les *composées*, dont les fleurs ont une corolle à pétales soudés en un seul ; enfin les *amentacées* et les *conifères*, dont les fleurs n'ont pas de corolle.

Plantes dont les fleurs ont une corolle à plusieurs pétales libres.

4. Légumineuses. — On les appelle ainsi parce qu'elles ont pour fruit une *gousse* qui, en botanique, se dit *légume :* cela signifie donc plantes à *légumes*, ou à *gousses*.

La fleur est facile à reconnaître : sa corolle, qui a cinq

Fig. 64. — Fleur du pois.

Fig. 65. — Giroflée.

pétales, est disposée en forme de papillon. On trouve dans cette famille des plantes alimentaires très utiles : les *pois* (*fig.* 64), les *haricots*, les *fèves*, les *lentilles ;* des plantes fourragères également utiles : la *luzerne*, le *trèfle*, le *sainfoin*, la *vesce*, le *lupin ;* des plantes d'ornement : la *glycine*, le *pois de senteur*, le *genêt d'Espagne ;* et enfin des arbres : le *bois de rose*, le *palissandre* (qui fournissent do beaux bois d'ébénisterie), l'*acacia*, etc. Les *genêts* et les *ajoncs* en font aussi partie, ainsi que la *réglisse* et le *caroubier*.

5. Crucifères [1]. — Les fleurs de ces plantes ont quatre pétales disposés en forme de croix et six étamines.

Cette famille renferme également des végétaux utiles : le *chou*, le *navet*, le *radis*, le *raifort*, le *cresson*, le *colza*, la *navette*, le *pastel*, la *moutarde*, etc., ainsi que des fleurs, comme la *giroflée* (*fig.* 65), la *julienne*, le *thlaspi*, le *gazon de Mahon*.

6. Ombellifères. — Ces plantes sont ainsi appelées parce que leurs fleurs sont disposées en *ombrelle* (qui se disait anciennement *ombelle*). Le calice est peu développé, la corolle a cinq pétales ; il y a cinq étamines et un pistil.

A cette famille appartiennent la *carotte*, le *panais*, le

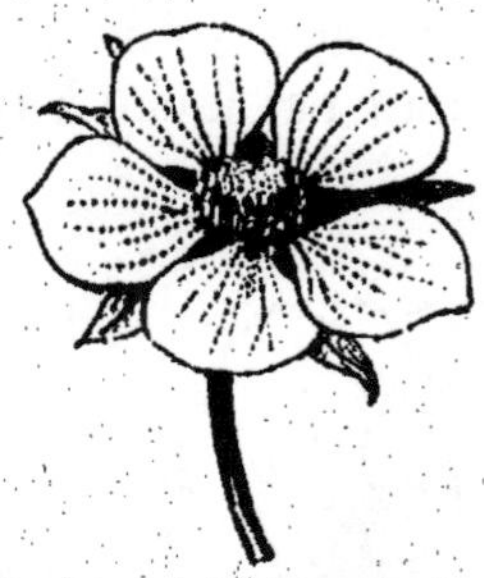

Fig. 66. — Ombelle.   Fig. 67. — Fleur du fraisier.

céleri, le *cerfeuil*, le *persil*, qui sont utiles, et la *ciguë*, semblable au persil, mais qui est un poison très dangereux ; le *thapsia*, plante médicinale ; l'*angélique*, l'*anis*, la *coriandre*, servant à la préparation de certaines liqueurs.

7. Rosacées. — C'est la *rose* (la *reine des fleurs*), qui a donné son nom à cette famille. Celle-ci renferme des végétaux très utiles, entre autres la plupart de nos arbres fruitiers : *pommier*, *poirier*, *cognassier* (fruits à

---

1. *Crucifère* signifie *porte-croix*. *Cruci* veut dire croix ; et *fère*, qui porte.

pépins); *cerisier*, *prunier*, *pêcher*, *abricotier* (fruits à
noyau); l'*amandier*, le *néflier*, le *cormier*, le *prunellier*
ou *épine noire*, l'*aubépine* ou *épine blanche*, le *framboisier*, le *fraisier* (*fig.* 67), le *laurier-cerise*, le *rosier*, etc. La corolle a cinq pétales; la rose de nos jardins,
seule, en a bien davantage, parce que, par la culture, on
a transformé les *étamines* en *pétales*.

Plantes dont les fleurs ont une corolle à pétales soudés en un seul.

8. Solanées[1]. — Cette famille renferme des végétaux utiles, tels que la *douce-amère*, la *pomme de terre*

Fig. 68. — *Solanées*
alimentaires.
Pomme de terre.
Tomate.

Fig. 69. — *Solanées* vénéneuses.

Pomme épineuse
ou *stramoine*.

Belladone.

Jusquiame.

et la *tomate* (*fig.* 68), mais aussi des plantes très vénéneuses, comme la *stramoine* ou *pomme épineuse*, la *belladone*, la *jusquiame* (*fig.* 69) et le *tabac*. Le *pétunia*,
jolie fleur de nos jardins, est une solanée. La fleur a cinq
étamines attachées à la corolle.

9. Labiées[2]. — Cette famille contient surtout des
plantes à odeur : la *menthe*, le *thym*, le *serpolet*, la
sarriette, la *mélisse*, la *lavande*, la *sauge*, l'*hysope*, le
romarin, le *basilic*, le *lamier* ou *ortie blanche* (*fig.* 70), etc.

1. *Solanée* dérive d'un mot latin désignant la *douce-amère*, qui a
donné son nom à cette famille de plantes.
2. *Labiée* vient d'un mot latin signifiant *lèvre*.

Elle doit son nom à la corolle, dont les cinq pétales sont séparés en deux *lèvres*. Au lieu d'être ronde, la tige est carrée, comme une règle d'écolier.

10. Composées. — Ces plantes sont ainsi appelées parce que leur fleur n'est pas simple, comme celle des autres végétaux et comme on pourrait le croire au premier abord : elle est *composée* d'un assez grand nombre de petites fleurs serrées les unes à côté des autres, de telle manière qu'on se figure qu'il n'y en a qu'une.

Fig. 70. — Lamier (ortie blanche) : 1. fleur vue de face ; 2, fleur vue de côté.

Cette famille renferme un grand nombre de plantes, dont les unes sont utiles, comme la *chicorée*, la *laitue*, le *salsifis*, la *scorsonère*, l'*artichaut*, l'*estragon*, le *topinambour*, et d'autres remarquables par leurs belles fleurs, telles que la *pâquerette*, la *marguerite*, le *chrysanthème*, le *dahlia*, le *soleil*, le *bluet* ou *bleuet*, etc.; quelques-unes sont employées en médecine : l'*arnica*, si efficace contre les blessures; la *camomille*, l'*absinthe*, la *bardane* ou *gratteau*, dont les écoliers espiègles aiment à coller les têtes épineuses dans les cheveux de leurs camarades, et dont les racines sont employées pour combattre les rhumatismes. Le *chardon*, le *laiteron*, le *séneçon* et le *souci*, qui en font également partie, sont nuisibles.

Plantes dont les fleurs n'ont pas de corolle.

11. Amentacées[1]. — C'est à cette famille qu'appartiennent le *noisetier*, le *noyer*, le *châtaignier*, ainsi que la plupart des arbres de nos forêts : le *chêne*, le *charme*, le *hêtre*, dont le bois est dur et estimé; le *saule*, le *peuplier*, le *bouleau*, qui donnent des bois blancs ayant

---

1. *Amentacée* dérive d'un mot latin signifiant *chaton* : les *amentacées* sont donc des plantes à *chatons*.

beaucoup moins de valeur, et l'*aulne*, dont le bois a la propriété de se conserver dans l'eau. Ces plantes portent deux sortes de fleurs : les fleurs à étamines, formant une espèce d'épi tombant nommé *chaton*, *m* (*fig.* 71), qu'on voit dans le noisetier vers la fin de l'hiver; et les fleurs à pistil, ressemblant à un petit bourgeon à peine visible, *f*, d'où sortira la noisette.

12. Conifères. — Ces végétaux sont ainsi appelés

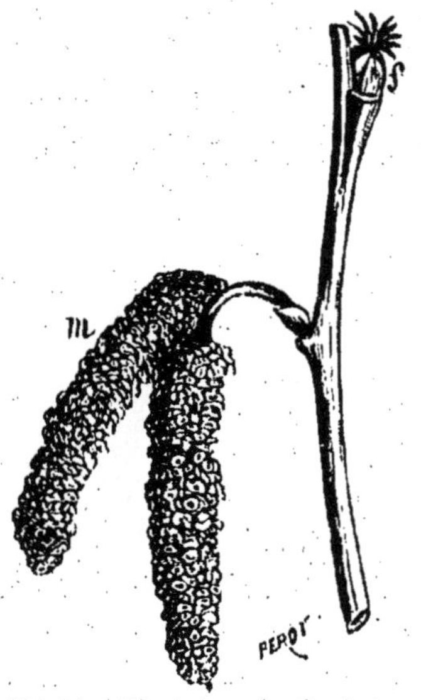

Fig. 71.—Fleur du noisetier (*amen-tacée*) : *m, chaton*, formé de fleurs à étamines; *f*, fleur à pistil.

Fig. 72.
Cône du pin.

parce qu'ils ont des fruits en forme de *cône* ou de pain de sucre (*fig.* 72). Ils sont toujours verts, attendu que leurs feuilles ne tombent pas chaque année; leur bois est résineux et très employé en menuiserie.

Les principaux sont les *pins* et les *sapins*, qui fournissent la résine et la térébenthine, les *cèdres* et les *cyprès*. Le *genévrier* est aussi un conifère.

On peut ajouter la famille des *ampélidées*[1], qui renferme la *vigne*; celle des *malvacées*, qui tire son nom de

1. *Ampélidée* vient d'un mot grec signifiant *vigne*.

la *mauve*; et celle des *renonculacées*, qui doit son nom à la *renoncule* (bouton-d'or) : la *clématite*, le *pied-d'alouette*, la *pivoine*, l'*anémone*, l'*aconit*, le *magnolia*, sont des renonculacées.

2° MONOCOTYLÉDONES.

13. Cet embranchement contient peu de familles, mais l'une d'elles, celle des *graminées*, est extrêmement importante parce que les plantes qui la composent nourrissent

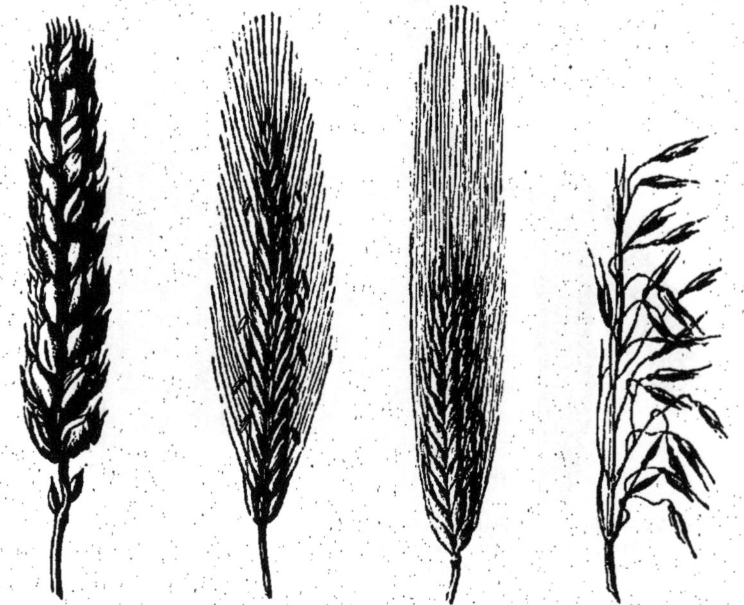

Fig. 73. — Blé.   Fig. 74. — Seigle.   Fig. 75. — Orge.   Fig. 76. — Avoine.

l'homme, ainsi que les animaux herbivores. Nous parlerons aussi de celle des *liliacées*.

14. Graminées [1]. — Elles comprennent presque toutes les céréales : *blé*, *seigle*, *orge*, *avoine*, *maïs*, *millet*, *riz*, ainsi que la plupart des herbes de nos prairies naturelles. La fleur, peu élégante, a trois éta-

---

1. *Graminée* dérive d'un mot latin qui veut dire *gazon*. Le gazon est une herbe appartenant à la famille des graminées.

mines ; la tige, qui est creuse, présente de distance en distance des nœuds pleins. Dans la *canne à sucre*, la tige creuse se remplit d'une espèce de sirop avec lequel on fabrique le sucre. Le *chiendent* et l'*ivraie* sont des graminées.

15. Liliacées. — Elles doivent leur nom au *lis*, dont la belle fleur, comme toutes celles de cette famille, a six pétales blancs ou colorés et un grand pistil entouré de six étamines. Elles renferment des plantes d'ornement dont les principales sont (outre le *lis*, la *tulipe* et la *jacinthe*, ainsi que des légumes tels que l'*oignon*, le *poireau*, l'*ail*, l'*échalote*, la *ciboule* et l'*asperge*.

3° ACOTYLÉDONES.

16. Les principales plantes de cet embranchement sont les *fougères*, les *mousses* et les *champignons*.

Dans notre pays, les fougères sont des végétaux herbacés et vivaces, dont les feuilles sont employées comme litière pour les bestiaux.

Les mousses vivent surtout dans les bois, où elles forment un tapis vert et moelleux, qui protège contre le froid les troncs d'arbres qu'il recouvre.

Quant aux champignons, s'il y en a quelques-uns de bons, il s'en trouve beaucoup de vénéneux, qui font mourir dans des souffrances atroces.

Les *moisissures*, qu'on voit quelquefois sur les confitures, sont attribuées à des espèces de champignons microscopiques transportés par l'air. C'est aussi, comme nous l'avons vu, à des champignons que sont dus la *rouille*, la *carie*, le *charbon* du blé, l'*ergot* du seigle, ainsi que l'*oïdium* et le *mildiou* de la vigne.

Applications à l'agriculture.

Ces applications comprennent la culture de toutes les plantes qui viennent d'être citées, depuis les céréales jusqu'aux arbres fruitiers, aux légumes et aux fleurs; je ne saurais donc mieux faire que de renvoyer à mon livre d'agriculture, qui renferme tous les développements que comporte l'importance de ces différents végétaux. (Voy. la note, page 19.)

Applications à l'hygiène.

Plantes utiles. Plantes nuisibles.

SOMMAIRE. — 17. Plantes utiles. — 18. Plantes *médicinales*. — 19. Apéritives. — 20. Purgatives. — 21. Vermifuges. — 22. Fébrifuges. — 23. Pectorales. — 24. Sudorifiques. — 25. Calmantes. — 26. Émollientes. — 27. Ce qu'on appelle plantes *nuisibles*. — 28. Leurs noms. — 29. Principales plantes *dangereuses* ou *vénéneuses*. — 30. Herborisations.

17. Les plantes *alimentaires, fourragères, industrielles,* dont il a été parlé, sont toutes très utiles; il convient d'y ajouter les plantes *médicinales,* qu'on utilise en *médecine* ou simplement en hygiène.

18. On peut les diviser, suivant l'effet qu'elles produisent, en plantes *apéritives, purgatives, vermifuges, fébrifuges, pectorales, sudorifiques, calmantes, émollientes.*

19. Plantes apéritives. — On les appelle ainsi parce qu'elles excitent l'*appétit,* grâce au suc amer qu'elles renferment; les principales sont : la *pensée sauvage,* le *houblon,* la *gentiane.*

D'autres, telles que la *camomille,* la *menthe,* la *mélisse,* ont la propriété de stimuler, d'activer la digestion; c'est pourquoi on dit qu'elles sont *stimulantes* ou *digestives :* elles s'emploient surtout en infusion.

20. Plantes purgatives. — Pour purger les enfants, on fait infuser deux ou trois pincées de *fleurs de pêcher* dans un demi-litre de bouillon de veau dont on fait prendre une tasse de demi-heure en demi-heure. Pour les grandes personnes, on se sert de la *rhubarbe,* à raison de

2 grammes par jour, et surtout de l'*huile de ricin*, extraite des graines de ce végétal.

21. Plantes vermifuges. — Comme leur nom l'indique, elles sont utilisées contre les *vers;* ce sont : la *fumeterre*, l'*absinthe* et la racine d'une espèce de fougère appelée *capillaire*, qui est employée contre le ver solitaire. Quelques gousses ou têtes d'*ail*, en décoction[1] dans du lait, forment également un bon vermifuge.

22. Plantes fébrifuges[2]. — Elles servent à combattre les *fièvres*. On emploie, en décoction, les sommités de la *petite centaurée*, qui mérite bien son nom d'*herbe à la fièvre*, et la racine de la *gentiane* à la dose de 10 grammes par litre d'eau, ainsi que les fleurs et les jeunes feuilles du *chardon bénit*, qui est également tonique, vermifuge et sudorifique. Lorsque ces remèdes ne suffisent pas, on prend la *quinine*, extraite de l'écorce du *quinquina*, arbre qui vit dans l'Amérique du Sud.

23. Plantes pectorales[3]. — Elles sont ainsi nommées attendu qu'elles sont utilisées dans les affections de la poitrine, c'est-à-dire des poumons. On emploie le *bouillon-blanc*, vulgairement appelé *molène* (probablement parce que ses feuilles sont molles, douces au toucher), dont les fleurs donnent une tisane adoucissante et qui calme la toux ; les fleurs de *violette*, de *guimauve*, de *tilleul*, de *sureau*, et les racines de *mauve*, de *guimauve*, pour faire de la tisane contre le rhume ; les feuilles sèches d'*hysope* et de *lierre terrestre :* celles de la fougère nommée *capillaire* servent à préparer un sirop pectoral adoucissant. La *bourrache*, et la *pariétaire* qu'on trouve sur les murs, donnent une tisane rafraîchissante.

24. Plantes sudorifiques[4]. — On utilise, surtout

---

1. *Décoction. Infusion.* La *décoction* consiste à faire bouillir, dans un liquide, les racines ou autres parties de certaines plantes. Pour faire une *infusion*, on verse l'eau bouillante sur les fleurs ou sur les feuilles.

2. *Fébrifuge* vient d'un mot latin qui veut dire *fièvre*.

3. *Pectoral* dérive d'un mot latin signifiant *poitrine*.

4. *Sudorifique* vient du latin et signifie qui fait *suer*, c'est-à-dire qui fait sortir la *sueur*.

en décoction, les tiges de la *douce-amère*; les fleurs de *tilleul* et de *sureau*, en infusion, sont également sudorifiques, ainsi que les feuilles et les fleurs de *bourrache*, en décoction ou en infusion.

25. Plantes calmantes. — Leur nom indique leurs propriétés. Les principales sont le *coquelicot*, dont on emploie les pétales, et la *valériane*, ou *herbe-aux-chats*, qui calme les irritations nerveuses. On recommande aussi l'infusion de *tilleul* et celle de fleurs de *primevère* (*coucou*).

26. Plantes émollientes. — Ce sont celles qui, en décoction, ou en cataplasme, *ramollissent* les parties enflammées. On se sert surtout des racines et même des feuilles de la *guimauve*, ainsi que des feuilles du *bouillon-blanc* et de la *violette*.

27. Plantes nuisibles. — On appelle ainsi celles qui sont préjudiciables aux végétaux utiles, aux animaux et à l'homme. Celles qui sont nuisibles à l'homme peuvent l'empoisonner : c'est pourquoi on leur donne le nom de plantes *dangereuses* ou *vénéneuses*.

28. Les principales sont : le *chardon*, qui est très difficile à détruire et qui se propage rapidement; le *chiendent*, qu'on extirpe malaisément du sol qu'il a envahi, et qui fait périr les plantes avec lesquelles il se trouve; la *nielle*, le *bleuet*, l'*ivraie*, qui infestent les champs de blé; la *moutarde des champs*; le *radis sauvage*, l'*épine-vinette*, qui communique la *rouille* au blé; la *renoncule*, etc. Dans les prairies naturelles croissent la *grande marguerite*, la *crête-de-coq*, la *centaurée*, la *carotte sauvage*, le *pissenlit*, et quand le terrain est humide, les *joncs*, les *prêles*, les *roseaux*; dans les prairies artificielles, c'est la *cuscute*, plante parasite qui couvre toute la tige du trèfle ou de la luzerne, et l'*orobanche*, autre plante parasite qui vit sur les racines du trèfle et sur celles du chanvre. Lorsque la cuscute n'a pas été détruite par le sulfate de fer, on recouvre de paille la partie envahie et on y met le feu.

Il faut citer également comme plantes parasites le *gui*, les *mousses* et les *lichens*, qui s'attachent aux arbres; et enfin tous ces champignons qui occasionnent le *charbon* du blé, l'*ergot* du seigle, l'*oïdium* et le *mildiou* de la vigne, etc.

29. Plantes dangereuses ou vénéneuses. — Elles renferment un poison qui peut faire mourir si l'on ne parvient pas à l'expulser en faisant vomir le malade par tous les moyens possibles, surtout avec de l'eau tiède (ou mieux avec de l'eau salée à raison de 50 grammes de sel par litre d'eau) en attendant l'arrivée du médecin. Les principales sont : la *belladone*, dont les baies rouges tentent quelquefois les enfants, qui les prennent pour des cerises ; la *stramoine* ou *pomme épineuse*, qui sent mauvais ; la *jusquiame*, qui croît à l'état sauvage, et dont la fleur a la forme d'une clochette allongée ; la *digitale*, dont la corolle ressemble à un *doigt* de gant ; l'*aconit* (*fig.* 77), qui a de jolies fleurs bleues, et dont la racine est un petit navet qu'il faut bien se garder de manger, car c'est un violent poison : on extrait de ces cinq plantes des médicaments très énergiques, qui ne peuvent être employés que d'après l'avis du médecin.

Fig. 77. — Aconit.

Il faut ajouter la *ciguë*, que l'on reconnaît à la mauvaise odeur qu'exhalent ses feuilles et ses tiges quand on les froisse ; le *narcisse*, la racine de *violette*, l'*euphorbe* (ou *réveille-matin*), l'*ellébore*, la *renoncule*, le *pied-d'alouette*, l'*anémone*, etc., ainsi que les *champignons vénéneux*.

Herborisations.

30. Une autre étude également agréable et intéressante est celle qui consiste à *herboriser*, c'est-à-dire à faire une collection des principales plantes de la contrée, que l'on classe par familles, de manière à former un petit *herbier*. Quelques-unes sont réservées pour enrichir l'*herbier de l'école*, qui sera l'utile complément du musée scolaire.

Ces collections sont bien faciles à réunir, attendu qu'elles doivent être très simples. Les enfants de la campagne peuvent se dispenser d'y faire figurer la plupart des plantes alimentaires et des légumes, qu'ils connaissent parfaitement ; on recueille surtout des plantes médicinales, ainsi que celles qui sont nuisibles ou dangereuses, afin d'apprendre à les connaître. Voici comment on s'y prend pour les conserver.

D'abord il est bon de les déterrer avec les racines et de les envelopper avec de l'herbe entourée d'un papier. A la maison, on les met entre plusieurs feuilles de vieux papier, de préférence du papier buvard (ou dans un vieux registre), que l'on recouvre d'une planche sur laquelle on met une grosse pierre pour les presser ; chaque jour, on remplace par du papier sec celui que les plantes ont mouillé (ou on les change de place si elles sont dans un registre), et on ajoute d'autres pierres afin d'augmenter la pression. Quand les plantes sont tout à fait sèches, on les dispose sur des feuilles de papier assemblées, auxquelles on les fixe avec du papier gommé (celui qui entoure les timbres-poste convient parfaitement), en inscrivant à côté de chacune d'elles son nom, celui de la famille à laquelle elle appartient, la date, le lieu où on l'a trouvée, ainsi que ses propriétés médicinales ou autres et ses applications.

On peut diviser un herbier en deux parties : dans la première on met quelques plantes des principales familles que nous avons étudiées, et que l'on classe dans chacun des trois embranchements ; la deuxième renferme celles de la commune ou du canton, divisées, par exemple, en plantes *alimentaires, fourragères, industrielles, médicinales, nuisibles* ou *dangereuses.*

Les herborisations se font très bien pendant les promenades scolaires ; vous y consacrerez, en outre, une partie du jeudi et surtout du dimanche : c'est, avec les bonnes lectures, le meilleur emploi que vous puissiez faire de vos moments de loisir.

EXERCICES DE RÉDACTION

PRÉPARATOIRES A L'EXAMEN DU CERTIFICAT D'ÉTUDES

I. — Classification des végétaux.

Reproduisez, de votre mieux, la leçon que votre instituteur vous a faite sur la classification des végétaux, et décrivez sommairement les principales familles en indiquant quelques-unes des plantes qu'elles renferment.

II. — Application de l'étude des plantes à l'hygiène.

Montrez comment vous pourrez tirer parti, au point de vue de l'hygiène, des connaissances que vous avez acquises à l'école concernant les propriétés de certaines plantes, dont les unes sont apéritives, ou purgatives, ou vermifuges, ou fébrifuges, et les autres pectorales, ou sudorifiques, ou calmantes, etc.

III. — Utilité d'un herbier.

Votre cousin — que son père a retiré trop tôt de l'école sous prétexte qu'il avait besoin de lui pour garder les bestiaux — est venu passer quelques jours chez vous après la moisson. Vous vous êtes empressé, croyant lui faire plaisir, de lui montrer le petit herbier que vous veniez de terminer, mais il n'a pas paru s'y intéresser, et en vous quittant il vous a dit : « Tu sais, ton herbier, je ne vois pas quelle en est l'utilité. »

Vous lui écrivez pour lui montrer son erreur; vous lui dites d'abord comment il a été composé dans les promenades scolaires et les herborisations que vous avez faites, le profit que vous en avez retiré à tous les points de vue, puis la manière dont vous avez disposé les plantes que vous aviez recueillies. Enfin vous lui faites comprendre l'utilité qu'il y a, surtout pour le cultivateur, à connaître les plantes utiles, ainsi que celles qui sont nuisibles ou dangereuses.

COMPLÉMENTS
(POUR LE COURS SUPÉRIEUR)

CINQUIÈME PARTIE

PHYSIQUE

I. — PESANTEUR. LEVIER. ÉQUILIBRE DES LIQUIDES

SOMMAIRE. — 1. Ce que c'est que la pesanteur : l'attraction. — 2. Exceptions apparentes. Ballons. — 3. Direction que suivent les corps en tombant. La verticale; fil à plomb. L'horizontale. — 4. Niveau de maçon; son emploi. — 5. Levier : ce que c'est. — 6. Trois sortes de leviers. — 7. Balance; sa description. — 8. Équilibre des liquides : direction horizontale. — 9. Vases communiquants; expérience.

1. La pesanteur. — C'est la tendance qu'ont tous les corps à tomber à la surface de la terre. Lorsqu'une pomme, ou une poire, se détache de l'arbre, elle se dirige vers la terre, qui semble l'*attirer* : celle-ci, en effet, *attire* tous les corps en vertu d'une force appelée l'*attraction*.

2. Cependant la fumée, les nuages, les ballons semblent faire exception, ils s'élèvent dans l'atmosphère : cela tient à ce qu'ils sont plus légers que l'air. Une expérience très simple le fera comprendre. Prenez un bouchon de liège et lâchez-le : il tombera sur le sol; mettez-le au fond d'un seau d'eau et ouvrez les doigts : il remontera immédiatement à la surface. Pourquoi? Parce qu'il est moins lourd que l'eau. Il en est de même dans l'air pour les corps qui sont plus légers que lui, et en particulier les ballons, que l'on gonfle avec le gaz d'éclairage, lequel, à volume égal, pèse deux fois moins que l'air.

3. En tombant, les corps suivent tous la même direction, ils se précipitent vers le centre de la terre : on nomme cette direction la *verticale*. Elle est donnée par un petit instrument facile à construire, le *fil à plomb* (*fig.* 78) ; c'est tout simplement un fil à l'extrémité duquel on attache un poids quelconque, ordinairement un morceau de plomb : d'où son nom de *fil à plomb*.

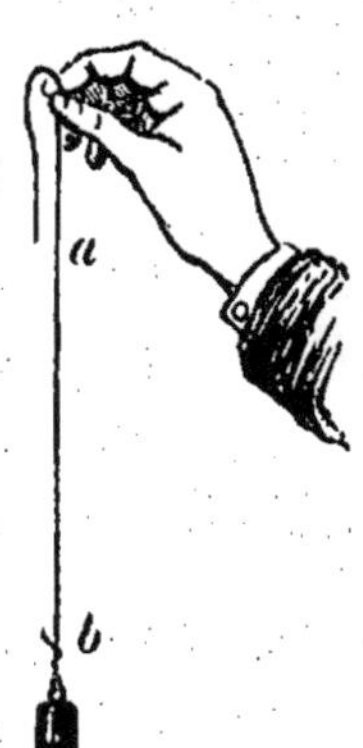

Fig. 78.
Fil à plomb.

La direction *verticale* est exactement perpendiculaire[1] à la surface des eaux tranquilles, qui est *horizontale*[2].

4. Il est très important, surtout dans la construction des maisons, de savoir si une ligne est verticale ou horizontale. Ainsi, les murs doivent être bien verticaux, ce dont on s'assure au moyen du fil à plomb ; il faut que les assises soient horizontales, ce que l'on reconnaît avec un instrument appelé *niveau de maçon*, qui est basé sur le fil à plomb. Il se compose de deux morceaux de bois de même longueur,

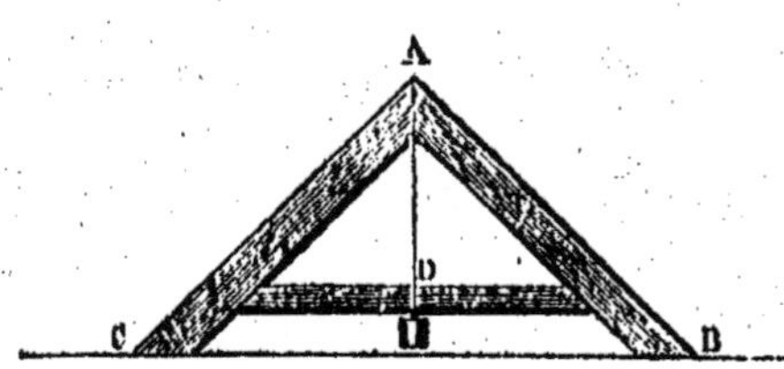

Fig. 79. — Niveau de maçon.

réunis par une traverse marquée d'un trait dans son milieu, et d'un fil à plomb fixé au sommet. Lorsque les deux pieds du niveau reposent sur une surface horizontale, le fil passe juste sur le trait placé au milieu de la traverse.

5. Le levier. — C'est une barre inflexible, fixe autour d'un de ses points appelé *point d'appui*, et qui sert à mouvoir, à soutenir ou à élever d'autres corps.

6. Il y a trois sortes de leviers : 1° le levier du *premier genre* (*fig.* 80), dans lequel le point d'appui A se trouve entre la *résistance* R, exercée par le poids du bloc de pierre, et la *puissance* P, qu'exerce l'homme en appuyant sur le levier ;

---

1. *Perpendiculaire* veut dire qui ne penche ni d'un côté ni de l'autre : la verticale forme avec l'horizontale deux angles droits.

2. *Horizontale.* On appelle *horizontale* une ligne droite parallèle à l'*horizon*, c'est-à-dire à la partie de la surface terrestre où se termine notre vue.

2° le levier du *second genre* (la brouette, *fig.* 81), dans lequel
la résistance (exercée par le fardeau placé dans la brouette)
est située entre le point d'appui (qui est la roue) et la puis-

Fig. 80. — Homme soulevant une pierre à l'aide d'un levier.

sance (représentée par les bras de l'homme); 3° le levier du
troisième genre (les pincettes, par exemple), dans lequel la

Fig. 81. — Brouette.

puissance se trouve entre le point d'appui et la résistance.

7. Balance. — Pour savoir combien les corps sont
pesants, c'est-à-dire pour connaître leur *poids*, on se sert
d'un instrument nommé *balance*, dont la partie principale,
le *fléau*, acb (mobile autour du point d'appui c), est un *levier
du premier genre*. Les deux bras du fléau, ac, cb, sont ri-
goureusement égaux; la résistance est l'objet que l'on met
dans le plateau A pour le peser, et la puissance, le poids que
l'on place dans l'autre plateau B.

Pour que la pesée soit juste, il faut que les plateaux soient
en *équilibre*, c'est-à-dire que l'un ne penche pas plus que
l'autre, ce qui a lieu quand l'aiguille est au milieu du petit
cadran e.

8. Équilibre des liquides. — Les liquides sont soumis, comme tous les autres corps, à l'action de la pesanteur.
Si l'eau est abandonnée à elle-même, elle tombe; quand

elle est sur un sol en pente, elle coule, comme dans les cours d'eau : il est facile de comprendre que *la surface libre des eaux tranquilles est horizontale, de même que celle de tous les liquides en équilibre.* On peut s'en convaincre par une expérience très simple. Nous savons que la verticale est perpen-

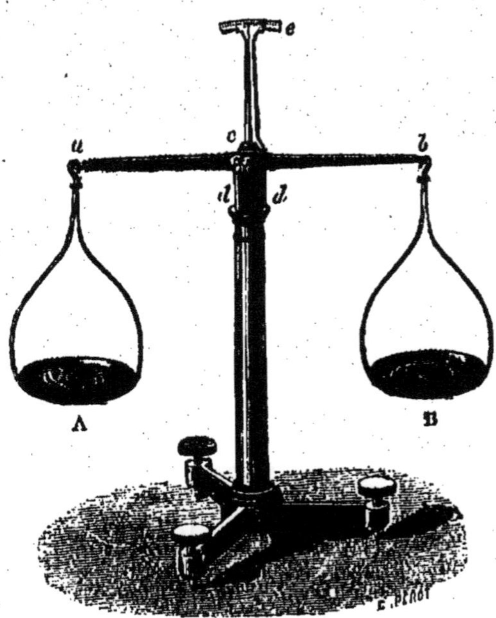

Fig. 82. — Balance.

diculaire à l'horizontale ; eh bien ! si l'on suspend le fil à plomb (*fig.* 78) au-dessus d'un vase rempli d'eau noircie avec de l'encre, on constate que l'image est sur le prolongement du fil *ab*.

9. Vases communiquants. — Lorsqu'on met de l'eau (ou un liquide quelconque) dans des vases qui communiquent ensemble, elle se répand dans chacun d'eux jusqu'à ce que *tous les niveaux soient sur un même plan horizontal.*

Il est facile de s'en rendre compte au moyen de deux entonnoirs *a* et *b* réunis par un tube en caoutchouc *c*, que l'on ferme en le serrant avec les doigts ; on emplit d'eau colorée le grand entonnoir *b*, on desserre les doigts, et l'eau s'écoule jusqu'à ce qu'elle soit au même niveau horizontal *mn* dans les deux vases. Si l'on soulève ou si l'on abaisse l'un des entonnoirs, le liquide s'écoulera jusqu'à ce qu'il soit de niveau. Si l'on remplace le vase *a*, successivement par les tubes *d*,

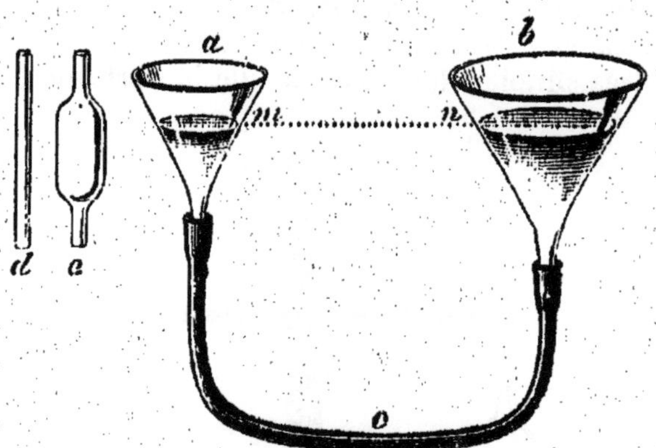

Fig. 83. — Vases communiquants.

e (qui n'ont pas la même forme ni la même capacité), et que l'on mette le niveau de l'eau juste au point *n*, le liquide montera toujours au point *m*, aussi bien dans le tube *d* que dans le tube *e*.

Applications.

Sommaire. — 10. Construction des maisons. — 11. Utilité du levier. — 12. Ce que c'est qu'une bascule. — 13. L'eau dans les puits, dans les caves, dans les villes. — 14. Jet d'eau. — 15. Niveau d'eau.

10. La pesanteur. — Nous avons vu qu'on fait application de la pesanteur dans la construction des maisons pour donner aux murs une direction verticale, et aux assises, ainsi qu'aux planchers, une direction horizontale.

11. Le levier. — C'est une application de la pesanteur; il rend de très grands services à l'homme, dont il décuple[1] la force. La balance, avons-nous dit, est une application du levier.

12. Dans la *bascule*, qui est une espèce de balance très employée dans le commerce pour peser les marchandises

---

1. *Décupler* signifie rendre *dix* fois aussi grand; ici, cela veut dire augmenter considérablement.

un peu lourdes, l'un des bras du fléau est dix fois plus petit que l'autre, de sorte que le poids placé dans le plateau fait équilibre à un poids dix fois plus considérable : un hectogramme correspond à un kilogramme; un kilogramme à dix kilogrammes, etc.

13. Equilibre des liquides. — Le principe de l'équilibre des liquides dans les vases communiquants a de nombreuses applications. C'est en vertu de ce principe que l'eau monte, comme nous l'avons vu (chap. III, page 49), dans les puits; qu'elle envahit les caves lorsqu'une crue se produit dans une rivière; que, dans les villes, on établit, dans l'endroit le plus élevé, des réservoirs qui, par des tuyaux souterrains, vont la distribuer partout; etc.

Le *jet d'eau*, le *niveau d'eau* sont encore des applications de ce principe.

14. Jet d'eau. — Il est facile au moyen de l'appareil (*fig.* 83) de faire comprendre ce que c'est qu'un jet d'eau. On remplace le petit entonnoir par un tuyau de pipe *c;* on verse de l'eau dans le vase *a* (*fig.* 84) et on la voit s'élever en forme de *jet* presque jusqu'au niveau *d* de l'eau dans l'entonnoir *a* (pas tout à fait jusqu'à ce niveau à cause de la résistance que l'air lui oppose).

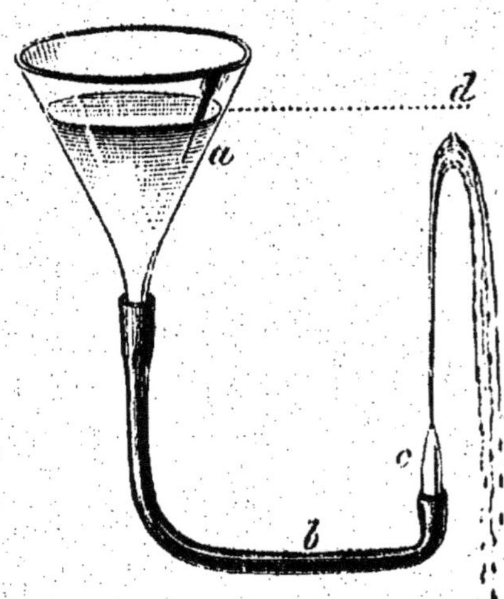

Fig. 84. — Jet d'eau.

15. Niveau d'eau. — C'est tout simplement un tube en fer-blanc, d'un mètre de long, et recourbé à angle droit à ses deux extrémités, qui sont munies de deux fioles de verre communiquant avec le tube. Celui-ci est placé horizontalement sur un pied à branches et rempli avec de l'eau qui, dans les deux fioles, prend un niveau horizontal.

Au moyen d'une règle graduée, on mesure la hauteur au-dessus du sol des deux points dont on veut connaître la différence de niveau, qui est la même que la différence entre les deux hauteurs observées.

EXERCICES DE RÉDACTION
PRÉPARATOIRES A L'EXAMEN DU CERTIFICAT D'ÉTUDES

Reproduisez, à votre façon, la leçon qui vous a été faite sur la pesanteur, le levier, l'équilibre des liquides, et leurs applications.

———

II. — MACHINE A VAPEUR.
LUMIÈRE

—

SOMMAIRE. — 1. Importance de la machine à vapeur. — 2. Description de la locomotive. — 3. Rôle de la vapeur. — 4. Lumière. — 5. Miroir. Image des objets : explication. — 6. Réfraction. Expérience très simple et bien curieuse. — 7. Lentilles. — 8. La loupe; ses propriétés. — 9. Microscope; télescope; phare. — 10. Décomposition de la lumière : arc-en-ciel.

1. Nous avons vu (chap. IV, page 66) que c'est un Français, Denis Papin (né à Blois), qui, le premier, a découvert la force de la vapeur et l'application qu'on en peut faire. La machine à vapeur qu'il a inventée a subi bien des transformations avant de devenir cette machine puissante que nous admirons aujourd'hui, et qui a exercé une influence considérable sur le développement de l'industrie aussi bien que sur le progrès de la civilisation.

2. La *locomotive* (*fig.* 85), qui traîne les wagons sur les chemins de fer avec une vitesse considérable, a été inventée par l'Anglais Stephenson et par le Français Séguin. La partie principale est une chaudière tubulaire[1] cylindrique A, communiquant à gauche avec le foyer F et à droite avec une cheminée au moyen de tubes par lesquels passent la flamme et la fumée; grâce à ces tubes, entourés par l'eau de la chaudière, la chaleur est répartie partout et produit l'ébullition beaucoup plus rapidement.

3. La vapeur s'accumule dans la partie supérieure de la

———

1. *Chaudière tubulaire,* ainsi appelée parce qu'elle renferme un grand nombre de *tubes* ou tuyaux.

chaudière, où elle acquiert une force élastique considérable ; puis elle se rend, par le tube B, dans le cylindre ou corps de pompe D, où elle imprime au piston un mouvement de va-et-vient qui fait tourner les roues au moyen d'une barre

Fig. 85.

de fer reliant la tige du piston à une espèce de *manivelle* fixée à la deuxième roue. La poignée S, placée en face du mécanicien, sert à faire marcher ou à arrêter la locomotive en ouvrant le tuyau B, dans lequel entre la vapeur, ou en le fermant. Il y a un piston de chaque côté de la locomotive.

4. Lumière. — Nous connaissons déjà quelques-unes des propriétés les plus importantes de la lumière (voy. chap. VII, page 91); nous allons en étudier d'autres également remarquables.

5. Miroir. — Le *miroir*, ou *glace*, a la propriété bien connue de reproduire l'image des objets placés en regard, de telle sorte qu'on croit voir cette image derrière lui, quoiqu'elle n'y soit pas en réalité. Voici l'explication de cette illusion [1].

Lorsqu'un point lumineux P se trouve devant un miroir MN, il envoie des rayons tels que PA, PA', qui sont réfléchis par le miroir et renvoyés dans l'œil ; or l'œil a la propriété

---

1. *Illusion*, erreur des sens qui fait voir les choses autrement qu'elles ne sont réellement. C'est une illusion quand, dans un bateau qui marche rapidement, on croit voir le rivage s'enfuir ; c'est aussi une illusion lorsque, regardant un train en mouvement, on se figure que c'est celui dans lequel on se trouve qui marche, alors qu'il est arrêté.

de voir les objets dans la direction des rayons lumineux qui lui sont renvoyés : il en résulte que les rayons PA, PA', lui parvenant suivant les directions CA, C'A', ils lui paraissent émaner[1] du point P' situé derrière le miroir à la rencontre de leurs prolongements sur la perpendiculaire PP'.

Ce qui se passe pour un seul point se produit également

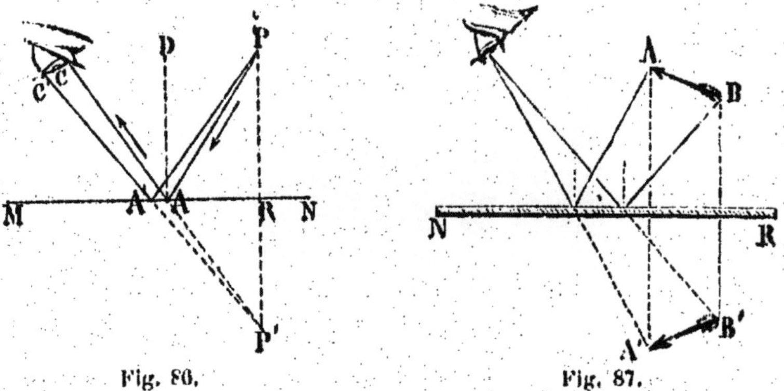

Fig. 86.   Fig. 87.

pour un objet éclairé, la flèche AB par exemple : l'image apparaît derrière le miroir en A'B' ; elle a la même forme et les mêmes dimensions que l'objet, mais elle est dans une *position inverse* de l'objet. Il est facile de s'en rendre compte en se regardant dans une glace : la joue gauche de la figure est la joue droite de l'image, et si l'on ferme l'œil droit, c'est l'œil gauche de l'image qui se trouve fermé.

6. Réfraction. — Lorsqu'on plonge un bâton dans l'eau, il paraît brisé à l'endroit où il entre dans le liquide, c'est-à-dire que la partie plongée semble relevée, mais elle ne l'est pas en réalité. Cela provient de ce que la lumière, quand elle passe d'un milieu tel que l'air dans un milieu différent, comme l'eau, le verre, ne suit plus la même direction ; les rayons lumineux sont *réfractés*, c'est-à-dire déviés, détournés de leur direction : c'est cette déviation qu'on appelle *réfraction*. Il en est de même lorsque les rayons passent de l'eau ou du verre dans l'air.

On le constate aisément au moyen d'une expérience très curieuse et facile à faire en classe. On place au fond d'une cuvette une pièce de monnaie L ; un certain nombre d'élèves

---

1. *Émaner*, c'est-à-dire provenir.

se mettent autour de la cuvette, que l'on a déposée sur le
poêle s'il n'est pas trop haut, et s'éloignent jusqu'à ce que
les bords les empêchent de voir la pièce. Alors on verse de
l'eau dans le vase, et tous les enfants voient la pièce en L'

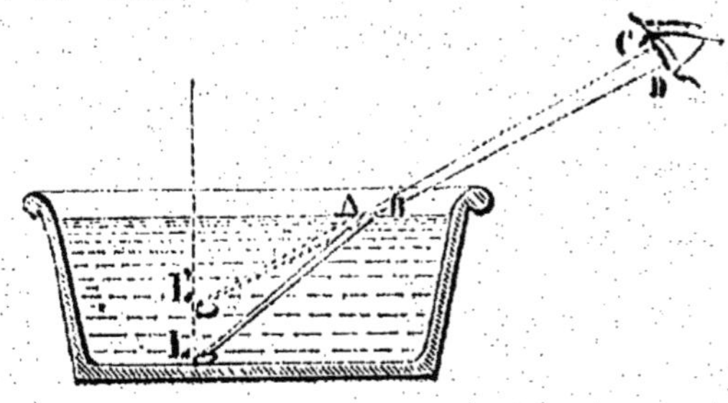

Fig. 88.

quoiqu'elle n'ait pas changé de place ni eux non plus : on
croirait que le fond s'est soulevé comme par enchantement
pour rapprocher la pièce de la surface de l'eau. C'est facile à
comprendre d'après les explications qui viennent d'être données. Les rayons lumineux LA, LB, en passant de l'eau
dans l'air, se réfractent et prennent les directions AC, BD, de
sorte que l'œil les reçoit comme s'ils provenaient du point L'
situé à la rencontre du prolongement des directions AC
et BD.

Il en est de même pour le bâton plongé dans l'eau.

7. Lentilles. — Lorsqu'un rayon lumineux traverse
un morceau de verre, il se réfracte deux fois : une première
fois en entrant dans le verre, une seconde fois en en sortant.
Si ce morceau de verre est bombé, ou creusé, il porte le nom
de *lentille*. Une lentille bombée ou convexe des deux côtés est
bi-convexe : telle est la *loupe*.

Il résulte de cette double réfraction qu'après avoir traversé une lentille convexe A les rayons de lumière (de même
que les rayons de chaleur) OA viennent tous en un même
point F, nommé le *foyer* de la lentille, où la lumière et la
chaleur sont concentrées, accumulées. Si l'on y place une
feuille de papier, on voit un petit cercle très brillant; si
l'on y met le bout phosphoré d'une allumette, celle-ci s'enflamme. Après s'être réunis au foyer, les rayons lumineux
s'écartent dans le prolongement de la direction qu'ils ont
prise en sortant de la lentille (*fig.* 89).

8. La loupe. — Elle a une double propriété : 1° celle de concentrer à son foyer la chaleur et la lumière ; 2° celle de grossir les objets. Voici l'explication de ce grossissement. Si l'on regarde à travers une loupe LM un insecte AB (carabe),

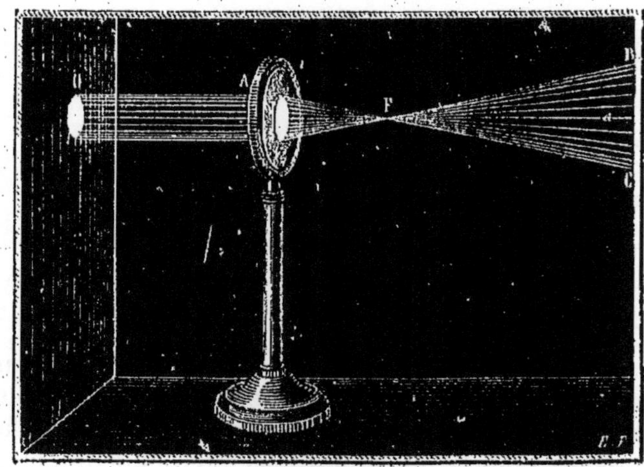

Fig. 89.

les rayons AC, AI, qui partent de l'extrémité A de l'insecte prendront, après avoir été réfractés par la loupe, les direc-

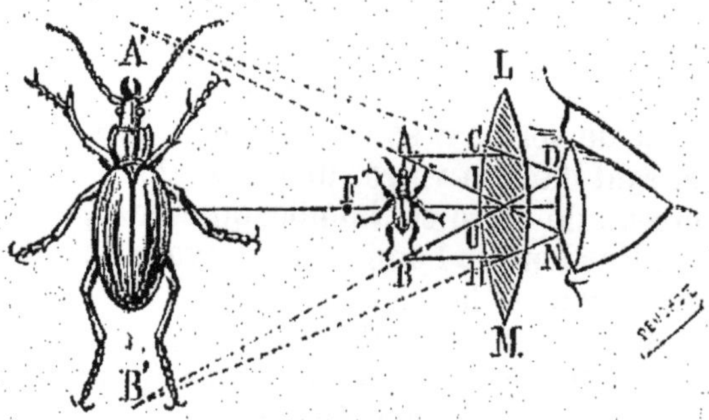

Fig. 90.

tions DA′, NA′, et les rayons BH, BO, les directions NB′, DB′ : or l'œil voyant les objets dans la direction des rayons qu'il reçoit apercevra le point A en A′, et le point B en B′. Il en sera de même pour tous les points intermédiaires.

9. C'est en combinant différentes sortes de lentilles qu'on a construit les *microscopes*, qui grossissent les objets plusieurs centaines de fois et font distinguer des êtres infiniment petits, invisibles à l'œil nu, ainsi que les *télescopes*[1], qui font voir les astres comme s'ils étaient beaucoup plus près de nous, et les *phares* : ceux-ci, en éclairant les côtes pendant la nuit, permettent aux marins de guider sûrement leurs navires et empêchent ainsi bien des naufrages.

10. Arc-en-ciel. — Le verre, lorsqu'il est taillé en forme de prisme triangulaire[2], a la propriété de décomposer en sept couleurs la lumière blanche du soleil : il en est de même des gouttes de pluie formant l'*arc-en-ciel*. Celui-ci comprend également ces sept couleurs, dans l'ordre suivant : *violet, indigo, bleu, vert, jaune, orangé, rouge*. Si l'on tourne le dos au soleil et qu'on regarde un nuage donnant de la pluie, on voit un arc-en-ciel formé de ces sept couleurs provenant de la décomposition de la lumière solaire par les gouttes de pluie, qui réfractent les rayons lumineux.

EXERCICES DE RÉDACTION
PRÉPARATOIRES A L'EXAMEN DU CERTIFICAT D'ÉTUDES

I. — Le chemin de fer.

Lors du voyage en chemin de fer que vous avez fait après la leçon de votre maître sur la machine à vapeur, vous avez bien examiné la locomotive afin de vous rendre compte de sa structure et de son fonctionnement.

Décrivez ce que vous avez vu et complétez votre description en vous aidant des explications qui vous ont été données en classe.

II. — Le bâton brisé.

Votre petit cousin vous a écrit qu'il venait de constater une chose bizarre, qu'il n'avait jamais remarquée et à laquelle il ne

---

1. *Microscope, Télescope.* Chacun de ces mots est composé de deux parties, dont l'une est commune : *scope*, qui veut dire *voir*. *Micro* signifie *petit* et *télé* veut dire *loin*. Le *microscope* fait paraître les petits objets plus gros qu'ils ne le sont réellement, et le *télescope* permet de voir ce qui est très éloigné.

2. *Prisme triangulaire.* C'est un morceau de verre ayant pour bases deux triangles égaux et parallèles unis par des parallélogrammes.

comprend rien. Ayant par hasard plongé un bâton dans l'eau, il a cru que ce bâton s'était brisé, parce que celui-ci ne paraissait plus droit; il a bien vu, en le retirant, que le bâton n'était pas cassé. Il vous demande si vous pourriez lui faire comprendre cela.

Répondez-lui en lui expliquant ce que c'est que la réfraction et les illusions qu'elle produit (bâton brisé, pièce de monnaie au fond d'une cuvette), ses effets dans le verre avec applications aux loupes et aux lentilles, et emploi de celles-ci dans les microscopes, les télescopes et les phares. Vous terminerez en lui disant que c'est la réfraction de la lumière solaire par les gouttes de pluie qui produit l'arc-en-ciel.

III. — ÉLECTRICITÉ. MAGNÉTISME.

SOMMAIRE. — 1. Propriété qu'a l'ambre jaune d'attirer les corps légers. — 2. Expériences : 1° avec une bande de papier; 2° en caressant un chat. — 3. Corps bons conducteurs et corps mauvais conducteurs de l'électricité. — 4. Pouvoir des pointes. — 5. Danger que présentent, pendant un orage, les corps élevés et pointus, comme les arbres. C'est l'éclair (ou plutôt le fluide électrique) qui tue, et non le tonnerre. — 6. Moyen de connaître à quelle distance on se trouve d'un nuage orageux. — 7. Pile électrique. — 8. Sa construction. Remarquables effets du courant électrique : éclairage électrique, décomposition de l'eau, galvanoplastie, etc. — 9. Magnétisme. Aimant naturel. — 10. Aimants artificiels. — 11. Différence, au point de vue de l'aimantation, entre le fer et l'acier. — 12. Propriété de l'aiguille aimantée. — 13. Forme des aimants artificiels. — 14. Aimantation par la pile électrique. — 15. Électro-aimant; sa composition; sa propriété.

1. L'*électricité* est l'une des forces les plus puissantes de la nature; elle n'est connue et étudiée que depuis le dix-septième siècle : son nom vient d'un mot grec signifiant *ambre jaune*, parce que les anciens avaient remarqué que cette substance, frottée avec une étoffe de laine, acquiert la propriété d'attirer les corps légers.

2. Mais il y a bien d'autres corps à qui le frottement communique cette propriété; tels sont : la cire à cacheter, la résine, le verre, le papier, etc. L'expérience est facile à faire. On prend une bande de papier un peu fort, on la chauffe et on la frotte vivement sur son pantalon de drap; si on la place ensuite au-dessus de petits morceaux de papier, on voit ceux-ci s'élancer sur la bande et s'y coller. Dans l'obscurité on pourrait — en tenant la bande par une extrémité et en lui présentant l'articulation d'un doigt ou mieux le bout d'une clef — obtenir une étincelle jaillissant avec un petit bruit entre le papier et le doigt ou la clef : cette étincelle est semblable à l'*éclair* que nous voyons lorsqu'il fait de l'orage, et le petit bruit est analogue au roulement du *tonnerre*. Il faut choisir un temps sec, autrement on ne réussirait pas.

Une autre expérience très intéressante est celle qui consiste à caresser un chat dans l'obscurité; si le temps n'est pas humide, on voit de petites étincelles électriques jaillir en pétillant.

3. D'ailleurs, tous les corps s'*électrisent* par le frottement; mais les uns ne conservent pas l'électricité et la laissent s'écouler dans le sol, tandis que les autres la gardent et ne la laissent pas se propager. Les premiers sont appelés corps *bons conducteurs* de l'électricité; tels sont : les métaux, les liquides (l'eau en particulier), le corps de l'homme et celui des animaux, etc. ; les autres sont dits *mauvais conducteurs*; tels sont : le papier, le verre, la résine, la cire à cacheter, etc.

4. Quand un corps bon conducteur est électrisé, l'électricité se répand également sur toute sa surface; mais, s'il est terminé en pointe, toute l'électricité se dirige vers la pointe et s'écoule au dehors. Si au contraire on présente une pointe à un corps électrisé, comme notre feuille de papier, l'électricité se porte sur la pointe et s'en va dans le sol : c'est ce qu'on nomme le *pouvoir des pointes*.

5. De même, si un corps électrisé, un nuage par exemple, se trouve dans le voisinage d'un objet pointu, comme un arbre, c'est sur celui-ci que l'électricité se précipitera : c'est pour cela que, dans les orages, la foudre (c'est-à-dire l'électricité, qui produit l'éclair) tombe de préférence sur les objets pointus et élevés, tels qu'un clocher, un arbre, etc. Voilà pourquoi il ne faut jamais se réfugier sous un arbre pendant l'orage : on s'expose à être foudroyé. C'est pour la même raison qu'il est dangereux de sonner les cloches lorsqu'il tonne : le sonneur pourrait être tué si la foudre tombait sur le clocher. Il faut savoir que, contrairement à une croyance très répandue, c'est l'éclair qui tue (ou plutôt c'est le fluide électrique) et non le tonnerre, qui est bien inoffensif, car ce n'est autre chose que le bruit produit par un mouvement subit de l'air.

6. L'électricité va plus vite que la lumière, aussi une personne foudroyée est tuée avant d'avoir vu l'éclair. Quant au bruit du tonnerre, il est facile de comprendre pourquoi nous ne l'entendons qu'un certain temps après avoir vu l'éclair : c'est que le son va beaucoup moins vite que la lumière (il ne parcourt que 340 mètres par seconde). On peut, par conséquent, au moyen d'un calcul bien simple, savoir à quelle distance on se trouve d'un orage, attendu qu'on peut considérer l'éclair comme se produisant au moment où on le voit. Il suffit de se tâter le pouls, car l'intervalle qui sépare deux battements est à peu près d'une seconde : donc autant on comptera de pulsations entre le moment où l'on voit l'éclair et celui où l'on entend le tonnerre, autant il y aura de fois 340 mètres.

C'est sur le pouvoir des pointes qu'est basée, comme nous le verrons un peu plus loin, l'invention du *paratonnerre*.

7. Pile électrique. — Si l'on veut produire une grande quantité d'électricité, il faut se servir de la *pile électrique*, une des belles inventions du dix-neuvième siècle.

Il y a différentes sortes de piles : toutes sont basées sur les

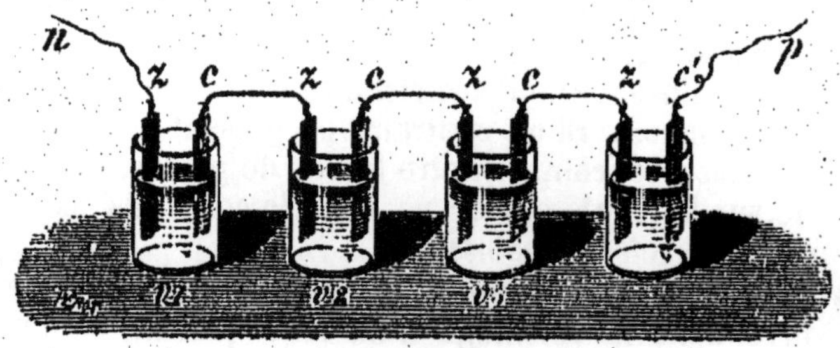

Fig. 91.

phénomènes chimiques qui se produisent lorsque certains corps sont mis en présence, comme les acides et les métaux par exemple.

La première pile a été inventée par un physicien italien, Volta.

8. On la construit de la manière suivante. On met une lame de zinc z et une lame de cuivre c, réunies par un fil de cuivre, dans un pot en faïence ou en verre (*fig.* 91) contenant de l'eau avec un dixième d'acide sulfurique. A la première lame de cuivre c' et à la dernière lame de zinc sont soudés deux fils de cuivre p, n, nommés les *conducteurs*. L'action exercée par l'acide sulfurique (lequel attaque le zinc et le cuivre pour se combiner avec chacun de ces deux métaux) produit de l'électricité, qui se rend dans les conducteurs; aussitôt que ceux-ci sont mis en contact l'un avec l'autre, le courant électrique s'établit. La lumière électrique, la décomposition de l'eau (au moyen d'un appareil spécial) en oxygène et en hydrogène, l'application de couches métalliques à la surface des corps par le procédé de la *galvanoplastie*[1], etc., sont des effets du courant électrique. C'est également ce courant qui fait fonctionner le *télégraphe*.

On a inventé une autre pile très simple, appelée *pile au bichromate de potasse* parce que le liquide est une solution de *bichromate de potasse* additionnée d'un vingtième d'acide sulfurique. Son maniement est bien facile : si l'on veut la faire fonctionner, on descend dans le liquide la lame de zinc qui se trouve entre les deux morceaux de *charbon des cornues*; quand on a fini, on remonte cette lame hors du liquide. On peut, avec cette pile (qui ne coûte que $3^{fr},50$ et convient parfaitement pour les écoles), électriser le morceau de fer doux de l'électro-aimant, aimanter une aiguille à tricoter, et réaliser la plupart des expériences sur les courants électriques.

9. Magnétisme. — Ce mot vient d'un nom grec qui veut dire *aimant*.

On trouve, surtout en Suède et dans l'île d'Elbe, une espèce de minerai de fer ayant la singulière propriété d'attirer le fer et l'acier : on le nomme *aimant naturel*.

10. Cette propriété, appelée *attraction magnétique*, peut être communiquée à des barreaux de fer doux ou d'acier trempé, en les frottant avec l'aimant naturel : on leur donne le nom d'*aimants artificiels*. Mais il y a cette différence entre le fer et l'acier que celui-ci conserve son aimantation tandis que celle du fer n'est que temporaire: elle disparaît aussitôt que cesse l'action de l'aimant.

---

1. La *galvanoplastie*. C'est l'art d'appliquer, au moyen de la pile, une couche métallique très mince sur un corps quelconque. Elle est employée pour dorer ou argenter certains objets, pour bronzer le fer, etc. — Ce mot vient de *Galvani*, nom d'un physicien italien du dix-huitième siècle.

11. Ainsi, approchons d'un aimant une aiguille à tricoter, qui est en *acier*; elle sera attirée par l'aimant et s'y fixera, mais en même temps elle sera aimantée et conservera son aimantation, même après en être séparée : nous pouvons nous en assurer en la promenant dans de la limaille de fer, qui s'y attachera. Mainte-nant plaçons au-dessous d'un barreau aimanté *sn* (*fig.* 92) un morceau de *fer a*, celui-ci s'ai-mantera et pourra en soutenir un autre plus petit *b*, celui-ci un troisième *c*, assez aimanté lui-même pour attirer la limaille

Fig. 92.

de fer; mais, aussitôt que nous détacherons le morceau *a* de l'aimant *sn*, l'aimantation disparaîtra dans tous les mor-ceaux, qui se sépareront les uns des autres.

L'*attraction magnétique* diffère de l'attraction électrique en ce qu'elle s'exerce, non pas sur tous les corps, mais sur deux seulement : le fer et l'acier.

12. Une aiguille aimantée possède une propriété bien importante, sur laquelle est basée la construction de la *bous-sole :* c'est que, si cette aiguille est librement suspendue et horizontale, elle prend toujours la même direction *nord-sud*.

C'est une expérience facile à exécuter. Suspendons une

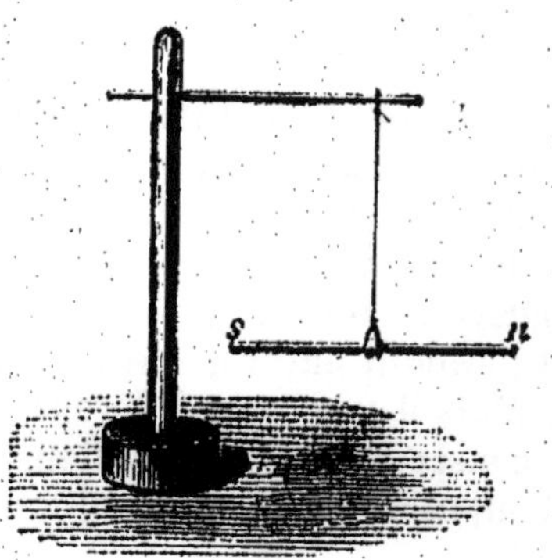

Fig. 93.

Fig. 94.
Aimant en fer à cheval.

aiguille à tricoter aimantée *sn* à un fil vertical (*fig.* 93), nous la verrons tourner toute seule et prendre une direction qui sera toujours la même, car, si on la déplace, elle revient à sa première position : l'une de ses extrémités, *n*, se dirige vers le nord et se nomme *pôle nord*; l'autre, *s*, est tournée du côté du sud et s'appelle *pôle sud*.

13. On donne généralement aux aimants artificiels la forme d'un fer à cheval (*fig.* 94).

14. Il existe plusieurs procédés d'aimantation ; l'un des plus simples et des plus remarquables est l'aimantation par la pile électrique.

Si l'on place une aiguille à tricoter dans un tube en verre sur lequel est enroulé un fil de cuivre (*fig.* 95) dont les

Fig. 95. — Un courant électrique qui traverse un fil de cuivre enroulé autour d'une barre d'acier aimante celle-ci.

extrémités communiquent avec les conducteurs d'une pile, le courant électrique aimante l'aiguille, laquelle garde son aimantation parce qu'elle est en acier; si elle était en fer,

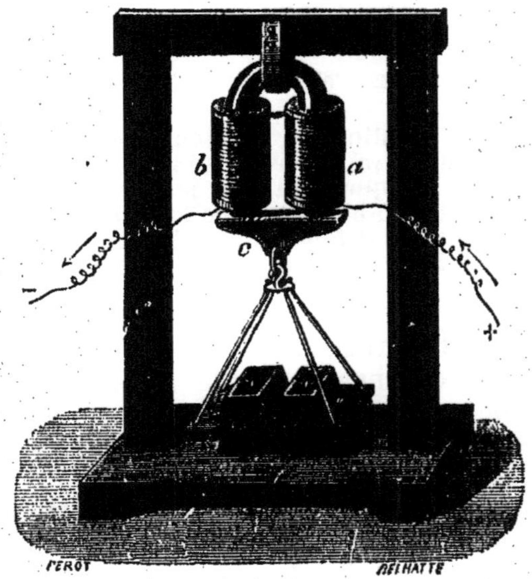

Fig. 96.

l'aimantation cesserait avec le courant, mais elle reprendrait dès qu'il serait rétabli. (Le tube en verre n'est pas nécessaire lorsque le fil de cuivre est isolé, c'est-à-dire recouvert de soie.)

15. L'électro-aimant. — C'est un morceau de fer

doux (c'est-à-dire *pur*), autour duquel est enroulé un fil de cuivre recouvert de soie et formant ordinairement deux bobines *a*, *b* (*fig.* 96). (Il n'est pas indispensable qu'il y ait deux branches en fer à cheval : une simple pointe fixée dans un bouchon et entourée d'un fil conducteur isolé constitue un *électro-aimant*.) Lorsque les deux extrémités du fil sont réunies aux conducteurs de la pile, le morceau de fer doux (ou la pointe) s'aimante; sitôt que la communication est interrompue, il se désaimante, et cela a lieu autant de fois que le courant électrique est établi ou interrompu.

Les *sonneries électriques* et le *télégraphe* sont des applications fort ingénieuses de cette propriété des électro-aimants.

Une pièce de fer, à laquelle on suspend des poids assez lourds (*fig.* 96), sert à montrer combien est grande la force d'attraction des aimants et des électro-aimants.

Applications.

Paratonnerre. Télégraphe. Boussole.

Sommaire. — 16. Invention du paratonnerre par Franklin. — 17. Description du paratonnerre. — 18. Explication de ce qui se passe. — 19. Ce que c'est que le télégraphe électrique; fonctions de l'électro-aimant et de la pile. — 20. Utilité du télégraphe; comment il fonctionne. Envoi d'une dépêche ou télégramme. — 21. La boussole; sa description. — 22. Ses usages.

16. Le paratonnerre. — C'est un savant américain, le célèbre Franklin, qui inventa vers le milieu du dix-huitième siècle ce qu'on nomme improprement le *paratonnerre*, qui devrait s'appeler le *parafoudre*. Cette invention est basée, avons-nous dit, sur le pouvoir des pointes.

17. Le paratonnerre se compose d'une forte tige de fer, verticale, terminée par une pointe de cuivre, et continuée par un câble conducteur en fer descendant jusqu'au sol, où il s'enfonce dans l'eau d'une rivière, d'un étang, ou d'un puits ne tarissant jamais; cette tige est placée au sommet de la maison à préserver, comme le montre la figure 97.

18. Voici ce qui se produit. Quand un nuage orageux passe au-dessus d'un paratonnerre, son électricité pénètre par la pointe du conducteur et se rend dans le sol, ce qui évite les effets désastreux de la foudre; si le nuage est chargé d'une grande quantité d'électricité, une étincelle jaillit entre ce nuage et le paratonnerre, et c'est ce dernier qui est frappé : la foudre suit le câble conducteur et va se

Fig. 97. — Habitation munie d'un paratonnerre.

perdre dans la terre au lieu de démolir ou d'incendier la maison.

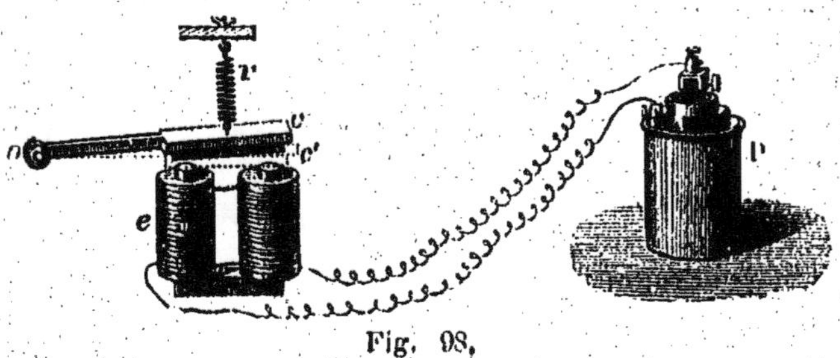

Fig. 98.

10. Le télégraphe[1] électrique. — Il est basé,

___

1. *Télégraphe* est composé de deux mots grecs, *télé* qui veut dire *loin*, et *graphe* signifiant *écrire*. Le télégraphe sert à écrire au loin.

avons-nous dit, sur l'emploi de l'électro-aimant et de la pile électrique : les figures 98 et 99 feront comprendre son fonctionnement. Le courant électrique, produit par la pile P (*fig.* 98) et se rendant par les conducteurs dans l'électro-aimant *e*, peut être interrompu à volonté. Au-dessus de cet électro-aimant se trouve une petite barre de fer *c* mobile autour du point *o* et qu'un ressort *r* maintient à une certaine

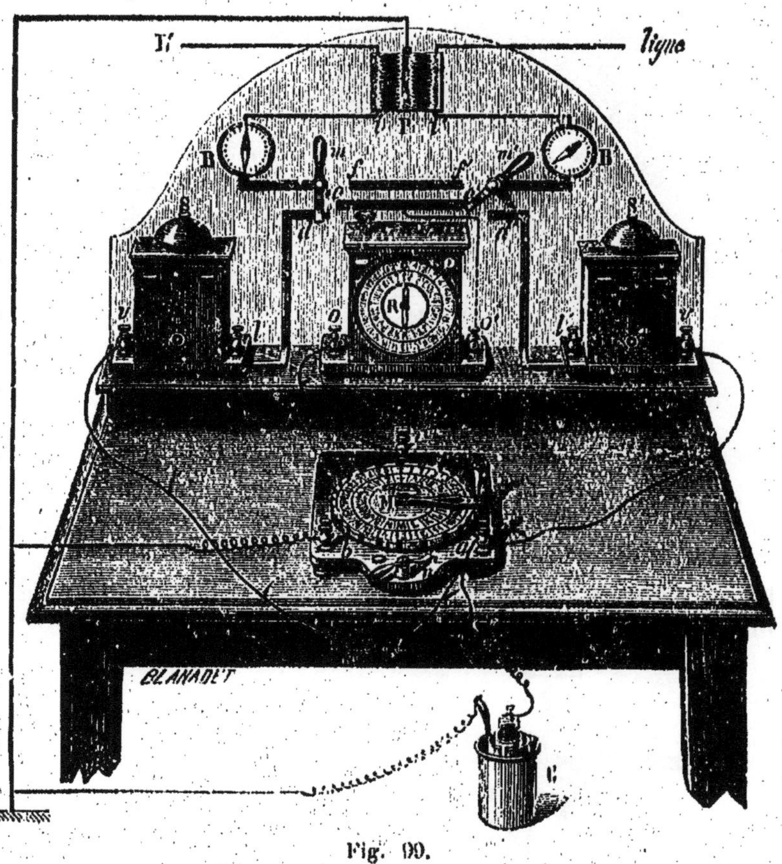

Fig. 99.

distance de l'électro-aimant. Si l'on fait communiquer les conducteurs de la pile avec les fils de l'électro-aimant, celui-ci s'aimante et attire la barre *c*, qui s'abaisse en *c'*; aussitôt qu'on fait cesser le courant, le fer se désaimante et n'attire plus la barre, qui est relevée par le ressort; et ainsi de suite.

Supposons maintenant que la barre c soit prolongée à gauche de manière à former un levier mobile faisant mouvoir l'aiguille R d'un cadran vertical (appelé *récepteur*) qu'on voit au haut de la figure 99, et sur lequel sont tracées les vingt-cinq lettres de l'alphabet. En mettant ce récepteur en communication avec un autre cadran horizontal M semblable à ce dernier (et nommé *manipulateur*[1]), on pourra envoyer très rapidement une *dépêche*[2] n'importe où, même dans une ville très éloignée.

20. Vous avez pu voir, dans les stations de chemin de fer, un télégraphe à *cadran* semblable à celui de la figure 99. C'est grâce au télégraphe que les chemins de fer peuvent fonctionner comme ils le font : sans lui les accidents occasionnés par la rencontre de deux trains seraient nombreux. Il est également très utile pour correspondre avec quelqu'un. Par exemple, votre mère peut se trouver gravement malade pendant que votre père est en voyage; si vous lui écrivez de venir immédiatement, il ne recevra votre lettre que le lendemain. Au moyen d'un télégramme dans lequel vous lui direz : « Venez », il sera prévenu aussitôt. Voici comment. Désignons par A la ville ou le bourg que vous habitez, par B l'endroit où se trouve votre père. L'employé du bureau télégraphique de A mettra le courant électrique produit par la pile C (*fig.* 99) en communication avec le manipulateur M et, par l'un des fils télégraphiques (*fig.* 100) (que vous avez vus le long des routes et des chemins de fer), avec le récepteur du bureau B,

Fig. 100. — Les fils télégraphiques sont soutenus sur les routes par des poteaux en bois.

qui est semblable à celui de la figure 99; ensuite il fera tourner une espèce de tige horizontale (que l'on voit à droite du manipulateur) en l'appuyant successivement sur les lettres V, E, N, E, Z, pour former le mot VENEZ :

---

1. *Récepteur. Manipulateur.* Le *récepteur* (du verbe *recevoir*) est ainsi appelé parce qu'il *reçoit* les dépêches. Le *manipulateur*, comme son nom l'indique, est mû à la *main*; il sert à envoyer les dépêches.
2. *Dépêche*, communication transmise par le télégraphe : on l'appelle aussi *télégramme*.

l'aiguille R du récepteur du bureau B tournera en même temps et s'arrêtera sur ces mêmes lettres, que l'employé de ce dernier bureau inscrira, au fur et à mesure, sur une feuille de papier qu'il fera porter immédiatement à votre père. La sonnerie que l'on voit en haut est destinée à prévenir l'employé qu'il va recevoir un télégramme.

21. La boussole. — Sa construction repose, comme nous l'avons vu, sur la propriété que possède une aiguille aimantée de prendre toujours la même direction *nord-sud*.

La boussole (*fig.* 101) consiste en une aiguille aimantée *ns*, pouvant tourner librement sur un pivot vertical au moyen d'une petite cavité creusée dans son milieu; elle est enfermée dans une boîte vitrée pour qu'elle ne s'abîme pas.

22. Elle est indispensable aux marins pour leur faire connaître la direction du nord et leur permettre ainsi de naviguer avec sécurité; sans elle ils ne pourraient pas se guider sur l'Océan, de sorte que les grandes navigations seraient impossibles. C'est grâce à la boussole qu'on a pu

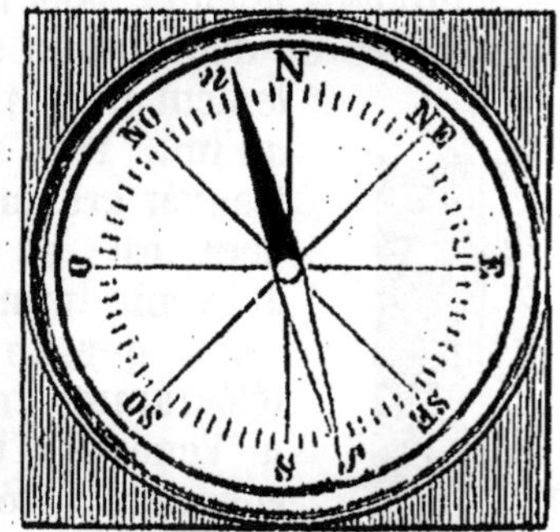

Fig. 101. — Boussole.

explorer toutes les contrées de la terre, faire des voyages et des découvertes que les anciens marins n'auraient pu faire. Elle n'est connue en Europe que depuis le douzième siècle.

On l'emploie aussi en arpentage.

EXERCICES DE RÉDACTION

PRÉPARATOIRES A L'EXAMEN DU CERTIFICAT D'ÉTUDES

I. — L'électricité.

Dans la lettre qu'il a écrite à vos parents à l'occasion du 1er de l'an, votre cousin raconte qu'un soir il a été tout surpris, en caressant son chat, d'en voir sortir de petites étincelles qui pétillaient; il appela sa mère, qui accourut avec une lumière, mais il ne vit plus d'étincelles quoiqu'il entendît toujours le pétillement. Il vous demande si vous pourriez lui expliquer cela.

Répondez-lui en lui faisant remarquer que les étincelles ne sont visibles que dans l'obscurité et en lui indiquant les expériences qu'il pourra faire avec une bande de papier. Vous terminerez en lui disant ce que vous savez sur l'électricité.

II. — Le magnétisme.

Reproduisez de votre mieux la leçon qui vous a été faite sur le magnétisme, les aimants et les électro-aimants.

III. — Tué par la foudre.

Un petit garçon de dix ans, qui ne fréquentait pas régulièrement l'école, a été tué dernièrement pendant un orage parce qu'il s'était mis à l'abri sous un peuplier qui a été frappé par la foudre.

Vous racontez, dans une lettre, ce malheur à un camarade qui a quitté la commune et qui connaissait ce petit garçon; vous lui dites que ce dernier était probablement absent lorsque votre maître a fait une leçon sur le *pouvoir des pointes* et le danger qu'il y a à se réfugier sous un arbre pendant l'orage. Vous supposerez que votre camarade a quitté l'école très jeune, et vous lui exposerez la leçon qui vous a été faite sur ce sujet ainsi que sur le paratonnerre.

IV. — Une dépêche télégraphique.

Un matin, vous avez accompagné à la gare votre père qui était appelé auprès de son frère pour une affaire urgente; mais le train était parti depuis cinq minutes. « Comme c'est ennuyeux, vous dit votre père, ton oncle devait envoyer une voiture me chercher à la station à trois heures, et je ne pourrai arriver qu'à sept heures. — Adressez-lui une dépêche. — Tu as raison. » Le chef de gare transmit immédiatement le télégramme suivant : « *Manqué train; arriverai sept heures.* »

Vous racontez cela dans une lettre à votre frère, qui est soldat au Tonkin; comme vous avez bien regardé ce qu'a fait le chef de gare, vous dites tout ce que vous avez vu, vous décrivez les appareils qui composent le bureau télégraphique, et vous faites ressortir l'utilité de cette belle invention. Vous terminez en disant quelques mots d'une autre invention également utile, la boussole; vous faites remarquer à votre frère que c'est la boussole qui se trouvait (sans qu'il s'en doutât) sur le navire qui l'a emmené, qui a permis de faire un aussi long voyage.

SIXIÈME PARTIE

CHIMIE

Corps simples. Corps composés. Métaux et sels usuels.

SOMMAIRE. — 1. Ce que c'est que les corps simples. — 2. Ce qu'on appellecorps composés. Exemples. — 3. Les métaux. — 4. Le fer; son utilité; ses propriétés. — 5. La tôle; le fer-blanc. — 6. Ce que c'est que la rouille ou oxyde de fer. — 7. Minerai de fer; les hauts fourneaux. La fonte. — 8. L'acier; acier trempé; ses usages. — 9. Le cuivre. — 10. Laiton ou cuivre jaune. Bronze. — 11. Le zinc. — 12. L'étain. — 13. Le plomb. — 14. Dangers du plomb et de ses composés, la céruse, et le minium. — 15. L'argent; argenture par la galvanoplastie. — 16. L'or; ses usages. — 17. Sels usuels.

1. On donne le nom de *corps simples* à ceux qui sont indécomposables, c'est-à-dire qu'on ne peut séparer en plusieurs éléments; tels sont : l'oxygène, l'hydrogène, l'azote, le carbone, le soufre, le phosphore, que nous connaissons.

2. On appelle *corps composés* ceux qui renferment deux ou plusieurs substances que l'on peut séparer, comme l'air, l'eau, les acides azotique, carbonique, sulfurique, etc., que nous avons étudiés. Le carbonate de chaux [1] (ou craie), par exemple, est un *sel* composé de chaux et d'acide carbonique : celui-ci est lui-même formé de carbone et d'oxygène.

L'air est un *mélange* d'oxygène et d'azote; l'eau est une *combinaison* d'oxygène et d'hydrogène; les acides et les sels sont également des combinaisons. (Voy. chap. III, page 40, la différence entre un mélange et une combinaison, et chap. VIII, pages 103 et 104, la formation des *acides* et des *sels*.)

---

1. *Carbonate de chaux*. Voy., page 136, comment la chaleur décompose ce sel en acide carbonique et en chaux. C'est une expérience bien facile à faire en classe et très importante. On prend deux morceaux de craie du même poids et on met l'un d'eux dans le poêle, au milieu du feu; on le replace (lorsqu'il est refroidi) sur le plateau de la balance, et les enfants constatent qu'il est beaucoup moins lourd que celui qui était resté sur l'autre plateau : ils en concluent que l'acide carbonique est pesant, et on leur fait remarquer qu'il en est de même des autres gaz, c'est-à-dire que tous sont pesants.

3. Parmi les corps simples, il y en a un certain nombre que l'on nomme *métaux*; ils ont un éclat particulier : l'*éclat métallique*; ils sont solides (sauf le mercure, qui est liquide), bons conducteurs de la chaleur et de l'électricité.

Les principaux sont : le fer, le cuivre, le zinc, l'étain, le plomb, l'argent et l'or.

4. Le fer. — C'est l'un des métaux les plus utiles : nous ne pourrions nous en passer. La plupart des machines, des instruments, des outils sont en fer, ainsi que beaucoup d'objets tels que serrures, clefs, etc. Il est très dur, ce qui fait qu'il est précieux pour construire des rails de chemin de fer, des cercles pour les roues, etc.; mais cette dureté diminue quand on le chauffe, au point que deux barres de fer chauffées au rouge blanc et martelées peuvent se souder en un seul morceau sans laisser trace de cette soudure.

5. Il a la propriété de s'étirer en fils de plus en plus fins; en outre, il est malléable, c'est-à-dire susceptible d'être réduit en feuilles très minces qui forment la *tôle*, avec laquelle on fabrique les tuyaux de poêle, les chaudières pour les machines à vapeur, etc. : quand la tôle est recouverte d'une légère couche d'étain fondu elle s'appelle *fer-blanc*.

6. Le fer, quand il est exposé à l'air humide, s'oxyde, c'est-à-dire se combine avec l'oxygène de l'air et forme de l'oxyde de fer qu'on nomme *rouille*. Pour le préserver de cette oxydation on le recouvre d'une couche de zinc : on l'appelle à tort fer *galvanisé*, car il s'obtient simplement en le plongeant dans un bain de zinc fondu.

7. Le fer se trouve dans la terre à l'état de *minerai*[1], c'est-à-dire combiné avec d'autres substances, dont on le sépare en faisant fondre le minerai dans des espèces de tours nommées *hauts fourneaux*. Le liquide obtenu n'est pas du fer, mais de la *fonte*, c'est-à-dire du fer uni à une partie du charbon qu'on a brûlé pour le faire fondre. La fonte peut se couler facilement dans des moules; c'est pourquoi elle est très employée pour la fabrication des grilles, des colonnes, des poêles, des marmites, etc., mais elle est très cassante.

Pour avoir le fer pur on fait passer sur la fonte en fusion un courant d'air qui brûle le charbon.

8. L'acier n'est autre chose que du fer uni à un peu de

---

1. *Minerai*, ainsi nommé parce qu'on le retire des *mines*. La plupart des autres métaux existent également dans la terre à l'état de *minerais*.

carbone. On l'obtient en faisant chauffer dans un grand four des barres de fer entourées de charbon de bois pulvérisé. Quand on le chauffe au rouge cerise et qu'on le refroidit brusquement en le plongeant dans l'eau froide, on a l'*acier trempé*, très dur et très élastique, mais très cassant : on en fait des outils et des objets de coutellerie, des ressorts, des sabres, etc.

9. Le cuivre. — C'est un métal de couleur rouge, avec lequel on fabrique des casseroles et autres ustensiles de cuisine. Au contact de l'air humide ou de certains acides, il se forme sur les objets en cuivre une couche verte appelée *vert-de-gris* : c'est une espèce de poison. Pour en préserver les casseroles, on les *étame*, c'est-à-dire on les recouvre d'une couche d'*étain*.

10. En fondant avec le cuivre une certaine quantité de zinc on obtient un *alliage*[1] nommé *laiton* ou *cuivre jaune*, qui est très employé ; les épingles ordinaires sont en laiton étamé. Le *bronze* des cloches, des canons, des statues, est un alliage de cuivre et d'étain.

11. Le zinc. — C'est un métal d'un blanc bleuâtre, qui sert à faire des arrosoirs, des seaux, des baignoires, des gouttières, etc., parce qu'il ne s'altère pas à l'air ; mais il est attaqué par le vinaigre, les acides, et même les corps gras, avec lesquels il forme des composés vénéneux : c'est pour cela qu'il n'est pas utilisé dans la fabrication des ustensiles de cuisine.

12. L'étain. — L'étain est blanc ; à la température ordinaire, il ne s'altère pas au contact de l'air, et n'est attaqué par aucune des substances servant à la préparation des aliments : c'est pourquoi il est très employé pour étamer les ustensiles de cuisine, pour faire des mesures de capacité, des cuillers, de la vaisselle, des feuilles minces dans lesquelles on enveloppe le chocolat, etc.

13. Le plomb. — C'est le plus mou des métaux usuels, et l'un des plus flexibles : aussi en fait-on des tuyaux sans soudure, très longs, et pouvant se courber sans se casser. Il forme avec les aliments des composés très vénéneux ; c'est pour cela qu'on ne doit jamais se servir de vases en plomb comme ustensiles de cuisine : l'eau ayant séjourné dans des tuyaux de plomb peut produire des accidents.

---

1. *Alliage.* On appelle ainsi la combinaison de deux ou plusieurs métaux fondus ensemble.

14. C'est le plus vénéneux des métaux usuels; les ouvriers qui le travaillent, les peintres qui emploient quelques-uns de ses composés tels que la *céruse* (appelée aussi *blanc de plomb*, parce qu'elle est blanche), le *minium* (qui est rouge), éprouvent un empoisonnement lent qui leur occasionne des coliques et ruine leur santé.

15. L'argent. — C'est un métal blanc, ne se rouillant pas à l'air. En le fondant avec du cuivre, qui lui donne de la dureté, on l'emploie comme monnaie et dans la fabrication des objets d'orfèvrerie.

On peut, par la galvanoplastie, argenter des couverts de cuivre, c'est-à-dire les recouvrir d'une mince couche d'argent.

16. L'or. — L'or est, comme l'argent, un métal précieux, c'est-à-dire très cher, mais il est moins utile que le fer. Il a une belle couleur jaune, et ne s'altère jamais à l'air; il a les mêmes usages que l'argent, qui vaut, à poids égal, 15 fois 1/2 moins que l'or. C'est l'un des métaux les plus lourds : il pèse 19 fois plus que l'eau.

17. Quant aux sels usuels (azotates, carbonates, sulfates, phosphates, etc.), nous les avons étudiés dans la première partie, aux chapitres IX, X, XI, XII et XIII.

EXERCICES DE RÉDACTION
PRÉPARATOIRES A L'EXAMEN DU CERTIFICAT D'ÉTUDES

I. — Le fer est plus utile que l'or.

Votre petit cousin vous a écrit pour vous demander s'il est vrai, comme il l'a entendu dire à l'un des grands élèves de son école, que le fer est plus utile que l'or; il ne le croit pas parce que les objets en or coûtent beaucoup plus cher que ceux qui sont en fer.

Répondez-lui en lui faisant connaître les propriétés et les usages du fer, de la fonte et de l'acier.

II. — Les métaux.

Exposez la leçon qui vous a été faite sur les principaux métaux : cuivre, zinc, étain, plomb, argent et or, en faisant ressortir les services qu'ils nous rendent.

APPENDICE

Sujets de sciences donnés dans les examens du certificat d'études en 1892.

I. — Pages 20 à 24.

Expliquer pourquoi, au point de vue de la santé, il est nécessaire de tenir les appartements bien aérés et bien propres. (*Var.*)

II. — Pages 25 et 26.

Un de vos camarades s'est couché dans une chambre où brûlait du charbon, sans l'éteindre. De quel accident aurait-il été victime si personne ne s'en était aperçu? Quels soins lui a-t-on donnés? (*Vienne.*)

III. — Le baromètre (pages 29 à 33).

On vous a fait une leçon sur le baromètre; vous écrivez à un ami et vous lui dites ce que vous savez de cet instrument, de son principe et de son utilité. (*Corse.*)

IV. — Pages 39 et 40, 48, 50 à 58.

Montrez les services que l'eau rend à l'homme et aux animaux. Dans quelles circonstances l'eau est-elle un danger? (*Finistère.*)

V. — Pages 40, 43, 61 à 63.

De quels gaz l'eau est-elle formée? Que devient l'eau soumise à l'action de la chaleur? Comment se produisent les nuages? (*Indre-et-Loire.*)

VI. — Pages 42 à 44.

Expliquez ce que c'est que la pluie et ce qu'elle devient quand elle touche le sol. (*Indre-et-Loire.*)

VII. — Histoire d'une goutte d'eau (pages 42 à 44, 50 à 58).

Racontez l'histoire d'une goutte d'eau depuis sa chute sur la terre jusqu'au moment où elle retourne dans le nuage d'où elle vient; vous direz ce qu'elle devient après être tombée sur le sol et vous exposerez les services que rend l'eau au point de vue de l'hygiène. (*Vienne.*)

VIII. — Pages 45 a 58, 61 a 66.

Montrez les grands avantages que l'eau nous procure sous ces diverses formes :
1° Comme eau courante et eau de pluie;
2° Comme eaux minérales et thermales;
3° Sous forme de vapeur. (*Calvados.*)

IX. — Pages 56 et 57.

La lessive. (*Ardennes.*)

X. — Page 63.

Expliquer la formation de la rosée et de la gelée blanche, et en déduire que les deux phénomènes ont la même origine et ne diffèrent qu'à cause du degré de température. (*Var.*)

XI. — Pages 76 a 78.

Montrer par plusieurs exemples que les corps se dilatent sous l'influence de la chaleur et qu'ils se contractent par le froid. (*Calvados.*)

XII. — Pages 85, 116 et 117, 120.

Enumérez les différents combustibles en usage dans l'économie domestique, et dites ce que vous savez de leur préparation et de leur origine. (*Indre-et-Loire.*)

XIII. — Pages 117 a 120.

Parlez de la houille, de son extraction. Dites quelles sont les régions de la France où on la trouve en abondance. Faites connaître les principaux services qu'elle nous rend. (*Seine-et-Oise.*)

XIV. — Pages 117 a 120.

Où se trouve la houille? A quels usages est-elle employée dans votre ville? Quels en sont les avantages et les inconvénients? Qu'arriverait-il pour le commerce et l'industrie si les mines de houille n'étaient plus exploitées? (*Seine-Inférieure.*)

XV. — Pages 136 et 137, 139, 142 et 143.

Le sel, sa provenance, son extraction, ses usages. (*Saône-et-Loire.*)

XVI. — La respiration (pages 167 a 169, 218 et 219, 224 et 225).

Ce que devient l'air introduit dans les poumons. Une partie de cet air se combine avec le carbone du sang : résultats.
Les plantes ont-elles une respiration? — Un pommier dépouillé de ses feuilles par les chenilles plusieurs années de suite est mort; dire pourquoi. (*Gironde.*)

XVII. — Pages 169 a 172, 176 et 177.

Pendant la récréation un de vos camarades s'est coupé assez grièvement. Après avoir pansé la blessure, votre instituteur a profité de la circonstance pour vous exposer ce qu'il faut faire en pareil cas, et comment on reconnaît s'il est indispensable d'appeler un médecin. Votre maître a été ainsi amené à vous parler de la circulation du sang, du cœur, des vaisseaux sanguins.

Racontez cet accident et dites ce que vous avez retenu des conseils de votre maître. (*Seine-Inférieure.*)

XVIII. — Ne mangeons point gloutonnement (pages 172 a 175, 177 et 178).

Nécessité d'une complète mastication : le rôle de la salive; conséquences de la gloutonnerie pour l'estomac. (*Dordogne.*)

XIX. — Pages 189, 192 a 195, 199 a 201, 204 et 205.

Citez quelques animaux utiles au cultivateur, surtout ceux auxquels précédemment on faisait la guerre par suite de préjugés. — Dites quels services ils rendent. (*Rhône.*)

XX. — Pages 196 et 197, 204 et 205.

Choisissez deux insectes utiles, deux insectes nuisibles, et dites ce que vous savez de chacun d'eux. (*Marne.*)

XXI. — Pages 214 a 226.

Qu'est-ce qu'une plante? Quels en sont les principaux organes? Comment vit-elle? (*Eure-et-Loir.*)

XXII. — Pages 223 a 225.

Un de vos camarades a vu chez vous un rosier. Vous lui en avez envoyé une branche avec des racines, et vous lui faites, dans une lettre, toutes sortes de recommandations pour que la branche devienne, elle aussi, un joli rosier. (*Vienne.*)

XXIII. — Pages 253 a 255, 259 et 260.

L'électricité; — la foudre; — le tonnerre. — Expliquez comment (et pourquoi) les paratonnerres préservent de la foudre. (*Var.*)

XXIV. — Pages 254 et 255.

Faites la description d'un orage. — Dites si vous avez peur ou non des orages. — Est-ce le tonnerre ou l'éclair qui vous impressionne le plus? Pourquoi? (*Aube.*)

XXV. — Le feu (pages 256 et 257).

...ter rapidement sa nature, son origine, ses propriétés et insister sur ses divers usages. (*Haute-Savoie.*)

TABLE DES MATIÈRES

SCIENCES PHYSIQUES

PREMIÈRE PARTIE

HISTOIRE NATURELLE

DEUXIÈME PARTIE

L'homme. Les animaux.

TROISIÈME PARTIE

Les minéraux.

QUATRIÈME PARTIE

Les végétaux.

COMPLÉMENTS

(POUR LE COURS SUPÉRIEUR)

CINQUIÈME PARTIE

Physique.

SIXIÈME PARTIE

Chimie.

APPENDICE

www.ingramcontent.com/pod-product-compliance
Ingram Content Group UK Ltd.
Pitfield, Milton Keynes, MK11 3LW, UK
UKHW021015140726
13695UKWH00001B/279